房屋建筑和市政基础设施项目工程建设全过程咨询服务合同（示范文本）

GF—2024—2612

｜使用指南｜

朱树英　邵万权　韩如波
上海市建纬律师事务所

著

中国建筑工业出版社

图书在版编目（CIP）数据

房屋建筑和市政基础设施项目工程建设全过程咨询服务合同（示范文本） GF-2024-2612 使用指南 / 朱树英，邵万权，韩如波著. -- 北京 ：中国建筑工业出版社，2024. 12. -- ISBN 978-7-112-30823-1

Ⅰ. TU723.1-62

中国国家版本馆 CIP 数据核字第 20253SW491 号

责任编辑：郑　琳　张伯熙
责任校对：党　蕾

房屋建筑和市政基础设施项目
工程建设全过程咨询服务合同
（示范文本）GF—2024—2612
使用指南

朱树英　邵万权　韩如波
上海市建纬律师事务所　著

*

中国建筑工业出版社出版、发行（北京海淀三里河路 9 号）
各地新华书店、建筑书店经销
北京鸿文瀚海文化传媒有限公司制版
三河市富华印刷包装有限公司印刷

*

开本：787 毫米×1092 毫米　1/16　印张：21　字数：406 千字
2025 年 6 月第一版　　2025 年 6 月第一次印刷
定价：**88.00** 元
ISBN 978-7-112-30823-1
（43892）

前　言

国务院办公厅于 2017 年 2 月印发《关于促进建筑业持续健康发展的意见》提出完善工程建设组织模式，具体体现在两个方面：加快推行工程总承包、培育全过程工程咨询。此后工程总承包和全过程咨询模式在国内得到了较快发展，党的二十大报告提出："着力提高全要素生产率，着力提升产业链供应链韧性和安全水平"，进一步指明了国家建筑业转型升级高质量发展的方向。

上海市建纬律师事务所（以下简称建纬所）近年来一直致力于国家建筑业改革的法律法规政策研究和法律服务，先后参与了《房屋建筑和市政基础设施工程总承包管理办法》《建设项目工程总承包合同（示范文本）GF—2020—0216》《房屋建筑和市政基础设施项目工程建设全过程咨询服务合同（示范文本）（GF—2024—2612）》的编制，并已经先后出版了《房屋建筑和市政基础设施工程总承包管理办法》文件和《建设项目工程总承包合同（示范文本）（GF—2020—0216）》示范文本的理解与适用专著。

2024 年 2 月 4 日《房屋建筑和市政基础设施项目工程建设全过程咨询服务合同（示范文本）GF—2024—2612》（以下简称合同）发布后，建纬所即启动了《房屋建筑和市政基础设施项目工程建设全过程咨询服务合同（示范文本）GF—2024—2612 使用指南》（以下简称使用指南）的编写工作，由建纬研究院朱树英院长、建纬所邵万权主任、韩如波副主任牵头，由建纬所全过程业务咨询中心副主任雷涛、张雷律师及其团队，建纬所工程总承包业务部主任郑冠红，建纬所南京分所有着多年国际工程项目管理经验的梁志远律师、有着多年国际大型咨询服务公司从业经验的郭石磊律师及其团队，共同组成编写小组。

经过编写小组专业律师和外部专家的努力，本使用指南先期经过执笔人、复核人、交叉审稿人的起草和完善，之后由编写小组负责人朱树英、邵万权、韩如波先后审稿，由实习生李雪茹、韩萌协助交叉校稿，历时六个多月交付出版社，即将不负期待与广大读者见面。

本使用指南旨在提高对《房屋建筑和市政基础设施项目工程建设全过程咨询服务合同（示范文本）GF—2024—2612》条款的理解，并提示市场主体在使用中应注意的事项和风险管理，希望对建设工程各参建主体在全过程工程咨询服务过程中依法签订合同、维护企业合法权益起到积极作用。

特此向编写小组的所有律师和外部专家及核校人员表示感谢！由于全过程工程咨询在国内尚处于培育和发展初期，项目实践还不够丰富，加之自身经验能力所限，难免有存在争议及不足之处，敬请读者能够批评指正！

《房屋建筑和市政基础设施项目工程建设全过程咨询服务合同（示范文本)GF—2024—2612使用指南》编写小组

2024年7月

目　　录

第一部分　合同协议书

委托人（全称）：＿＿＿＿＿＿＿＿＿＿＿＿＿＿＿＿＿＿＿＿＿

受托人（全称）：＿＿＿＿＿＿＿＿＿＿＿＿＿＿＿＿＿＿＿＿＿

根据《中华人民共和国民法典》《中华人民共和国建筑法》《中华人民共和国招标投标法》及相关法律法规，遵循平等、自愿、公平和诚信的原则，双方就＿＿＿＿＿＿＿＿＿＿＿项目工程建设全过程咨询服务及有关事项协商一致，共同达成如下协议：

一、项目概况

1. 项目名称：＿＿＿＿＿＿＿＿＿＿＿＿＿＿＿＿＿＿＿＿＿＿＿＿。
2. 项目地点：＿＿＿＿＿＿＿＿＿＿＿＿＿＿＿＿＿＿＿＿＿＿＿＿。
3. 建设内容：＿＿＿＿＿＿＿＿＿＿＿＿＿＿＿＿＿＿＿＿＿＿＿＿。
4. 建设规模：＿＿＿＿＿＿＿＿＿＿＿＿＿＿＿＿＿＿＿＿＿＿＿＿。
5. 投资金额（　　　阶段）：＿＿＿＿＿＿＿＿＿＿＿＿＿＿＿＿。
6. 资金来源：＿＿＿＿＿＿＿＿＿＿＿＿＿＿＿＿＿＿＿＿＿＿＿＿。
7. 资金到位情况：＿＿＿＿＿＿＿＿＿＿＿＿＿＿＿＿＿＿＿＿＿＿。
8. 项目周期：＿＿＿＿＿＿＿＿＿＿＿＿＿＿＿＿＿＿＿＿＿＿＿＿。

二、服务内容

受托人向委托人提供的工程建设全过程咨询服务内容为（根据本合同约定达成一致的委托人的委托范围和实际需求进行勾选）：

（一）工程建设全过程咨询

☐ 工程报批报建服务：＿＿＿＿＿＿＿＿＿＿＿＿＿＿＿＿＿＿＿。

☐ 工程勘察设计管理，包括：

　　☐ 工程勘察管理：＿＿＿＿＿＿＿＿＿＿＿＿＿＿＿＿＿＿＿。

　　☐ 工程设计管理：＿＿＿＿＿＿＿＿＿＿＿＿＿＿＿＿＿＿＿。

　　☐ 其他：＿＿＿＿＿＿＿＿＿＿＿＿＿＿＿＿＿＿＿＿＿＿＿。

☐ 工程勘察设计服务，包括：

　　☐ 工程勘察：＿＿＿＿＿＿＿＿＿＿＿＿＿＿＿＿＿＿＿＿＿。

1

　　　　□ 方案设计：_____。

　　　　□ 初步设计：_____。

　　　　□ 施工图设计：_____。

　　　　□ 其他：_____。

　　□ 工程造价咨询，包括：_____。

　　□ 工程招标采购咨询，包括：

　　　　□ 工程监理招标代理：_____。

　　　　□ 工程施工招标代理：_____。

　　　　□ 材料设备采购招标代理：_____。

　　　　□ 其他：_____。

　　□ 施工项目管理：_____。

　　□ 工程监理服务：_____。

　　□ 其他：_____。

（二）其他专项咨询

　　□ 项目融资咨询：_____。

　　□ 信息技术咨询：_____。

　　□ 风险管理咨询：_____。

　　□ 项目后评价咨询：_____。

　　□ 建筑节能与绿色建筑咨询：_____。

　　□ 工程保险咨询：_____。

　　□ 其他：_____。

受托人向委托人提供投资决策综合性咨询等服务的，可在合同附件1中另行约定。

三、委托人代表与咨询项目总负责人

　　1. 委托人代表：_____，□身份证号：_____，□其他证件号：_____。

　　2. 咨询项目总负责人：_____，□身份证号：_____，□其他证件号：_____。

四、签约合同价

　　1. 本项目工程建设全过程咨询服务签约合同价（含税）为：人民币（大写）_____（￥_____）元。

　　2. 签约合同价具体构成及合同价计取方式详见下表。

序号	专项咨询服务内容	签约合同价(万元)	合同价计取方式	税率	税金(万元)
1					
2					
3					
……					

上述费用已包含国家规定的增值税税金。

五、服务期限

本项目工程建设全过程咨询服务期限计划自_____年_____月_____日至_____年_____月_____日止，共计_____天。

六、合同文件构成

构成本合同的文件包括：
（1）本合同协议书；
（2）招标文件（如有）；
（3）中标通知书（如有）；
（4）投标函及其附录（如有）；
（5）专用合同条款及附件；
（6）通用合同条款；
（7）技术标准和要求；
（8）其他合同文件。
在合同订立及履行过程中形成的与合同有关的文件均构成合同文件组成部分。

上述各项合同文件包括双方就该项合同文件所作出的补充和修改，属于同一类内容的合同文件应以最新签署的为准。专用合同条款及附件须经合同当事人签名或盖章。

七、承诺

1. 委托人向受托人承诺，按照法律法规履行项目审批、核准或备案手续，按照合同约定派遣相应人员，提供咨询服务所需的资料和条件，并按照合同约定的期限和方式支付服务费用及其他应支付款项。

2. 受托人向委托人承诺，按照法律法规、相关标准及合同约定提供工程建设全过程咨询服务。

八、词语含义

合同协议书中的词语含义与通用合同条款和专用合同条款中的含义相同。

九、合同订立和生效

1. 合同订立时间：_____年_____月_____日。
2. 合同订立地点：_____。
3. 本合同经双方签名或盖章后成立，并自_____生效。
4. 本合同一式____份，均具有同等法律效力，委托人执____份，受托人执____份。

委托人：（公章）　　　　　　　　　　受托人：（公章）

法定代表人或其委托代理人：　　　　　法定代表人或其委托代理人：

（签名）　　　　　　　　　　　　　　（签名）

统一社会信用代码：_____　　　统一社会信用代码：_____
地址：_____　　　　　　　地址：_____
邮政编码：_____　　　　　邮政编码：_____
法定代表人：_____　　　　法定代表人：_____
委托代理人：_____　　　　委托代理人：_____
电话：_____　　　　　　　电话：_____
传真：_____　　　　　　　传真：_____
电子邮箱：_____　　　　　电子邮箱：_____
开户银行：_____　　　　　开户银行：_____
账号：_____　　　　　　　账号：_____

【使用指引】

全过程咨询服务合同分为合同协议书、通用合同条款、专用合同条款三个部分，合同协议书主要涉及项目概况、服务内容、委托人代表与咨询项目总负责人、签约合同价、服务期限、合同文件构成、承诺、词语含义、合同订立和生效等九项内容。合同协议书是对工程建设全过程咨询服务相关内容及权利义务的实质性核心内容的约定，是全过程咨询服务重要方面的集中体现。同时，根据本合同通用合同条款第 1.2 款［合同文件的优先顺序］，合同协议书在解释合同文件的优先顺序上处于首位，也即在合同当事人未在专用合同条款中对合同文件的优先顺序进行特别约定的情况下，合同协议书在解释优先顺序上要优先于其他合同文件，合同协议书作为合同最优解释顺序，也符合国际惯例及国内建设工程类合同（示范文本）的惯例。因此，在填写合同协议书相关内容时，合同当事人应当结合工程项目及咨询服务的实际情况慎重填写，避免因内容遗漏、不当等原因，造成与实际约定、专用合同条款内容相矛盾，从而影响权利义务关系及合同的履行。

合同协议书中第二条为"服务内容"，这是全过程咨询服务合同最重要的实质性条款，只有明确了服务内容，才能进一步确定服务费用和双方权利义务，该条款罗列了工程报批报建服务、工程勘察设计管理、工程勘察设计服务、工程造价咨询、工程招标采购咨询、施工项目管理、工程监理服务、其他专项咨询服务内容。合同当事人可以根据工程项目实际情况及需求并结合本合同附件 1 明确约定委托的范围及每个咨询服务类别中具体的服务内容，以确定受托方在工程建设中提供咨询服务的阶段及权利义务，避免合同当事人对于咨询服务的范围产生争议，从而影响合同的履行。同时，第二条注明"受托人向委托人提供投资决策综合性咨询等服务的，可在合同附件 1 中另行约定"，在填写时应注意该条款"服务内容"应当与"附件 1 服务范围"内容保持一致，避免前后矛盾，对于该条款未列明的服务范围也可以在本合同附件 1 中另行约定。

考虑到全过程咨询服务合同服务阶段、服务范围的多样性、复杂性，合同协议书第四条"签约合同价"中，针对不同的专项咨询服务内容分别约定计价方式、签约合同价、税金、税率等内容，满足了全过程咨询服务计价的实际需要，便于履约过程不同的咨询服务内容的计价支付和成果管理，又为咨询服务合同中途解除时的费用结算及争议解决提供了依据。同时，该条关于合同价款的约定应当与"附件 2 服务费用和支付"的内容保持一致，避免产生冲突，影响服务费用的计算及支付。

全过程咨询服务整合集成了多项咨询服务内容，改变了传统施工总承包模式下咨询服务"碎片化"模式，对于咨询服务受托人的项目总负责人和咨询服务各项内容的协调衔接整合更为关注，由此合同协议书第三条和第五条对咨询项目总负责人和服务期限进行了约定，有利于咨询服务合同的顺利高质量履行。

合同协议书一般在合同当事人签字或盖章后成立并生效，但是合同当事人可以对合同的生效条件进行特别约定，如约定"本合同自双方签字并盖章，且委托人支付第一笔费用后生效"。

对于经招标投标的全过程咨询服务项目，合同当事人应当在中标通知书发出之日起 30 日内订立书面合同，且合同协议书中约定的内容应当与招标文件、投标文件、中标通知书的实质性内容保持一致。

在填写合同协议书签章页内容时，应当重视对合同当事人的地址、电话、传真、邮箱、委托代理人、法定代表人、开户银行、账号等相关信息的填写，以保障合同当事人之间联络、送达、款项支付、发票开具的便利性及有效性。

【法条索引】

《工程咨询行业管理办法》第八条　工程咨询服务范围包括：（一）规划咨询：含总体规划、专项规划、区域规划及行业规划的编制；（二）项目咨询：含项目投资机会研究、投融资策划，项目建议书（预可行性研究）、项目可行性研究报告、项目申请报告、资金申请报告的编制，政府和社会资本合作（PPP）项目咨询等；（三）评估咨询：各级政府及有关部门委托的对规划、项目建议书、可行性研究报告、项目申请报告、资金申请报告、PPP 项目实施方案、初步设计的评估，规划和项目中期评价、后评价，项目概预决算审查，及其他履行投资管理职能所需的专业技术服务；（四）全过程工程咨询：采用多种服务方式组合，为项目决策、实施和运营持续提供局部或整体解决方案以及管理服务。有关工程设计、工程造价、工程监理等资格，由国务院有关主管部门认定。

《中华人民共和国民法典》（以下简称《民法典》）第四百九十条第一款　当事人采用合同书形式订立合同的，自当事人均签名、盖章或者按指印时合同成立。在签名、盖章或者按指印之前，当事人一方已经履行主要义务，对方接受时，该合同成立。

《民法典》第五百零二条第一款　依法成立的合同，自成立时生效，但是法律另有规定或者当事人另有约定的除外。

《民法典》第九百二十条　委托人可以特别委托受托人处理一项或者数项事务，也可以概括委托受托人处理一切事务。

《工程咨询行业管理办法》第十一条　工程咨询单位应当和委托方订立书面合同，约定各方权利义务并共同遵守。合同中应明确咨询活动形成的知识产权归属。

《民法典》第九百二十八条　受托人完成委托事务的，委托人应当按照约定向其支付报酬。因不可归责于受托人的事由，委托合同解除或者委托事务不能完成的，委托人应当向受托人支付相应的报酬。当事人另有约定的，按照其约定。

《中华人民共和国招标投标法》（以下简称《招标投标法》）第四十六条
招标人和中标人应当自中标通知书发出之日起三十日内，按照招标文件和中标
人的投标文件订立书面合同。招标人和中标人不得再行订立背离合同实质性内
容的其他协议。招标文件要求中标人提交履约保证金的，中标人应当提交。

《中华人民共和国招标投标法实施条例》（以下简称《招标投标法实施条
例》）第五十七条第一款　招标人和中标人应当依照招标投标法和本条例的规
定签订书面合同，合同的标的、价款、质量、履行期限等主要条款应当与招标
文件和中标人的投标文件的内容一致。招标人和中标人不得再行订立背离合同
实质性内容的其他协议。

《关于适用〈中华人民共和国民法典〉合同编通则若干问题的解释》第四
条　采取招标方式订立合同，当事人请求确认合同自中标通知书到达中标人时
成立的，人民法院应予支持。合同成立后，当事人拒绝签订书面合同的，人民
法院应当依据招标文件、投标文件和中标通知书等确定合同内容。

第二部分 通用合同条款

第1条 一般约定

1.1 定义和解释

合同协议书、通用合同条款、专用合同条款中的下列词语应具有以下含义。

1.1.1 合同：是指根据法律规定和合同当事人约定具有约束力的文件，构成合同的文件包括本合同协议书、招标文件（如有）、中标通知书（如有）、投标函及其附录（如有）、专用合同条款及附件、通用合同条款、技术标准和要求以及其他合同文件。

【条款目的】

本条款是对本合同中所使用的合同一词作出的解释，主要包括合同的法律性质以及范围。

【条款释义】

本条款中的合同既包含传统的合同文件如合同协议书、通用合同条款和专用合同条款及附件，对于经过招标投标程序的合同，还应包含招标文件、投标函及其附录、中标通知书等，如有其他对当事人有约束力的文件，如技术标准和要求等，也属于本条款中的合同的组成范围。

本条款中的合同对当事人的约束力来自法律规定和合同当事人约定，并不局限于本条款中提到的几种形式，例如约定了委托人和受托人双方权利义务，且双方具有约定合意的文件，也可以被认为是本条款中的合同。

需要特别说明的是，通过招标方式订立的全过程咨询服务合同，根据《关

8

于适用〈中华人民共和国民法典〉合同编通则若干问题的解释》的规定，合同自中标通知书到达中标人时即已经成立。

【使用指引】

合同当事人在使用本条款时应注意以下事项：

第一，合同当事人在订立合同时，应遵守法律规定，保证合同内容的合法有效，符合民事法律行为有效的条件：（1）当事人具有相应的资质或资格；（2）合同当事人的意思表示均为真实，不存在虚假的意思表示或恶意串通损害他人合法权益等情形；（3）不违反法律、行政法规的强制性规定，不违背公序良俗，不得损害社会公共利益和第三方的合法权益。

第二，《房屋建筑和市政基础设施项目工程建设全过程咨询服务合同（示范文本）》（以下简称范本）是混合合同，具有委托合同、建设工程合同以及技术咨询合同和技术服务合同的多重属性。当事人在订立合同时，应根据服务项目的特点以及服务的范围，订立明确、具体、全面以及具备可操作性的合同文件，以保护合同当事人的权益及促进合同履行。

第三，合同当事人可以在专用合同条款中，对合同文件的组成进行补充，特别是对于合同实施具有重要指导意义或有助于界定合同当事人权利义务的文件，合同当事人可以将其纳入合同文件组成，如合同当事人在合同履行过程中的会议纪要等文件。

【法条索引】

《民法典》第一百四十三条　具备下列条件的民事法律行为有效：（一）行为人具有相应的民事行为能力；（二）意思表示真实；（三）不违反法律、行政法规的强制性规定，不违背公序良俗。

《民法典》第四百六十四条第一款　合同是民事主体之间设立、变更、终止民事法律关系的协议。

《民法典》第四百六十五条　依法成立的合同，受法律保护。依法成立的合同，仅对当事人具有法律约束力，但是法律另有规定的除外。

《民法典》第四百六十九条第二、三款　书面形式是合同书、信件、电报、电传、传真等可以有形地表现所载内容的形式。以电子数据交换、电子邮件等方式能够有形地表现所载内容，并可以随时调取查用的数据电文，视为书面形式。

《关于适用〈中华人民共和国民法典〉合同编通则若干问题的解释》第四条第一款　采取招标方式订立合同，当事人请求确认合同自中标通知书到达中标人时成立的，人民法院应予支持。合同成立后，当事人拒绝签订书面合同的，人民法院应当依据招标文件、投标文件和中标通知书等确定合同内容。

1.1.2　合同协议书：是指组成合同的，由委托人和受托人共同签署的称为"合同协议书"的文件。

【条款目的】

本条款是对合同协议书作出的定义，本合同中所使用合同协议书应为委托人和受托人共同签署的书面文件，未经当事人共同签署的合同协议书不产生法律约束力。

【条款释义】

合同协议书应约定合同中的主要内容，一般包括委托人和受托人名称、项目概况、服务内容、委托人代表与咨询项目总负责人、签约合同价、服务期限和合同文件等，合同协议书仅列明合同主要内容，与合同履行相关的具体事项应由合同当事人在专用合同条款等其他文件中予以明确。

【使用指引】

合同当事人在使用本条款时应注意以下事项：

第一，鉴于合同协议书约定了合同的主要内容，包括委托人和受托人名称、项目概况、服务内容、委托人代表与咨询项目总负责人、签约合同价、服务期限等，合同当事人应逐项仔细填写，并注意避免出现关键事项未作出约定或与其他合同文件所载内容出现冲突等约定不明的情形，从而影响合同的顺利履行。

第二，对于经过招标投标程序确定的项目，合同当事人应在投标人收到中标通知书后在法律规定和中标通知书所载的时间内签订书面合同协议书。合同协议书中所载内容应与中标通知书的实质性内容保持一致，不得签订背离招标投标文件实质性内容的合同协议书。

第三，合同协议书一般在合同当事人加盖公章，并由法定代表人或法定代表人的授权代表签字后生效，但合同协议书另有约定的除外。

【法条索引】

《招标投标法》第四十六条　招标人和中标人应当自中标通知书发出之日起三十日内，按照招标文件和中标人的投标文件订立书面合同。招标人和中标人不得再行订立背离合同实质性内容的其他协议。招标文件要求中标人提交履约保证金的，中标人应当提交。

《民法典》第四百九十条　当事人采用合同书形式订立合同的，自当事人均签名、盖章或者按指印时合同成立。在签名、盖章或者按指印之前，当事人一方已经履行主要义务，对方接受时，该合同成立。法律、行政法规规定或者当事人约定合同应当采用书面形式订立，当事人未采用书面形式但是一方已经履行主要义务，对方接受时，该合同成立。

1.1.3　招标文件：是指委托人选择通过招标方式确定受托人，由委托人或委托人选定的第三方机构编制并向潜在投标人发售的，明确资格条件、合同主要条款、评标方法、评标文件相应格式及其他投标须知内容的文件。

【条款目的】

本条款是对招标文件作出的定义，本合同中的招标文件应为委托人通过招标方式确定受托人情况下向潜在投标人发售的书面文件。

【条款释义】

招标文件的内容包含投标资格条件、合同主要条款、评标方法、评标文件相应格式等其他投标须知内容。招标文件的编制工作可以由委托人或由委托人选定的第三方机构完成。

【使用指引】

合同当事人在使用本款条时应注意以下事项：

招标文件具有民法上要约邀请的法律属性，根据《民法典》立法本意，招标文件并不属于合同文件的组成部分，但需要注意的是，本合同将招标文件也列为合同文件的组成之一，并在第1.2款合同文件的优先顺序中明确，除专用合同条款另有约定外，招标文件优先于投标文件和中标通知书的解释顺序。

特别值得提示的是，这与《建设工程施工合同（示范文本）GF—2017—021》（以下简称《建设工程施工合同》）的规则不同，《建设工程施工合同》第1.5款合同文件的优先顺序并未明确将招标文件列为合同文件组成部分，若合同当事人认为需要体现其合同约束力的，需要作出特别约定，将招标文件等其他文件纳入合同文件组成。

【法条索引】

《招标投标法》第四十六条　招标人和中标人应当自中标通知书发出之日起三十日内，按照招标文件和中标人的投标文件订立书面合同。招标人和中标人不得再行订立背离合同实质性内容的其他协议。招标文件要求中标人提交履约保证金的，中标人应当提交。

《民法典》第四百七十三条第一款　要约邀请是希望他人向自己发出要约的表示。拍卖公告、招标公告、招股说明书、债券募集办法、基金招募说明书、商业广告和宣传、寄送的价目表等为要约邀请。

1.1.4　中标通知书：是指构成合同的由委托人通知受托人中标的书面文件。中标通知书随附的澄清、说明、补正事项纪要等，是中标通知书的组成部分。

【条款目的】

本条款是对中标通知书作出的定义，本合同中的中标通知书应为委托人向中标的受托人发出的通知其中标的书面文件。

【条款释义】

中标通知书的内容应具体明确，其实质性内容应与受托人递交的投标文件的实质性内容一致。中标通知书随附的澄清、说明、补正事项纪要等也是中标通知书的组成部分，与中标通知书具有同等的合同约束力和法律效力。

【使用指引】

合同当事人在使用本条款时应注意以下事项：

第一，中标通知书具有民法上承诺的法律属性，应遵守承诺的规则。

（1）承诺的内容应当与要约的内容一致。故中标通知书所载明的内容应具体明确，与受托人递交的投标文件的实质性内容一致，并将中标结果以及签订合同的具体时间和地点一并告知中标的受托人。

（2）承诺生效时合同成立。故自中标通知书送达受托人时，全过程咨询服务合同成立。形式完备、有委托人签字或盖章的中标通知书对委托人和受托人具有法律效力。

第二，根据《招标投标法》及《招标投标法实施条例》等相关规定，中标通知书对招标人和投标人具有法律效力，双方不得修改中标结果，也不得另行签订背离中标文件实质性内容的其他协议，否则需要承担相应的法律责任。

【法条索引】

《民法典》第四百八十三条　承诺生效时合同成立，但是法律另有规定或者当事人另有约定的除外。

《民法典》第四百八十八条　承诺的内容应当与要约的内容一致。受要约人对要约的内容作出实质性变更的，为新要约。有关合同标的、数量、质量、价款或者报酬、履行期限、履行地点和方式、违约责任和解决争议方法等的变更，是对要约内容的实质性变更。

《招标投标法》第四十五条　中标人确定后，招标人应当向中标人发出中标通知书，并同时将中标结果通知所有未中标的投标人。中标通知书对招标人和中标人具有法律效力。中标通知发出后，招标人改变中标结果的，或者中标人放弃中标项目的，应当依法承担法律责任。

《招标投标法实施条例》第五十七条第一款　招标人和中标人应当依照招标投标法和本条例的规定签订书面合同，合同的标的、价款、质量、履行期限等主要条款应当与招标文件和中标人的投标文件的内容一致。招标人和中标人不得再行订立背离合同实质性内容的其他协议。

《关于适用〈中华人民共和国民法典〉合同编通则若干问题的解释》第四条第一款　采取招标方式订立合同，当事人请求确认合同自中标通知书到达中标人时成立的，人民法院应予支持。合同成立后，当事人拒绝签订书面合同的，人民法院应当依据招标文件、投标文件和中标通知书等确定合同内容。

1.1.5　投标函：是指构成合同的由受托人填写并签署的用于投标的称为"投标函"的文件。

【条款目的】

本条款是对投标函作出的定义，本合同中的投标函应为受托人向委托人发出的用于投标的书面文件，是对招标文件实质性内容的响应。

【条款释义】

从民法领域中要约和承诺的规则来看，投标人发出投标函的行为构成要约，委托人确定其中标的，即受该投标函约束。

【使用指引】

合同当事人在使用本条款时应注意以下事项：

投标函应由受托人仔细填写后由法定代表人或法定代表人授权代表签字并加盖公章。

投标函作为投标文件的重要部分，需要遵守《招标投标法》关于投标文件的规定。（1）投标函应对招标文件的实质性要求和条件作出响应；（2）投标函中有含义不明确的内容、明显文字或者计算错误，评标委员会认为有必要的可以通知该投标人作出书面澄清或说明，但该澄清或说明的范围不得超出投标文件的范围或改变投标文件的实质性内容；（3）中标合同的内容应与投标函中的内容保持一致，中标合同的内容不能实质性背离投标函。

【法条索引】

《民法典》第四百七十二条　要约是希望与他人订立合同的意思表示，该意思表示应当符合下列条件：（一）内容具体确定；（二）表明经受要约人承诺，要约人即受该意思表示约束。

《招标投标法实施条例》第五十二条　投标文件中有含义不明确的内容、明显文字或者计算错误，评标委员会认为需要投标人作出必要澄清、说明的，应当书面通知该投标人。投标人的澄清、说明应当采用书面形式，并不得超出投标文件的范围或者改变投标文件的实质性内容。评标委员会不得暗示或者诱导投标人作出澄清、说明，不得接受投标人主动提出的澄清、说明。

《招标投标法实施条例》第五十七条第一款　招标人和中标人应当依照招标投标法和本条例的规定签订书面合同，合同的标的、价款、质量、履行期限等主要条款应当与招标文件和中标人的投标文件的内容一致。招标人和中标人不得再行订立背离合同实质性内容的其他协议。

1.1.6　投标函附录：是指构成合同的附在投标函后的称为"投标函附录"的文件。

【条款目的】

本条款是对投标函附录的内容、形式和合同约束力的规定。

【条款释义】

投标函附录是附在投标函之后的文件，是对招标文件中涉及的关键性或实质性内容条款的响应、细化或说明，投标函附录与投标函具有相同的约束力。

【使用指引】

合同当事人在使用本条款时应注意以下事项：

投标函附录的主要内容为与招标文件相应的技术性资料，其格式和内容需要按照招标文件提供的统一格式编写，故受托人在编制投标函附录时应按照招标文件要求谨慎填写，不得随意增减内容。需要注意的是，投标函附录可以对招标文件中涉及的关键性或实质性内容条款作出细化或说明，但不能对招标文件作出实质性的变更。

1.1.7 工程合同：是指委托人为实现本项目而与实施永久工程和临时工程的相关承包商、供应商、其他咨询方签订的工程、货物及服务合同。

【条款目的】

本条款是对合同中提到的工程合同作出的定义。

【条款释义】

工程合同是指与全过程咨询服务合同所围绕的工程项目相关的，由委托人为建设该项目而与第三方承包商、供应商以及其他咨询方签订的工程、货物及服务合同等。这里的承包商既可能是施工合同的施工总承包单位也可能是工程总承包合同中的工程总承包单位，工程合同与全过程咨询服务合同的履行密切相关。

【使用指引】

合同当事人在使用本条款时应注意以下事项：

要结合本合同其他合同条款的规则理解工程合同的定义和范围。根据本合同通用合同条款第 11.4 款［责任限制］的规定，任何一方承担违约责任，应仅限于：因违约直接造成合理可预见的损失，在提供与工程合同相关的咨询服务时，受托人仅根据咨询服务合同约定对委托人承担违约责任，而不应就工程合同下的相对方履行工程合同所产生的责任对委托人承担责任。委托人应尽合理努力保护受托人免受工程合同下的相对方提起的、与工程合同相关的索赔而导致的损失。根据本合同通用合同条款第 1.1.8 项［合同当事人］的规定，合同当事人仅指签订合同的委托人和（或）受托人，而不包含围绕全过程咨询服务的工程项目而与委托人签订合同的承包商、供应商，以及其他非全过程咨询服务合同的主体。由此，本合同所使用的工程合同是个广义概念，既包括施工合同或工程总承包合同，还包括可能有的勘察、设计、监理服务合同，还包括与工程建设有关的货物采购合同。

【法条索引】

《招标投标法实施条例》第二条 招标投标法第三条所称工程建设项目，是指工程以及与工程建设有关的货物、服务。

前款所称工程，是指建设工程，包括建筑物和构筑物的新建、改建、扩建及其相关的装修、拆除、修缮等；所称与工程建设有关的货物，是指构成工程不可分割的组成部分，且为实现工程基本功能所必需的设备、材料等；所称与工程建设有关的服务，是指为完成工程所需的勘察、设计、监理等服务。

1.1.8　合同当事人：是指委托人和（或）受托人。

【条款目的】

本条款是对合同当事人所指向的对象的规定。本合同中的合同当事人为咨询服务合同中的委托人和（或）受托人。

【条款释义】

合同当事人仅指签订合同的委托人和（或）受托人，而不包含围绕全过程咨询服务的工程项目而与委托人签订合同的承包商、供应商，以及其他非全过程咨询服务合同的主体。故除合同另有约定外，一方当事人在合同履行过程中的联络和意思表示，应向合同对方当事人发出，向第三方发出的联络和意思表示不对合同对方当事人产生约束力，也不能达到合同当事人意思表示的法律效果。

【使用指引】

合同当事人在使用本条款时应注意以下事项：

合同当事人可以将合同约定的部分权利义务委托第三方行使，但不改变其合同当事人地位。例如受托人在征得委托人同意的情况下将资质外的部分咨询服务工作委托给第三方的，结合通用合同条款第3.4.4项，并不能减轻或免除受托人就该部分咨询服务应承担的责任和义务。合同当事人仍为委托人和原受托人。

当合同当事人之间产生争议需要进行仲裁或诉讼的，应以对方合同当事人作为被申请人申请仲裁或作为被告起诉。

【法条索引】

《民法典》第四百六十五条第二款　依法成立的合同，仅对当事人具有法律约束力，但是法律另有规定的除外。

1.1.9　委托人：是指与受托人签订合同协议书的当事人及取得该当事人资格的合法继承人和允许的受让人。

【条款目的】

本条款是对合同中的委托人作出的定义。

【条款释义】

本条中的委托人不仅仅是指合同协议书中委托人一栏中的主体，还涵盖取得该当事人资格的合法继承人和允许的受让人。

【使用指引】

合同当事人在使用本条款时应注意以下事项：

全过程工程咨询服务合同的委托人一般也是工程合同的发包人，全过程工程咨询服务合同的服务成果质量主要取决于受托人的技术水平和管理能力。因此，现行法律仅对全过程工程咨询服务合同中的受托人作出了资质上的要求，并未限制委托人的资质能力，仅要求委托人具备签订合同的民事权利能力和民事行为能力即可。

当作为委托人的有限责任公司合并、分立、变更名称等导致原签约主体消灭或变更的，由继承或受让了原委托人资格的主体作为新的委托人，继续行使合同权利、履行合同义务。

1.1.10　委托人代表：是指由委托人根据合同约定任命，在委托人授权范围内代表委托人履行合同的人员。

【条款目的】

本条款是对合同中的委托人代表作出的定义。

【条款释义】

本条款中的委托人代表是指约定在合同协议书中的，由委托人委派的代表委托人履行合同的人员，在合同协议书中约定委托人代表的同时，还应约定具体的授权范围。

【使用指引】

合同当事人在使用本条款时应注意以下事项：

在履行咨询服务合同的过程中，为了便于委托人及时履行合同约定的各项义务并及时行使合同约定的各项权利，委托人可委派其工作人员或聘请第三方机构人员作为委托人代表，代表其行使一定授权范围内的权利，处理咨询服务合同履行过程中出现的各类问题以及各种往来函件。委托人代表的权利范围以委托人的任命文件或授权文件为准，委托人对委托人代表在授权范围内做出的行为承担责任。

合同当事人需要加以注意的是，应在合同文件中明确约定委托人代表的姓名及基本信息和授权范围，委托人代表的授权范围约定不明的，根据《民法典》第一百七十条和第一百七十二条关于职务代理和表见代理的规定，受托人有权主张委托人代表做出的行为的法律后果仍由委托人承担。

【法条索引】

《民法典》第一百七十条 执行法人或者非法人组织工作任务的人员，就其职权范围内的事项，以法人或者非法人组织的名义实施的民事法律行为，对法人或者非法人组织发生效力。法人或者非法人组织对执行其工作任务的人员职权范围的限制，不得对抗善意相对人。

《民法典》第一百七十二条 行为人没有代理权、超越代理权或者代理权终止后，仍然实施代理行为，相对人有理由相信行为人有代理权的，代理行为有效。

1.1.11 受托人：是指与委托人签订合同协议书的当事人及取得该当事人资格的合法继承人和允许的受让人。

【条款目的】

本条款是对合同中的受托人作出的定义。

【条款释义】

本条款中的受托人不仅仅是指合同协议书中受托人一栏中的主体，还涵盖取得该当事人资格的合法继承人和允许的受让人。

【使用指引】

合同当事人在使用本条款时应注意以下事项：

基于全过程工程咨询服务对技术的高度依赖，也为了保证项目的设计、勘察、项目管理等成果文件的质量能够符合相应的标准，保证建设工程的质量和施工安全，国务院相关主管部门对提供全过程工程咨询服务的受托人的资质作出了相应的要求，《关于推进全过程工程咨询服务发展的指导意见》规定"全过程咨询单位提供勘察、设计、监理或造价咨询服务时，应当具有与工程规模及委托内容相适应的资质条件"。由此，不同于委托人的受让人，受托人的受让人身份除应当征得合同委托人同意，还应受到相关法律法规和文件约束及符合咨询服务相应的资质资格的要求。

需要进一步说明的是，按照《关于取消工程造价咨询企业资质审批加强事中事后监管的通知》，自2021年7月1日起，住房和城乡建设主管部门停止工程造价咨询企业资质审批，工程造价咨询企业按照其营业执照经营范围开展业务。

【法条索引】

《关于推进全过程工程咨询服务发展的指导意见》第三条第（三）款　促进工程建设全过程咨询服务发展。全过程咨询单位提供勘察、设计、监理或造价咨询服务时，应当具有与工程规模及委托内容相适应的资质条件。全过程咨询服务单位应当自行完成自有资质证书许可范围内的业务，在保证整个工程项目完整性的前提下，按照合同约定或经建设单位同意，可将自有资质证书许可范围外的咨询业务依法依规择优委托给具有相应资质或能力的单位，全过程咨询服务单位应对被委托单位的委托业务负总责。建设单位选择具有相应工程勘察、设计、监理或造价咨询资质的单位开展全过程咨询服务的，除法律法规另有规定外，可不再另行委托勘察、设计、监理或造价咨询单位。

1.1.12　咨询项目总负责人：是指由受托人根据合同约定任命，在受托人授权范围内代表受托人负责合同履行，主持工程建设全过程咨询服务工作的负责人。

【条款目的】

本条款是对合同中的咨询项目总负责人作出的定义。

【条款释义】

本条款中的咨询项目总负责人指的是合同协议书中咨询项目总负责人一栏中指向的自然人，是由受托人委派的代表受托人履行合同、主持工程建设全过程咨询服务工作的人员。在合同协议书中约定咨询项目总负责人的同时，还应约定具体的授权范围。实践中咨询项目总负责人的合同地位及权限接近于工程合同中项目经理的合同地位和权限。

2017年，国际咨询工程师联合会（以下缩写FIDIC）出版的《业主/咨询工程师标准服务协议书》（以下简称2017年版FIDIC白皮书）中也有与咨询项目总负责人相似的概念，第1.1.8项将"咨询工程师（单位）代表"定义为专用条件中提及的或咨询工程师（单位）不时任命的，并以通知形式通报客户作为其管理协议书的代表的人员。

【使用指引】

合同当事人在使用本条款时应注意以下事项：

第一，咨询项目总负责人的授权范围应在合同中明确约定，咨询项目总负责人的权利范围以受托人的任命文件或授权文件为准，受托人对咨询项目总负责人在授权范围内的做出的行为承担责任。若授权范围约定不明的，根据《民法典》第一百七十条和第一百七十二条关于职务代理和表见代理的规定，这种情况下委托人有权主张咨询项目总负责人做出的行为的法律后果仍由受托人承担。

第二，考虑工程建设全过程咨询服务可能同时涉及勘察、设计、监理、招标代理、造价咨询、项目管理中一项或多项服务，较难有覆盖全面专业的复合型人才的咨询项目总负责人，所以实践中建议受托人对咨询项目总负责人的授权不宜过宽过大。

【法条索引】

《民法典》第一百七十条 执行法人或者非法人组织工作任务的人员，就其职权范围内的事项，以法人或者非法人组织的名义实施的民事法律行为，对法人或者非法人组织发生效力。法人或者非法人组织对执行其工作任务的人员职权范围的限制，不得对抗善意相对人。

《民法典》第一百七十二条 行为人没有代理权、超越代理权或者代理权终止后，仍然实施代理行为，相对人有理由相信行为人有代理权的，代理行为有效。

1.1.13 专项咨询负责人：是指由受托人根据合同约定任命，在受托人授权范围内代表受托人负责主持相应专项咨询服务工作的负责人。

【条款目的】

本条款是对合同中的专项咨询负责人作出的定义。

【条款释义】

本条款中的专项咨询负责人指的是由受托人委派的代表受托人主持专项咨询服务工作的人员，专项咨询服务根据本合同规定，既可能是工程报批报建服务、工程勘察设计管理、工程勘察设计服务、工程造价咨询、工程招标采购咨询、施工项目管理、工程监理服务，也可能是项目融资咨询、信息技术咨询、风险管理咨询、项目后评价咨询、建筑节能与绿色建筑咨询、工程保险咨询等，也可以是双方在合同附件中约定的投资决策综合性咨询等服务。

【使用指引】

合同当事人在使用本条款时应注意以下事项：

第一，合同当事人应在本合同专用合同条款第 3.3.1 项［各专项咨询负责人］中约定具体的专项咨询负责人以及具体的授权范围。具体信息包括姓名、身份证号、职称、执（职）业资格种类及注册证书编号、联系电话以及电子邮箱等。关于专项咨询负责人的具体规则见本合同专用合同条款第 3.1 款［咨询人员］部分。

第二，法律法规、政策性文件及委托人对专项咨询负责人有相应资质资格要求的，受托人应保证其授权的专项咨询负责人具备相应的资质资格条件。

1.1.14　项目：是指合同协议书中约定由受托人提供工程建设全过程咨询服务的工程项目。

【条款目的】

本条款是对合同中的项目作出的定义。

【条款释义】

本合同中的项目指的是合同协议书中约定的，受托人提供的工程建设全过程咨询服务所指向的工程项目。

【使用指引】

合同当事人在使用本条款时应注意以下事项：

合同当事人应当在第一部分合同协议书中对全过程咨询服务针对的工程项目进行详细的约定。具体信息包括项目名称、项目地点、建设内容、建设规模、投资金额、资金来源、项目周期等，这些具体信息都与全过程咨询服务合同各方的权利义务密切相关。

1.1.15　工程建设全过程咨询：是指受托人根据合同约定，综合运用多学科知识、工程实践经验、现代科学技术和经济管理方法，采用多种服务方式组合，为委托人在工程建设实施阶段提供阶段性或整体解决方案的综合性智力服务活动。在构成本合同的文件中可简称为咨询服务。

【条款目的】

本条款是对本合同中的咨询服务作出的定义，咨询服务全称为工程建设全过程咨询服务。

【条款释义】

本条款中的工程建设全过程咨询指采用多种组织方式，为工程项目决策、实施和运营持续提供局部或整体解决方案。从事工程咨询服务的企业，受委托人委托，在委托人授权范围内对工程建设全过程进行专业化的管理咨询服务活动。《关于推进全过程工程咨询服务发展的指导意见》所规定的全过程工程咨询主要指的是投资决策综合性咨询及本条中的工程建设全过程咨询。

【使用指引】

合同当事人在使用本条款时应注意以下事项：

由于咨询服务的范围涉及勘察、设计、造价、项目管理、监理、招标代理等不同专业，对受托人的综合咨询服务能力要求较强，需要受托人综合运用多学科知识、工程实践经验、现代科学技术和经济管理方法，采用多种服务方式组合提供相应咨询服务。在《关于促进建筑业持续健康发展的意见》文件中首次出现了全过程工程咨询的概念，随后在《关于推进全过程工程咨询服务发展的指导意见》以及各省的相关文件中进一步明确了全过程工程咨询的模式和具体规则。

【法条索引】

《关于促进建筑业持续健康发展的意见》（国办发〔2017〕19号）第三条第（四）款 培育全过程工程咨询。鼓励投资咨询、勘察、设计、监理、招标代理、造价等企业采取联合经营、并购重组等方式发展全过程工程咨询，培育一批具有国际水平的全过程工程咨询企业。制定全过程工程咨询服务技术标准和合同范本。政府投资工程应带头推行全过程工程咨询，鼓励非政府投资工程委托全过程工程咨询服务。在民用建筑项目中，充分发挥建筑师的主导作用，鼓励提供全过程工程咨询服务。

1.1.16 联合体：是指由两个或两个以上法人或者其他组织组成，且明确牵头单位及各单位的权利、义务和责任，作为受托人的临时机构。

【条款目的】

本条款是对合同中联合体作出的定义。

【条款释义】

联合体由两个或两个以上法人或者其他组织组成，联合体整体作为受托人的，应提前明确各联合体成员的权利、义务和责任分配。

【使用指引】

关于联合体的相关规则详见通用合同条款第3.5款的规定。

合同当事人在使用本条款时应注意以下事项：

考虑到国内建筑业对提供监管和咨询服务主体的能力要求，自然人不能成为工程建设全过程咨询服务的主体，也就不能成为受托人联合体的成员。为了便于与委托人沟通及咨询服务合同的履行，联合体各方应在投标文件的联合体协议中明确牵头人，并对牵头人及各单位的分工和权利义务责任等作出约定。

【法条索引】

《招标投标法》第三十一条 两个以上法人或者其他组织可以组成一个联合体，以一个投标人的身份共同投标。

联合体各方均应当具备承担招标项目的相应能力；国家有关规定或者招标文件对投标人资格条件有规定的，联合体各方均应当具备规定的相应资格条件。由同一专业的单位组成的联合体，按照资质等级较低的单位确定资质等级。

联合体各方应当签订共同投标协议，明确约定各方拟承担的工作和责任，并将共同投标协议连同投标文件一并提交招标人。联合体中标的，联合体各方应当共同与招标人签订合同，就中标项目向招标人承担连带责任。

招标人不得强制投标人组成联合体共同投标，不得限制投标人之间的竞争。

1.1.17 服务成果：是指受托人根据合同约定向委托人提供的有形和无形的服务成果，包括但不限于阶段性和最终的咨询报告、模型、图纸、文件、说明、技术规定及其他类似的电子或实物文件，并应采用合同中双方约定的载体和形式。

【条款目的】

本条款是对合同中的服务成果作出的定义。

【条款释义】

服务成果可以附于有形的载体中，也可以以无形的数据等形态存在，具体采用哪一种载体和形式应由双方当事人在合同中作出明确的约定。该服务成果可以是阶段性成果也可以是最终提供给委托人的成果，具体包括咨询报告、模型、图纸、文件、说明、技术规定及其他类似的电子或实物文件等。

【使用指引】

合同当事人在使用本条款时应注意以下事项：

受托人向委托人交付的服务成果应满足合同约定的技术标准和功能。委托人应定期对服务成果进行检查，受托人向委托人交付的服务成果不符合委托人要求的，构成违约，委托人可以要求受托人承担修改完善服务成果、减少报酬或赔偿损失等违约责任。

受托人对于阶段性完成的服务成果具有照管义务。根据《民法典》第七百八十四条的规定，受托人应当妥善保管委托人提供的材料以及完成的工作成果，因保管不善造成毁损、灭失的，应当承担赔偿责任。

考虑到受托人的咨询服务成果将用于项目建设，委托人往往会对咨询服务成果的载体和形式作出特别约定，受托人应按约定方式提交或反馈服务成果，否则委托人可以追究受托人违约责任，如因此给委托人的项目建设造成影响或损害的，委托人有权向受托人提出索赔。

【法条索引】

《民法典》第七百八十条　承揽人完成工作的，应当向定作人交付工作成果，并提交必要的技术资料和有关质量证明。定作人应当验收该工作成果。

《民法典》第七百八十一条　承揽人交付的工作成果不符合质量要求的，定作人可以合理选择请求承揽人承担修理、重作、减少报酬、赔偿损失等违约责任。

《民法典》第七百八十四条　承揽人应当妥善保管定作人提供的材料以及完成的工作成果，因保管不善造成毁损、灭失的，应当承担赔偿责任。

1.1.18 服务变更：是指根据本合同第 7 条［变更和服务费用调整］构成服务变更的对于咨询服务的任何更改。

【条款目的】

本条款是对合同中的服务变更作出的定义。

【条款释义】

服务变更主要是指经委托人指示或批准对咨询服务所做的改变。具体规则见本合同通用合同条款第 7 条［变更和服务费用调整］的规定。

【使用指引】

合同当事人在使用本条款时应注意以下事项：

变更对于合同双方当事人的权利义务、合同履行期限和对价都会带来直接影响，一直是各类合同中市场主体高度关注的条款。全过程咨询服务的变更，不仅涉及委托人和受托人权利义务调整、咨询服务合同履行期限的顺延和咨询服务费用调整，甚至会涉及项目工程合同目的的实现，所以全过程咨询服务合同的双方都应特别重视，在专用合同条款中结合通用合同条款进一步约定变更情形、变更程序、变更费用调整、变更争议处理等，以免履约过程产生争议。

1.1.19 合同价：是指委托人和受托人在合同协议书中确定的工程建设全过程咨询服务签约合同价。

【条款目的】

本条款是对签约合同价格作出的定义。

【条款释义】

本合同中提到的合同价指的是在合同协议书中显示受托人为委托人提供的工程建设全过程咨询服务签约时的价格。

【使用指引】

合同当事人在使用本条款时应注意以下事项：

建设工程的整个建设的周期长且经常出现发包人的变更及天气、政策变化等不可控的因素，导致工程的内容与最初签订的合同内容出现较大出入，这也将导致全过程咨询服务合同的服务范围随之改变，最终实际发生的服务费用与合同签约价格不一致。在本合同中将合同协议书中体现的签约价格称为合同价，该价格所对应的服务范围仅包含合同文件中约定的服务范围，对于合同履行过程中服务范围发生变更的，不能以合同协议书中合同价作为实际支付费用的约束。

签约合同价是合同协议书中不可或缺的部分，也是整个全过程咨询服务合同委托人和受托人关注的重点。明确签约合同价便于合同的履行，如编制资金安排计划、付款计划、服务进度计划和计算违约金等。

需要注意的是，对于经过招标投标程序签订的全过程咨询服务合同，应保证合同协议书的合同价格与中标通知书中载明的合同价格一致。

【法条索引】

《招标投标法》第四十六条第一款 招标人和中标人应当自中标通知书发出之日起三十日内，按照招标文件和中标人的投标文件订立书面合同。招标人和中标人不得再行订立背离合同实质性内容的其他协议。

1.1.20 服务费用：是指委托人用于支付受托人按照合同约定完成工程建设全过程咨询服务范围内全部工作的费用，包括合同履行过程中按合同约定进行的变更和调整。

【条款目的】

本条款是对委托人支付给受托人的服务费用作出的定义。

【条款释义】

本合同中提到的服务费用与本合同通用合同条款第 1.1.19 项合同价相关联，指的是由委托人向受托人支付的，涵盖按照合同约定完成工程建设全过程咨询服务范围内全部工作的费用，其组成包含所履行的合同协议书中的服务范围对应的合同价以及合同履行过程中按合同约定进行变更和调整后增减的费用，通常该服务费用可以理解为服务合同的结算价。

【使用指引】

合同当事人在使用本条款时应注意以下事项：

建设工程的整个建设的周期长且经常出现发包人的变更及天气、政策变化等不可控的因素，导致工程的内容与最初签订的合同内容出现较大出入，这也将导致全过程咨询服务合同的服务范围随之改变，最终实际发生的服务费用与合同签约价格不一致。本条是关于服务费用的定义，有助于合同当事人正确理解签约合同价和服务费用的区别，以减少合同当事人关于应付工程款等问题产生纠纷。实践中，有时会出现委托人在招标文件或在合同中约定结算价即服务费用不得超过合同价，要注意的是这种情况通常适用履约期间并未出现变更或价格可调情形，当出现法律规定或合同约定的变更或价格调整情况，委托人不能简单以合同约定为由不予支付变更或调整的价款。

【法条索引】

《民法典》第七百七十条第一款 承揽合同是承揽人按照定作人的要求完成工作，交付工作成果，定作人支付报酬的合同。

1.1.21 服务开支：是指受托人为履行合同向第三方支付的合理开支，包括但不限于受托人为履行合同发生的差旅费、通讯费、复印费、材料和设备检测费等。

【条款目的】

本条款是对履行合同过程中受托人发生的服务开支所作的定义。

【条款释义】

服务开支是指受托人为履行合同义务所发生的或将要发生的向第三方支付的合理费用，包括但不限于差旅费、通讯费、复印费、材料和设备检测费等。

服务支出并不独立于合同价或服务费用，服务支出既涉及合同价中包含的费用，也涉及合同履行过程中额外增加的费用。

【使用指引】

合同当事人在使用本条款时应注意以下事项：

对于合同价中包含的费用，既然已经包含在合同价中，受托人就不能要求委托人再另外支付该笔费用。对于合同服务费用明确不包括服务开支的及履行过程中额外增加的费用，受托人可以要求委托人另外支付，但应保留好服务开支的相关凭证供委托人复核。因委托人或受托人中一方原因导致额外增加的费用，一般由责任方承担。对于因不可抗力导致的额外增加的费用，依据不可抗力条款约定分担，没有约定的双方当事人应协商合理分担。

1.1.22　天：除特别指明外，均指日历天。合同中按天计算时间的，开始当天不计入，从次日开始计算，期限最后一天的截止时间为当天 24：00 时。

【条款目的】

本条款是对合同中所有涉及的"天"的具体指向的规定。

【条款释义】

合同中提及的"天"除特别指明为工作日外，均指日历天，即包含法定节假日和休息日。除此之外，合同中按天计算时间的，均从次日起算，至合同约定的截止日期当天的 24：00 时。

【使用指引】

合同当事人在使用本条款时应注意以下事项：

在实践中，合同当事人常常对合同中约定的"天"是指"工作日"还是"日历天"产生分歧。由于合同中约定了大量的程序性要求，例如本合同通用合同条款第 12.1 条［由委托人解除合同］规定的委托人提前 14 天向受托人发出通知解除合同、本合同通用合同条款第 5.4 条［服务暂停］规定的受托人应提前 28 天向委托人发出暂停通知等，若合同当事人对"天"的起算时间和截止时间的认定不同，会对判断合同当事人是否及时履行合同义务产生直接影响，故保证当事人对"天"的理解一致是非常有必要的。需要提示的是，根据法律规定，期间的最后一日如果是法定休假日的，应以法定休假日的次日为期间的到期日。

【法条索引】

《民法典》第二百零一条 按照年、月、日计算期间的，开始的当日不计入，自下一日开始计算。按照小时计算期间的，自法律规定或者当事人约定的时间开始计算。

《民法典》第二百零二条 按照年、月计算期间的，到期月的对应日为期间的最后一日；没有对应日的，月末日为期间的最后一日。

《民法典》第二百零三条 期间的最后一日是法定休假日的，以法定休假日结束的次日为期间的最后一日。期间的最后一日的截止时间为二十四时；有业务时间的，停止业务活动的时间为截止时间。

1.1.23 基准日期：通过招标方式确定受托人的，以投标截止日前 28 天的日期为基准日期；通过其他方式确定受托人的，以合同签订前 28 天的日期为基准日期。

【条款目的】

本条款是对合同中的基准日期作出的定义。

【条款释义】

在经过招标投标程序委托和直接委托的两种情况下，本合同中的基准日期的确认标准不同。对于经过招标投标程序委托的，以投标截止日前 28 天的日期为基准日期；对于直接委托的，以合同签订前 28 天的日期为基准日期。

【使用指引】

合同当事人在使用本条款时应注意以下事项：

基准日期往往是判定某种风险是分配给委托人还是受托人应考虑到的分界日。一般来说，在基准日期以后，因法律法规、技术标准、规范变化等不可归责于受托人原因导致服务费用增加或者服务期限延长的，受托人有权根据合同约定要求委托人支付相应的费用或者延长服务期限。

1.1.24 服务开始日期：是指受托人应开始合同协议书中约定的咨询服务工作的绝对日期或相对日期。

【条款目的】

本条款是对服务开始日期具体指向的规定。

【条款释义】

本合同中的服务开始日期为合同中约定的受托人应予开始履行咨询服务工作的日期，该日期可以被当事人约定为一个绝对的日期，也可以被约定为一个可调整的相对日期，相对日期也可能是签约时不能确定，需要依据特定条件或行为确定的日期。服务开始日期是计算服务期限的起算点，在实践中经常因为当事人对服务开始日期的约定不明确导致各方对服务开始日期的认识不一致，从而导致大量的纠纷。

【使用指引】

合同当事人在使用本条款时应注意以下事项：

2017 年版 FIDIC 白皮书中将"开始日期"规定为"是指专用条件中确定的日期；如果日期未确定，则开始日期应为生效日期后 14 天"。但在本合同中并未将合同生效日期后 14 天作为服务开始日期。当事人可以在本合同专用合同条款第 5.1 条［服务开始和完成］中对服务开始日期作出具体的约定。可以约定为一个具体的绝对日期，例如"计划开始日期为某年某月某日"，也可以约定为一个相对的日期，例如在合同生效后多少天内、在受托人收到合同规定的第一次付款后多少天内或约定以开始服务工作通知载明的开始服务日期作为服务开始日期。

1.1.25 服务完成日期：是指受托人完成合同协议书中约定的咨询服务工作的绝对日期或相对日期，包括合同约定的任何延长日期。

【条款目的】

本条款是对服务完成日期具体指向的规定。

【条款释义】

本合同中的服务完成日期为合同中约定的受托人应予完成咨询服务工作的日期，该日期可以被当事人约定为一个绝对的日期，也可以被约定为一个可调整的相对日期。

特别注意的是服务完成日期要考虑合同约定的延长日期及履约过程经双方签证确认顺延或延长的服务日期。建设工程具有周期长、过程复杂、变更多、受外界因素影响大等特征，由此建设工程的全过程咨询服务合同必将会受到所服务项目的工程合同履行的影响，因此受托人应注意在专用合同条款中对延长服务期限的情形、确认程序等进行明确约定。

【使用指引】

合同当事人在使用本条款时应注意以下事项：

在 2017 年版 FIDIC 白皮书中将"完成时间"规定为"专用条件中规定的，或根据协议书可能修改的、从开始日期算起的完成服务的时间"。本条款中的服务完成日期指计划的服务完成日期，与之相对的是受托人实际完成全部咨询服务的日期。服务完成日期与服务开始日期均是计算服务期限的重要指标，是判断合同履行过程中是否存在服务期限延误的重要依据。

当事人可以在本合同专用合同条款第 5.1 条［服务开始和完成］中对服务完成日期作出具体的约定。可以约定一个类似自服务开始日期至某年某月某日的绝对日期，也可以约定为一个相对的日期，例如约定自服务开始日期起多少日内完成或约定将项目相关工程计划竣工日期或缺陷责任期满作为服务完成日期。

1.1.26 服务期限：是指从服务开始日期起计算，合同协议书中规定或根据合同约定修改后的完成咨询服务所需时间。

【条款目的】

本条款是对服务期限的规定。

【条款释义】

本合同中的服务期限是指自协议中约定的服务开始日期起至合同中约定的或根据合同约定修改（包括延长）后的服务完成日期止的总日历天数。相对于本合同通用合合条款第 1.1.24 项［服务开始日期］和通用合同条款第 1.1.25 项［服务完成日期］，服务期限对委托人和受托人更有实际意义，因为服务开始日期和完成日期在签约时通常是计划日期，并受合同条件和项目客观条件等较多因素影响，但无论计划日期如何调整，合同约定的服务期限都是用于认定咨询服务合同是否按期完成的标准。

【使用指引】

合同当事人在使用本条款时应注意以下事项：

服务期限在判断受托人是否如约履行咨询服务工作时起到至关重要的作

用，是判断服务期限延误的参照标准。

服务期限可以由合同当事人直接在专用合同条款中予以明确，未直接明确的，可根据合同中服务开始日期和服务完成日期计算。当服务开始日期和服务完成日期均为某绝对日期时，根据服务开始日期和服务完成日期计算所得的服务期限也是一个固定数值，当服务开始日期和服务完成日期被约定为某相对日期时，在签订合同时服务期限是难以被准确预估的，只有随着服务开始日期和服务完成日期被固定后，才能得出合同约定的服务期限的准确时长。由此，为避免争议建议委托人和受托人在专用合同条款中明确约定固定的服务期限，并对哪些情形可顺延服务期限作出明确约定。

需要注意的是，根据合同约定对服务完成日期作出延长的，并不构成服务期限的延误，除此之外，当实际服务期限与合同约定的履行期限不一致的，应根据通用合同和专用合同的约定由责任方承担服务期限延误的违约责任。

1.1.27　服务进度计划： 是指受托人根据第5.2款［服务进度计划］提交的进度计划，包括根据合同约定对其进行的动态修订。

【条款目的】

本条款是对合同中服务进度计划作出的定义。

【条款释义】

关于服务进度计划的内容、提交与审批、修改等具体规则见本合同专用合同条款第5.2款［服务进度计划］的规定。当服务进度计划因一方当事人原因或非当事人方原因受到影响时，受托人应根据合同约定及委托人要求对服务进度计划进行修订，由此产生的服务期限延长及服务费用增加结合合同约定进行分配或调整。

1.1.28　知识产权： 是指包括但不限于专利、专利申请、商标、商业秘密、注册设计、注册设计申请、著作权、设计权利、精神权利、工艺流程、技术指标、配方、图纸、计算机软件和数据库权利在内的所有知识产权权利。

【条款目的】

本条款是对合同中涉及的知识产权的内容的规定。

【条款释义】

本条所指的知识产权是指所有知识产权权利，包括专利、专利申请、商标、商业秘密、注册设计、注册设计申请、著作权、设计权利、精神权利、工艺流程、技术指标、配方、图纸、计算机软件和数据库权利等权利。

【使用指引】

合同当事人在使用本条款时应注意以下事项：

在 2017 年版 FIDIC 白皮书中的"知识产权"是指所有知识产权，包括但不限于任何专利、专利申请、商标、商业秘密、注册外观设计、注册外观设计申请、版权、设计权、精神权利、工艺、配方、规范、图纸，包括在世界任何地方产生的计算机软件和数据库的权利。

明确受托人在提供咨询服务过程中形成的知识产权的归属，有利于促进技术进步和创新，同时能有效避免合同当事人就知识产权归属产生争议。考虑到工程建设全过程咨询服务的成果往往是当事人的知识和智力成果的体现，为加强对这些成果的保护，双方应结合本合同通用合同条款第 8 条，在专用合同条款中尽可能作出明确清晰的约定。但需要注意的是，合同当事人可以在专用合同条款中约定上述知识产权的归属，但不得就署名权进行特别约定。

在我国民法领域中，知识产权包括当事人对（一）作品；（二）发明、实用新型、外观设计；（三）商标；（四）地理标志；（五）商业秘密；（六）集成电路布图设计；（七）植物新品种；以及法律规定的其他客体所享有的权利。具体到全过程咨询服务中，所涉及的知识产权包括但不限于专利、专利申请、商标、商业秘密、注册设计、注册设计申请、著作权、设计权利、精神权利、工艺流程、技术指标、配方、图纸、计算机软件和数据库权利等权利。

【法条索引】

《中华人民共和国著作权法》（以下简称《著作权法》）第十条　著作权包括下列人身权和财产权：

（一）发表权，即决定作品是否公之于众的权利；

（二）署名权，即表明作者身份，在作品上署名的权利；

（三）修改权，即修改或者授权他人修改作品的权利；

（四）保护作品完整权，即保护作品不受歪曲、篡改的权利；

（五）复制权，即以印刷、复印、拓印、录音、录像、翻录、翻拍、数字化等方式将作品制作一份或者多份的权利；

（六）发行权，即以出售或者赠与方式向公众提供作品的原件或者复制件的权利；

（七）出租权，即有偿许可他人临时使用视听作品、计算机软件的原件或者复制件的权利，计算机软件不是出租的主要标的的除外；

（八）展览权，即公开陈列美术作品、摄影作品的原件或者复制件的权利；

（九）表演权，即公开表演作品，以及用各种手段公开播送作品的表演的权利；

（十）放映权，即通过放映机、幻灯机等技术设备公开再现美术、摄影、视听作品等的权利；

（十一）广播权，即以有线或者无线方式公开传播或者转播作品，以及通过扩音器或者其他传送符号、声音、图像的类似工具向公众传播广播的作品的权利，但不包括本款第十二项规定的权利；

（十二）信息网络传播权，即以有线或者无线方式向公众提供，使公众可以在其选定的时间和地点获得作品的权利；

（十三）摄制权，即以摄制视听作品的方法将作品固定在载体上的权利；

（十四）改编权，即改编作品，创作出具有独创性的新作品的权利；

（十五）翻译权，即将作品从一种语言文字转换成另一种语言文字的权利；

（十六）汇编权，即将作品或者作品的片段通过选择或者编排，汇集成新作品的权利；

（十七）应当由著作权人享有的其他权利。

著作权人可以许可他人行使前款第五项至第十七项规定的权利，并依照约定或者本法有关规定获得报酬。

著作权人可以全部或者部分转让本条第一款第五项至第十七项规定的权利，并依照约定或者本法有关规定获得报酬。

《著作权法》第十九条　受委托创作的作品，著作权的归属由委托人和受托人通过合同约定。合同未作明确约定或者没有订立合同的，著作权属于受托人。

《中华人民共和国专利法》（以下简称《专利法》）第八条　两个以上单位或者个人合作完成的发明创造、一个单位或者个人接受其他单位或者个人委托所完成的发明创造，除另有协议的以外，申请专利的权利属于完成或者共同完成的单位或者个人；申请被批准后，申请的单位或者个人为专利权人。

1.1.29　书面形式：是指合同文件、信函、电报、传真、电子数据交换和电子邮件等可以有形地表现所载内容的形式。

【条款目的】

本条款是对本合同中涉及的书面形式的具体表现形式的规范。

【条款释义】

本合同中的书面形式是指以一定载体有形地体现出想要表达的内容，主要的形式为通过手写、打字、印刷或电子制作，具体包括各类合同文件、信函、电报、传真、电子数据交换和电子邮件。

【使用指引】

合同当事人在使用本条款时应注意以下事项：

在本合同通用合同条款第1.5.1项规定："与合同有关的通知、批准、证明、证书、指示、指令、要求、请求、同意、确定和决定等，均应采用书面形式，并应在合同约定的期限内送达接收人和送达地点"。按照上述规定，书面形式是合同当事人之间联络的主要形式，所以掌握书面形式的范围是十分有必要的。在2017年版FIDIC白皮书中，"书面"或"以书面"是指手写、打字、印刷或电子制作，并形成永久不可编辑的记录。《民法典》第四百六十九条也指出，书面形式是合同书、信件、电报、电传、传真等可以有形地表现所载内容的形式。传统的书面形式主要为纸质形式，可以通过手写、打字印刷的方式形成，随着电子技术的发展和普及，越来越多的合同采用电子合同的形式签订，故需要注意电子邮件等以电子形式存在的文件也属于书面形式的范畴。结合司法审判实践，在目前电子化、数据化、信息化飞速发展的时代，一些新的互联网沟通和工作的工具或软件，比如微信等，所记载或记录的内容也属于书面形式，可以作为相关证据使用。

采取书面形式是十分有必要的，在产生争议时书面形式的证据材料有利于尽快查明事实，明确合同当事人的责任，定分止争。书面形式是很多程序履行的必要条件，当然如果情况紧急，当事人也可以先行以口头形式联络，但事后应补充书面形式。同时，当事人要注意保存、保管好书面形式载体的原件或原始载体。

【法条索引】

《民法典》第四百六十九条　当事人订立合同，可以采用书面形式、口头形式或者其他形式。书面形式是合同书、信件、电报、电传、传真等可以有形地表现所载内容的形式。以电子数据交换、电子邮件等方式能够有形地表现所载内容，并可以随时调取查用的数据电文，视为书面形式。

1.2　合同文件的优先顺序

组成合同的各项文件应互相解释，互为说明。除专用合同条款另有约定外，解释合同文件的优先顺序如下：

（1）合同协议书；

（2）招标文件（如有）；

（3）中标通知书（如有）；

（4）投标函及其附录（如有）；

（5）专用合同条款及附件；

（6）通用合同条款；

（7）技术标准和要求；

（8）其他合同文件。

上述各项合同文件包括双方就该项合同文件所做出的补充和修改，属于同一类内容的文件，应以最新签署的为准。

在合同订立及履行过程中形成的与合同有关的文件均构成合同文件组成部分，并根据其性质或双方协商确定优先解释顺序。

【条款目的】

本条款是对组成合同的各合同文件之间的解释顺序的规定，目的是解决不同合同文件之间存在矛盾时如何确定优先解释顺序。

【条款释义】

因全过程咨询服务的阶段多、周期长、技术要求复杂，构成合同的组成文件种类较多，且各种合同文件的编制方法和编制时间很难统一，存在多种专业和咨询服务内容的交叉并存，故在合同实际履行过程中难免会遇到各合同文件之间相互矛盾的情况，此时就有必要按照本条所规定的合同文件解释顺序确定优先适用的合同文件，以保证合同的顺利履行。当然，本条所规定的合同文件解释顺序也可以根据当事人的协商在专用合同条款中作出调整。

本条也可以看作是对本合同通用合同条款第 1.1.1 条合同文件组成的强调，合同文件的组成包括本合同协议书、招标文件（如有）、中标通知书（如有）、投标函及其附录（如有）、专用合同条款及附件、通用合同条款、技术标准和要求以及其他合同文件。当上述文件之间出现矛盾时，按照本条款列举的顺序确定各合同文件的优先级。

【使用指引】

合同当事人在使用本条款时应注意以下事项：

第一，招标文件在民法要约和承诺规则下仅被视为要约邀请，《施工合同（示范文本）》通用合同条款中，招标文件并未被列入合同文件的组成，但在全过程咨询服务合同中，招标文件被列入了合同文件组成部分且通用合同条款赋予了招标文件高于投标文件和中标通知书的解释顺序。

第二，合同当事人就各项合同文件所做出的补充和修改与该合同文件属于同一类性质的文件。对于同一解释层级的文件，后签署的优先于先签署的，但不得优先于合同解释顺序在先的其他文件。对于在合同履行过程中形成的与合同有关的文件，合同当事人应谨慎对待，谨防因疏忽或专业知识的欠缺造成签署文件违背己方真实意思的表示，导致合同权利义务的失衡。

第三，实践中有的当事人对于全过程咨询合同履行过程中产生的变更单、签证单、会议纪要、备忘录等名称的文件重视不够，认为其并不具备相应约束力或者约束力不充分，这种认识是不正确的，应予改正。法律上认定当事人之间的权利义务关系，并不拘泥于合同文件使用的名称，而应当根据该文件的内容来判断。

【法条索引】

《关于适用〈中华人民共和国民法典〉合同编通则若干问题的解释》第十五条　人民法院认定当事人之间的权利义务关系，不应当拘泥于合同使用的名称，而应当根据合同约定的内容。当事人主张的权利义务关系与根据合同内容认定的权利义务关系不一致的，人民法院应当结合缔约背景、交易目的、交易结构、履行行为以及当事人是否存在虚构交易标的等事实认定当事人之间的实际民事法律关系。

1.3　法律法规

合同所称法律法规是指中华人民共和国法律、行政法规、部门规章，以及项目所在地的地方法规、自治条例、单行条例和地方政府规章等。

合同当事人可以在专用合同条款中约定合同适用的其他规范性文件。

【条款目的】

本条款是对本合同中所适用法律法规的范围的规定。

【条款释义】

本合同中的法律法规包括全国人民代表大会及其常务委员会制定的法律、国务院制定的行政法规和国务院各部委制定部门规章、委托人项目所在地的地方人大制定的地方性法规、自治条例和单行条例，以及地方政府制定的地方政府规章等。其他规范性文件并不必然构成属于本合同中的法律法规，比如《关于推进全过程工程咨询服务发展的指导意见》，如果当事人需要在咨询服务合同中适用的，应在专用合同条款中作出特别约定。

【使用指引】

合同当事人在使用本条款时应注意以下事项：

除本条款中提到的法律、行政法规、部门规章，项目所在地的地方性法规、自治条例、单行条例和地方政府规章外，争议解决过程中本条款所称的法律规范亦应包含最高人民法院发布的司法解释。根据《关于裁判文书引用法律、法规等规范性法律文件的规定》的规定，司法解释是法院在裁判时应当直接引用的依据。

除本条款中列明的文件外的其他规范性文件，不属于本合同中的法律法规，并不当然对合同具有约束力。但是由于各地区之间政策的差异，尤其是基于建设工程的特殊性和复杂性，许多地方政府职级部门发布的规范性文件往往对合同当事人履约或项目成本费用带来一定影响，合同当事人可以视项目情况和相应规范性文件影响程度，将其他规范性文件通过特别约定纳入双方履约遵守的依据。

【法条索引】

《关于裁判文书引用法律、法规等规范性法律文件的规定》第四条　民事裁判文书应当引用法律、法律解释或者司法解释。对于应当适用的行政法规、地方性法规或者自治条例和单行条例，可以直接引用。

《中华人民共和国立法法》（以下简称立法法）第五十三条　全国人民代表大会常务委员会的法律解释同法律具有同等效力。

1.4　标准规范

1.4.1　咨询服务的开展应符合国家标准、行业标准、项目所在地的地方性标准，以及相应的规范、规程等。

【条款目的】

本条款是对本合同中咨询服务应遵循的标准规范的范围的规定。

【条款释义】

标准分为国家标准、行业标准、地方标准和团体标准、企业标准等，其中国家标准分为强制性标准、推荐性标准，行业标准、地方标准则是推荐性标准。考虑到咨询服务本身及成果验收往往是体现在相应标准之中，本合同明确咨询服务应符合国家标准、行业标准以及项目所在地的地方标准以及与标准相对应的规范、规程等，便于相关咨询服务的开展、成果验收及作为发生争议时合同当事人是否恰当履约的判断。

【使用指引】

合同当事人在使用本条款时应注意以下事项：

本合同中涉及的咨询服务应符合的标准中，强制性标准必须执行，因为其标准是咨询服务应该遵循的最低标准，为保证咨询服务质量和咨询服务项目的质量安全，合同当事人不应在合同中排除适用或另行约定低于强制性标准的其他标准规范。为了提升服务的质量，合同当事人可以在专用合同条款中另行约定适用更加严格的标准规范，但是需要注意的是，委托人对技术标准和功能的要求严于现行国家、行业或地方标准的，应尽量明确所适用的标准规范的具体名称或有关技术要求，避免出现适用标准规范冲突或其他可能引起标准规范适用上的争执。对于强制性标准以外的其他标准，为了避免在适用上产生争议，建议当事人在专用合同条款中结合项目地及项目特性对适用的行业、地方标准及规范规程进行明确约定。

【法条索引】

《民法典》第一百五十三条 违反法律、行政法规的强制性规定的民事法律行为无效。但是，该强制性规定不导致该民事法律行为无效的除外。违背公序良俗的民事法律行为无效。

《标准化法》第二条 本法所称标准（含标准样品），是指农业、工业、服务业以及社会事业等领域需要统一的技术要求。标准包括国家标准、行业标准、地方标准和团体标准、企业标准。国家标准分为强制性标准、推荐性标准，行业标准、地方标准是推荐性标准。强制性标准必须执行。国家鼓励采用推荐性标准。

1.4.2 委托人要求使用国外标准、规范的，委托人与受托人在专用合同条款中约定原文版本和中文译本提供方及提供标准、规范的名称、份数、时间及费用承担等事项。

【条款目的】

本条款是对本合同中咨询服务约定特别适用国外标准、规范后具体事项的执行的规定。

【条款释义】

本合同并不限制当事人自行选择适用国外标准、规范，但为避免后续由于约定不明产生争议，委托人与受托人应当在专用合同条款中约定清楚原文版本和中文译本提供方及提供标准、规范的名称、份数、时间及费用承担等事项。

【使用指引】

合同当事人在使用本条款时应注意以下事项：

第一，随着与国际工程全过程咨询服务的接轨，委托人要求适用国外标准、规范的情形也逐渐增加，在不违反国内强制性标准的前提下，使用更为严格的国外标准、规范，有助于提高服务质量。对于委托人要求采用国外标准和规范的，为避免因约定不明而产生争议，所适用的国外标准、规范的名称、份数和时间都应作出具体的约定，除此之外本合同对国外标准、规范的原文版本和中文译本由哪方提供并无具体的倾向，原文版本和中文译本的提供应由合同当事人在专用合同条款中另行约定。

第二，考虑到咨询服务合同适用的标准规范与咨询服务成果质量密切相关，对于招标投标项目，建议委托人在招标文件中即应明确需要采用的国外标准、规范的具体名称，以免招标时未作出要求，签约时提出，对是否构成对招标文件服务质量的实质性内容背离产生争议。

【法条索引】

《招标投标法》第四十六条第一款 招标人和中标人应当自中标通知书发出之日起三十日内，按照招标文件和中标人的投标文件订立书面合同。招标人和中标人不得再行订立背离合同实质性内容的其他协议。

1.4.3 委托人对项目的技术标准、功能要求高于或严于现行国家、行业、团体或地方标准的，应在专用合同条款中予以明确。除专用合同条款另有约定外，应视为受托人在签订合同前已充分预见前述技术标准和功能要求的复杂程度，签约合同价中已包含由此产生的服务开支。

【条款目的】

本条款是对当事人自行约定适用更为严格的标准及受托人对工程采用的技术标准和工程要求的复杂程度的预见义务的规定。

【条款释义】

从鼓励提高全过程咨询服务能力及成果质量的角度，本合同并不禁止当事人约定适用更为严格的标准，但应当在专用合同条款中明确提出。此外，受托人对工程采用的技术标准和工程要求的复杂程度应具有预见义务，并在投标阶段及合同价中对此有考虑，除非专用合同条款另有约定，因适用更高标准和功能要求而产生的服务开支应包含在投标报价或合同价中。

【使用指引】

合同当事人在使用本条款时应注意以下事项：

作为有经验的受托人，在招标投标阶段和签订合同前就应对服务所采用的技术标准和规范有充分的预见，并对满足现行标准、规范和委托人在招标文件中要求的技术标准和功能要求所需支付的费用有所预见，并将预见到的所有费用体现在其报价中。受托人所报的价格应视为已经包含了上述预见到的适用更严格的技术标准和功能要求所需支出的所有费用，委托人不再另行支付。但合同当事人在专用合同条款中约定由委托人另行承担此项费用，或由合同当事人合理分担的，按照合同约定执行。

1.5 联络

1.5.1 与合同有关的通知、批准、证明、证书、指示、指令、要求、请求、同意、确定和决定等，均应采用书面形式，并应在合同约定的期限内送达接收人和送达地点。

【条款目的】

本条款是对合同各方主体之间联络形式的规定。

【条款释义】

全过程咨询服务合同的服务范围广泛，包含工程勘察设计管理、工程勘察设计服务、工程造价咨询、工程招标采购咨询以及施工和材料设备采购的招标代理、监理、项目管理等咨询服务，这整个服务过程中，除委托人和受托人外还涉及多方参与主体，各方主体之间需要进行大量的沟通、交流、信息传递，为保证各参与主体之间所传达信息的准确性、及时性以及合同的全面履行，有必要在合同中对各参与主体之间联络的形式和方式作出较为细致的约定。合同当事人之间各种形式的联络都应当采用书面载体，并应当按照合同约定的送达方式在指定期限内送达相应的接收人和接收地点。

【使用指引】

合同当事人在使用本条款时应注意以下事项：

第一，本条款中的书面形式既包括合同书、信件、传真等传统的通过纸质文件有形地表现所载内容的形式，也包括电子邮件等以电子数据形式存在的数据电文。

第二，委托人和受托人应在专用合同条款中约定文件送达期限及各自文件接收的接收人和地点，以免履约过程中对于是否接收、是否有权接收、是否符合预期产生争议。

【法条索引】

《民法典》第四百六十九条第二、三款 书面形式是合同书、信件、电报、电传、传真等可以有形地表现所载内容的形式。以电子数据交换、电子邮件等方式能够有形地表现所载内容，并可以随时调取查用的数据电文，视为书面形式。

1.5.2 委托人和受托人应在专用合同条款中约定各自的送达接收人、联系电话、电子邮箱、通信地址等联系方式。任何一方送达接收人或其联系电话、电子邮箱、通信地址等联系方式发生变动的，应提前 3 天以书面形式通知对方，否则视为未发生变动。

【条款目的】

本条款是对合同各方主体之间指定送达接收人及联系方式的规定。

【条款释义】

为保障咨询服务合同履行的效率及避免履约过程发生争议，双方应在专用合同条款中对接收人及联系方式进行明确约定，对于合同当事人发出的合同有关的通知、批准、证明、证书、指示、指令、要求、请求、同意、确定和决定等，应该在合同约定的期限内送达合同文件中载明的地点或联系人。当接收人和联系方式发生变动时，就及时通知合同相对方，在专用合同条款对提前期限没有约定情况下，通用合同条款约定为提前 3 天，并应采取书面形式通知对方。

【使用指引】

合同当事人在使用本条款时应注意以下事项：

第一，联系人及联系方式应尽可能详尽，包括接收人姓名、职务、所在部门、联系电话、电子邮箱、通信地址等信息。除此之外，在填写联系人时，最好填写两个以上接收人员的联系方式，以保证联络的顺畅。

第二，委托人和受托人在专用合同条款中约定的送达接收人、联系电话、电子邮箱、通信地址等联系方式变化的，应按合同约定期限及时告知对方，若未在规定时间以书面形式通知对方的视为未发生变动，可能造成：在委托人或受托人某一方的联系方式变化后，对方仍按照合同中约定的原来的联系方式送达通知或函件的，变动一方不得以其联系方式变化为由主张未收到，例如合同约定了具体的电子邮箱的，信息到达合同约定的特定系统的日期就为送达日期，所以当接受方因内部人员变动等因素需要调整约定的电子邮箱，但未通知另一方当事人的，另一方当事人按合同约定的邮箱发送的信息或文件，视为已经按约送达。

第三，从争议解决的司法实践来看，当事人还需特别注意相关文件的"送达"凭证保管，实践中有些当事人不能有效保管或提供"送达"凭证，或仅保管"送"而无法证明"达"，导致发生争议时不能充分保护自身的合法权益。

【法条索引】

《民法典》第五百一十二条第二款　电子合同的标的物为采用在线传输方式交付的，合同标的物进入对方当事人指定的特定系统且能够检索识别的时间为交付时间。

1.5.3　委托人和受托人应及时签收另一方依照合同约定送达的函件。拒不签收的，由此增加的费用和（或）延误的工期由拒绝接收的一方承担。

【条款目的】

本条款是对各方主体对来往函件的签收义务以及拒不签收的法律后果的规定。

【条款释义】

首先，一方当事人依合同约定送达的函件，另一方当事人有接收的义务，接收义务属于合同当事人的附随义务。合同当事人应全面履行己方的合同义务，是基于合同严守原则的要求，也满足诚实信用原则的内涵，委托人和受托人应及时接收来往函件并在合同约定期限或合理期限内作出回复。

其次，有接收义务的当事人拒不履行接收义务的，送达一方有权请求其承担因此造成的损失。损失主要体现在两个方面：一是因拒绝接收函件所延误的工期责任由拒收一方承担；二是因拒绝接收函件造成的费用增加由拒收一方承担。

【使用指引】

合同当事人在使用本条款时应注意以下事项：

如当事人一方按照合同约定方式向另一方送达函件，对方当事人拒不签收的，当事人可以通过传真、电子邮件、快递、挂号信等方式送达，为了保证电子邮件、快递、挂号信的送达效果，必要时候也可以进行公证。

【法条索引】

《民法典》第五百零九条第一、二款　当事人应当按照约定全面履行自己的义务。当事人应当遵循诚信原则，根据合同的性质、目的和交易习惯履行通知、协助、保密等义务。

《民法典》第五百八十九条第一款　债务人按照约定履行债务，债权人无正当理由拒绝受领的，债务人可以请求债权人赔偿增加的费用。

1.6　保密

1.6.1　合同当事人一方对在订立和履行合同过程中知悉的另一方的商业秘密、技术秘密，以及任何一方明确要求保密的其他信息，负有保密责任。

【条款目的】

本条款是对合同当事人保密信息范围的规定。

【条款释义】

无论委托人还是受托人通常都会基于咨询服务合同履行的需要而掌握或使用到对方的一些保密信息，比如商业秘密、技术秘密及其他保密信息，为保护秘密信息一方的合法权益和利益，应赋予另一方相应的保密义务。本条款所称的商业秘密，是指不为公众所知悉、具有商业价值并经权利人采取相应保密措施的技术信息、经营信息等商业信息。对于合同当事人负有保密义务的信息范围，法律并未作出较为具体的规定，故仍需依据当事人在专用合同条款中的具体约定。但不论合同是否成立，在订立或履行过程中知悉的商业秘密、技术秘密均属于保密范畴。

【使用指引】

合同当事人在使用本条款时应注意以下事项：

合同当事人双方应结合项目特性和服务合同履行需要，在专用合同条款中对保密义务范围进行约定。进一步细化商业秘密、技术秘密及其他保密信息的范围，比如可以约定包括但不限于合同履行过程中获得的不为他人所知的技术情报、数据或知识，包括产品配方、工艺流程、施工工艺、设计、图纸、试验数据和记录等未获得专利等其他知识产权法保护的技术秘密。除此之外，还可以参考2017年版FIDIC白皮书通用条件中关于"保密信息"范围的规定："保密信息是指披露方在信息披露时明确确定为保密的所有信息，或一名合理人员根据所述信息的性质和情况认为是保密的信息，包括但不限于机密或专有信息、商业机密、数据、文件、通信交流、计划、专有技术、公式、设计、计算、测试结果、样本、图纸、探讨、规范、调查、照片、软件、流程、程序、报告、地图、模型、协议书、想法、方法、发现、发明、专利、概念、研究、开发、商业和资金信息"。另外，本合同中当事人保密信息不仅仅是指对方主动提供的信息，还包含一方在履约过程中以其他手段主动或被动知悉的商业秘密。

为了避免双方履约过程中对保密信息范围发生争议，除了在专用合同条款中进行约定外，一方认为需要保密的信息，建议在提供同时注明其属于保密信息并纳入合同约定的保密范围。

【法条索引】

《民法典》第五百零一条　当事人在订立合同过程中知悉的商业秘密或者其他应当保密的信息，无论合同是否成立，不得泄露或者不正当地使用；泄露、不正当地使用该商业秘密或者信息，造成对方损失的，应当承担赔偿责任。

《民法典》第五百零九条　当事人应当按照约定全面履行自己的义务。当事人应当遵循诚信原则，根据合同的性质、目的和交易习惯履行通知、协助、保密等义务。当事人在履行合同过程中，应当避免浪费资源、污染环境和破坏生态。

《民法典》第七百八十五条　承揽人应当按照定作人的要求保守秘密，未经定作人许可，不得留存复制品或者技术资料。

《中华人民共和国反不正当竞争法》（以下简称《反不正当竞争法》）第九条第四款　本法所称的商业秘密，是指不为公众所知悉、具有商业价值并经权利人采取相应保密措施的技术信息、经营信息等商业信息。

1.6.2　除法律规定或合同另有约定外，未经对方同意，任何一方不得将对方提供的文件、技术秘密及声明需要保密的资料信息等商业秘密泄露给第三方或者用于本合同以外的目的。

【条款目的】

本条款是对合同当事人保密义务的规定。

【条款释义】

全过程咨询服务合同的双方当事人均需要对订立合同以及履行合同过程中知悉的对方的商业秘密、技术秘密以及其他应当保密的信息负有保密的义务。除法律规定和合同另有约定，比如国家权力机关、司法审判机关等依法要求提供、披露的信息或文件等，在没有相对方书面同意的情况下，任何一方不得将对方提供的文件、技术秘密及声明需要保密的资料信息等商业秘密泄露给第三方或者用于本合同以外的目的。这种泄露和用于本合同以外目的的违反保密义务要求，不以是否获利为前提条件。

【使用指引】

合同当事人在使用本条款时应注意以下事项：

合同当事人的保密义务并不以合同是否订立或是否完全履行为前提，即使合同未能成立，当事人也不能泄露、不正当地使用对方商业秘密或做出任何其他侵害对方权益的行为。咨询服务合同当事人应建立相应保密制度和机制，加强保密意识和相关人员的保密教育，并应用相关技术手段和措施，履行好相应保密义务。

但如果该商业秘密根据法律规定属于必须披露的保密信息，掌握或接收该信息的当事人依法披露的，不构成对保密义务的违反。

【法条索引】

《民法典》第五百零一条　当事人在订立合同过程中知悉的商业秘密或者其他应当保密的信息，无论合同是否成立，不得泄露或者不正当地使用；泄露、不正当地使用该商业秘密或者信息，造成对方损失的，应当承担赔偿责任。

《民法典》第五百零九条　当事人应当按照约定全面履行自己的义务。当事人应当遵循诚信原则，根据合同的性质、目的和交易习惯履行通知、协助、保密等义务。当事人在履行合同过程中，应当避免浪费资源、污染环境和破坏生态。

1.6.3 一方泄露或者在合同以外使用该商业秘密、技术秘密等保密信息给另一方造成损失的，应承担损害赔偿责任。双方认为必要时，可签订保密协议，作为合同附件。

【条款目的】

本条款是对合同当事人违反保密义务承担赔偿责任的规定。

【条款释义】

合同当事人无论是以何种手段获取的对方商业秘密，一旦被发现将其泄露给第三方或者用于本合同以外目的的，就构成违约，给另一方造成损失的，应当承担损害赔偿责任。违约一方赔偿责任的范围以给另一方造成损失为基础判断，而不以违约一方是否获利及获利多少为赔偿标准。考虑到保密义务及其范围和赔偿责任的复杂化，建议委托人和受托人结合项目特性和咨询服务内容及范围，签订保密协议作为附件，约束各方当事人。

【使用指引】

合同当事人在使用本条款时应注意以下事项：

为了规避保密范围、事项不明，或违反义务的责任不明确的情况，建议当事人在签订合同时将保密协议作为附件，在其中对双方的保密内容、保密义务、保密期限、违约责任、赔偿范围标准等进行更加明确的约定。

1.6.4 除专用合同条款另有约定外，保密义务应在咨询服务完成日期或合同终止之日中较早者之后的两年届满。

【条款目的】

本条款是对合同当事人保密义务期限的规定。

【条款释义】

合同任何一方当事人对在订立和履行合同过程中知悉的另一方的商业秘密、技术秘密，以及对方明确要求保密的其他信息，负有保密责任。基于交易秩序和交易成本考虑，当事人一方的保密义务并不是无期限的，咨询服务履行期间应视为当事人保密义务的基本期限，但在咨询服务完成或合同终止后，保密义务持续到何时是需要双方当事人在合同中提前约定的。若合同当事人在专用合同条款并未明确约定，为平衡保护各方当事人利益，本条款对合同当事人的保密义务作出了兜底性的期限规定，即以咨询服务完成日期或合同终止之日中较早者为起算点，两年之后保密义务届满。

【使用指引】

合同当事人在使用本条款时应注意以下事项：

本合同对全过程咨询服务合同中各方主体保密义务的期限作出了相应的限制，保密期间一直延续至咨询服务完成日期或合同终止之日中较早者之后的两年，在合同没有另行约定的前提下，不能短于该期限。但是基于公平原则和保密事项的实际情况，合同当事人可以在专用合同条款中对该保密期限作出延长或缩短的调整。

【法条索引】

《关于审理侵犯商业秘密民事案件适用法律若干问题的规定》第十条　当事人根据法律规定或者合同约定所承担的保密义务，人民法院应当认定属于反不正当竞争法第九条第一款所称的保密义务。

当事人未在合同中约定保密义务，但根据诚信原则以及合同的性质、目的、缔约过程、交易习惯等，被诉侵权人知道或者应当知道其获取的信息属于权利人的商业秘密的，人民法院应当认定被诉侵权人对其获取的商业秘密承担保密义务。

1.7　发布

受托人可以将与咨询服务项目有关的资料和信息用于商业投标。除第 1.6 款［保密］和专用合同条款另有约定外，受托人可以单独或与他人合作发布与咨询服务项目有关的资料和信息，但在咨询服务完成之日或合同终止之日（以较早者为准）之后的两年内进行发布的，应事先通知委托人。

【条款目的】

本条款是对受托人使用与咨询服务项目有关的资料和信息的规定。

【条款释义】

本合同并不禁止受托人使用与咨询服务项目有关的资料和信息用于商业投

标或以其他形式对外发布或出版，但是对受托人实施上述行为设置了前提条件。第一，受托人所使用的项目资料和信息不属于合同保密条款和专用合同条款约定的禁止受托人使用或发布的信息。第二，受托人在咨询服务完成之日或合同终止之日（以较早者为准）之后的两年内即保密义务期限内实施上述行为的，需要事先通知委托人。

【使用指引】

合同当事人在使用本条款时应注意以下事项：

本条款的规范与 2017 年版 FIDIC 白皮书通用条件第 1.9 条类似，第 1.9 条的规定："除非专用条件中另有规定，咨询工程师（单位）可单独或与其他人联合出版与服务有关的资料。如果是在服务完成或协议书终止后的两（2）年内出版（以较早者为准），则应征得客户的批准。咨询工程师（单位）可将与服务和项目有关的资料和信息用于商务投标"。需要注意的一是发布的内容是否会涉及需要保密的内容，二是如果是完成服务后两年内发布的需要通知委托人。委托人可以在专用合同条款中约定受托人此情形下通知的方式、是否需要征求委托人同意、未能通知时的违约责任等。

1.8　从业规范

履行法律法规、有关规定，恪守职业道德、依法从业、诚信从业、规范从业。

【条款目的】

本条款是对合同当事人从业规范的规定。

【条款释义】

全过程咨询服务合同的各方当事人，基于法律规定和合同约定及相互协作义务，应严格遵守法律法规以及行业规范的相关规定，并恪守基本职业道德，做到守法、守信，依法从业、诚信从业、规范从业，不断提升工程建设全过程咨询服务能力，培育和完善新型工程施工组织实施方式下的全过程工程咨询模式，促进其高质量健康发展。

【法条索引】

《民法典》第五条　民事主体从事民事活动，应当遵循自愿原则，按照自己的意思设立、变更、终止民事法律关系。

《民法典》第六条 民事主体从事民事活动，应当遵循公平原则，合理确定各方的权利和义务。

《民法典》第七条 民事主体从事民事活动，应当遵循诚信原则，秉持诚实，恪守承诺。

《民法典》第八条 民事主体从事民事活动，不得违反法律，不得违背公序良俗。

1.9 利益冲突

受托人不得与其他第三方串通损害委托人利益，除委托人另行书面同意外，不得参与和委托人利益相冲突的任何活动。

受托人声明，在合同签订之日不存在可能使其在履行合同义务时引起利益冲突的事项，包括与项目的工程总承包、施工、材料设备供应单位之间不存在利害关系。在合同履行期间发生利益冲突事项的，受托人在得知该情况后应立即书面通知委托人，双方应根据诚信原则及相关法律规定就解决方法达成一致。

【条款目的】

本条款是对受托人签约和履约期间利益冲突的限制的规定。

【条款释义】

受托人应严格遵守利益冲突规则，切实依法依约维护委托人的合法权益和合同利益，除征得委托人同意外，禁止受托人从事可能与委托人存在利益冲突的业务，以免损害委托人的利益，这是受托人应承担的基本的诚实信用义务。同时，基于利益冲突将对或可能对委托人利益的损害，本条款同时规定，受托人应确保在签订咨询服务合同之日不存在利益冲突，包括与同一项目的工程总承包单位、施工企业以及建筑材料、构配件和设备供应企业之间没有利害关系。当合同签订之后发生利益冲突的情形，受托人应立即书面通知委托人，双方协商解决。这里的利害关系可能包括控股、隶属或其他资产、管理等利益关系，以及为同一法定代表人或实际控制人等情形。

【使用指引】

合同当事人在使用本条款时应注意以下事项：

在专业服务领域中，委托人应加强对受托人接受服务委托时是否存在利益冲突的考查。利益冲突是指委托人的利益与提供专业服务的受托人本人或者与其所代表的其他利益之间存在某种形式的对抗，进而有可能导致委托人的利益受损的情形。

（1）受托人的利益冲突检索义务

按照本条款的规定，受托人在签订咨询服务合同前，应进行利益冲突检索，确保受托人在向委托人提供咨询服务时，不存在与委托人在利益上有对抗的其他主体有业务上的合作或其他可能使其在履行咨询服务合同义务时引起利益冲突或影响损害到咨询服务合同履行的情形。

（2）受托人的利益冲突告知义务

受托人在合同签订前发现可能存在利益冲突的，基于诚信原则，应主动向委托人说明情况，在法律允许情况下征得委托人同意后（通常要求委托人出具书面同意书），可继续签订合同。

（3）考虑到实践中项目建设单位往往会先选择咨询服务机构，然后在咨询服务机构协助下进行工程建设发包和材料设备采购等，在签订咨询服务合同时尚不能确定工程合同的相对方主体，但当受托人在合同签订后的合同履行期间，发现与后续确定的工程总承包、施工、材料设备供应单位之间存在利益冲突的，应立即以书面形式通知委托人，双方根据诚信原则及相关法律规定就解决方法达成一致。

【法条索引】

《房屋建筑和市政基础设施项目工程总承包管理办法》第十一条　工程总承包单位不得是工程总承包项目的代建单位、项目管理单位、监理单位、造价咨询单位、招标代理单位。政府投资项目的项目建议书、可行性研究报告、初步设计文件编制单位及其评估单位，一般不得成为该项目的工程总承包单位。政府投资项目招标人公开已经完成的项目建议书、可行性研究报告、初步设计文件的，上述单位可以参与该工程总承包项目的投标，经依法评标、定标，成为工程总承包单位。

1.10　合同变更或修改

对合同的变更或修改应以书面形式做出并由合同当事人正式签署。

【条款目的】

本条款是对变更或修改合同内容的程序和形式的规定。

【条款释义】

当事人协商一致变更或修改合同内容的，应出具书面形式的文件，该文件应由合同各方当事人签署。在当事人就变更达成一致前，原合同约定的相关内容对双方继续有约束力。

【使用指引】

合同当事人在使用本条款时应注意以下事项：

第一，变更和修改主要是指双方当事人协商一致后对合同文件所做的改变。需要注意的是，依据《招标投标法》第四十六条规定，对于经过招标投标程序签订的全过程咨询服务合同，合同签订后关于中标合同实质性内容的变更修改受制于法律规定，不能以合同变更或修改为由，签署"黑白合同"或"阴阳合同"。

第二，司法实践中对于合同签署除了各方盖章外，更加重视授权代表的签字，仅有盖章但无授权代表签字的，可能会导致合同或变更文件并未发生效力。委托人和受托人应加强相对方在合同或变更文件中签字人权限及授权文件的审查。

【法条索引】

《民法典》第五百四十三条　当事人协商一致，可以变更合同。

《民法典》第五百四十四条　当事人对合同变更的内容约定不明确的，推定为未变更。

《民法典》第四百八十八条　承诺的内容应当与要约的内容一致。受要约人对要约的内容作出实质性变更的，为新要约。有关合同标的、数量、质量、价款或者报酬、履行期限、履行地点和方式、违约责任和解决争议方法等的变更，是对要约内容的实质性变更。

《招标投标法》第四十六条第一款　招标人和中标人应当自中标通知书发出之日起三十日内，按照招标文件和中标人的投标文件订立书面合同。招标人和中标人不得再行订立背离合同实质性内容的其他协议。

《关于适用〈中华人民共和国民法典〉合同编通则若干问题的解释》第二十二条第二款　合同仅加盖法人、非法人组织的印章而无人员签名或者按指印，相对人能够证明合同系法定代表人、负责人或者工作人员在其权限范围内订立的，人民法院应当认定该合同对法人、非法人组织发生效力。

第2条 委托人

【2.1 委托人一般义务】

2.1.1 委托人应遵守法律法规，办理法律法规规定由其办理的审批、核准或备案，并将与咨询服务有关的相应结果书面通知受托人。因委托人原因未能及时办理完毕前述审批、核准或备案手续，导致服务开支增加和（或）服务期限延长时，由委托人承担责任，但因受托人未能根据合同约定提供相应咨询成果而导致委托人不能按时办理前述审批、核准或备案手续的除外。

【条款目的】

本条款旨在敦促委托人履行办理审批、核准或备案手续的义务，在委托人怠于履行上述义务时，由此导致的服务开支增加和（或）服务期限延长由委托人承担相应责任。

【条款释义】

其一，全过程咨询服务合同的委托人通常为建设单位，根据《关于投资体制改革的决定》，建设单位应依法办理建设项目的立项审批手续，对于使用政府投资建设的项目实行审批制，对于不使用政府投资建设的项目区别不同情况实行核准制和备案制。因此，本条款规定全过程咨询服务合同的委托人应当遵守法律法规，按照法律法规规定办理应由其办理的审批、核准或备案手续，并及时将与咨询服务有关的相应结果书面通知受托人。

其二，在合同签订后，需要依据委托人办理的审批、核准或备案手续进行咨询服务的，委托人未及时办理并通知，将可能影响到全过程咨询服务合同受托人义务的履行，由此导致服务开支增加和（或）服务期限延长，增加的服务开支和（或）服务期限延长的责任由委托人承担。

其三，实务中如果受托人提供的咨询服务包括报批报建、勘察设计等相关服务，委托人项目建设立项手续的办理可能会依赖于这些咨询服务成果，因受托人未能根据合同约定提供相应咨询成果导致审批、核准或备案手续未能及时办理的，导致服务开支增加和（或）服务期限延长时，委托人不承担责任。

【使用指引】

合同当事人在使用本条款时应注意以下事项：

第一，委托人与受托人应当在专用合同条款中就咨询服务所需应由委托人办理的审批、核准或备案手续的办理期限作出明确约定，并同时约定逾期办理或不能办理的违约责任及违约金的计算方式。

第二，在合同履行过程中，受托人应遵循独立、公正、科学的原则为委托人提供咨询服务，严格遵守法律、行政法规的规定，向委托人提供符合合同约定的相应咨询成果。

第三，委托人办理相关审批、核准或备案手续需以受托人提供的相应咨询成果为前提的，委托人与受托人应当在专用合同条款中对此作出明确约定，并同时约定因受托人未能根据合同约定提供相应咨询成果而导致委托人不能按时办理前述审批、核准或备案手续时受托人所应承担违约责任及违约金的计算方式。特别要注意的是，因为当项目建设相关审批手续办理的法定主体是建设单位即委托人时，双方应在咨询服务合同中明确约定委托人和受托人的办理相关审批手续和提供咨询服务的关系及各自职责责任边界，以免产生争议时无法判断责任归属。

【法条索引】

《建设工程勘察设计管理条例》第二十五条　编制建设工程勘察、设计文件，应当以下列规定为依据：（一）项目批准文件；（二）城乡规划；（三）工程建设强制性标准；（四）国家规定的建设工程勘察、设计深度要求。铁路、交通、水利等专业建设工程，还应当以专业规划的要求为依据。

《民法典》第八百八十一条第一款　技术咨询合同的委托人未按照约定提供必要的资料，影响工作进度和质量，不接受或者逾期接受工作成果的，支付的报酬不得追回，未支付的报酬应当支付。

《民法典》第八百八十四条第一款　技术服务合同的委托人不履行合同义务或者履行合同义务不符合约定，影响工作进度和质量，不接受或者逾期接受工作成果的，支付的报酬不得追回，未支付的报酬应当支付。

《民法典》第八百零五条　因发包人变更计划，提供的资料不准确，或者未按照期限提供必需的勘察、设计工作条件而造成勘察、设计的返工、停工或者修改设计，发包人应当按照勘察人、设计人实际消耗的工作量增付费用。

2.1.2 除合同另有约定外，委托人应向受托人提供咨询服务所涉及的必要外部关系的协调以及与其他组织联系的信息和方式，以便受托人收集需要的信息，为受托人履行职责提供外部条件。委托人应在工程合同中或根据工程合同约定及时向相关承包商、供应商、其他咨询方等提供受托人及咨询项目总负责人的名称或姓名、服务内容、权限及其他必要信息，并负责就受托人与委托人以及委托人的相关承包商、供应商、其他咨询方等之间的职权边界予以协调和明确。

【条款目的】

本条款旨在要求委托人向受托人提供履行咨询服务的外部条件并明确赋予受托人的权限范围及与项目建设其他参与方的职权边界，为受托人正式开展工作提供保障。

【条款释义】

其一，在合同没有另行约定的情况下，为便于受托人收集需要的信息，委托人应向受托人提供咨询服务所涉及的必要外部关系的协调以及与其他组织联系的信息和方式。建设项目周期长，所涉及外部干系人和客观因素较多，这些情况都可能会对咨询服务合同的顺利履行带来影响，委托人提前协调好相应外部关系和相应信息，做好相应准备，有利于咨询服务合同的履行，减少外部条件的干扰。

其二，受托人在履行咨询服务合同过程中，除了对委托人负责外，将会和项目建设的其他参与方，比如施工总承包单位、业主委托的其他咨询机构等进行接触甚至代表委托人对相应主体的行为进行管理，因此委托人也应在工程合同中或根据工程合同约定及时向相关承包商、供应商、其他咨询方等提供受托人及咨询项目总负责人的名称或姓名、服务内容、权限及其他必要信息，便于受托人履行咨询服务合同的约定，提高咨询服务成果质量。

其三，受托人在履行咨询服务合同时可能会与委托人的其他承包商、供应商、咨询方之间产生职责权限边界的交叉，比如委托人单独委托其他勘察设计单位提供勘察设计文件编制服务，同时委托受托人提供勘察设计咨询，这就涉及受托人与委托人的其他咨询方服务边界划分的协调，因此本条款同时规定委托人应负责就受托人与委托人，以及委托人的相关承包商、供应商、其他咨询方等之间的职权边界予以协调和明确，以便咨询合同的顺利履行。

【使用指引】

合同当事人在使用本条款时应注意以下事项：

第一，合同当事人在合同订立时，应就合同履行过程中外部关系协调、所涉其他组织信息的提供进行协商，若有特殊要求，应在合同中予以明确。若未另行约定，委托人应按合同约定向受托人提供必要外部关系的协调及与其他组织联系的信息和方式。比如，某建设项目若涉及穿越已经建设并运行的铁路线时，委托人应在受托人履行咨询服务合同前协调好铁路建设和运营单位，并提供铁路线项目相关必要信息，为本项目咨询服务合同履行提供便利，避免届时形成干扰。

第二，委托人除应向受托人提供关系协调或与其他组织联系的信息和方式外，还应注意在工程合同中或根据工程合同约定及时向相关承包商、供应商、其他咨询方等提供受托人及咨询项目总负责人的名称或姓名、服务内容、权限及其他必要信息。

第三，委托人协调和明确受托人与委托人，以及委托人的相关承包商、供应商、其他咨询方等之间的职权边界，有利于咨询服务工作的进行，避免因职权不明晰，各方产生争议，影响服务进度计划进行。

【法条索引】

《中华人民共和国建筑法》（以下简称《建筑法》）第三十三条　实施建筑工程监理前，建设单位应当将委托的工程监理单位、监理的内容及监理权限，书面通知被监理的建筑施工企业。

【案例分析】

【案例】河南安泰工程管理有限公司（以下简称安泰公司）与郑州珠江置业有限公司（以下简称珠江公司）建设工程合同纠纷

再审：郑州市中级人民法院（2020）豫 01 民再 292 号

【案情摘要】

2014 年 6 月 24 日，安泰公司（咨询人、受托人）与珠江公司（委托人）签订《建设工程造价咨询合同》，主要载明，珠江公司委托安泰公司对珠江荣景工程提供建设工程造价咨询服务，委托人义务第七条：委托人应负责与本建设工程造价咨询业务有关的第三人协调，为咨询人工作提供外部条件。第八条：委托人应当在约定的时间内，免费向咨询人提供与本项目咨询业务有关的资料。第九条：委托人应当在约定的时间内就咨询人书面提交并要求作出答复的事宜作出书面答复。咨询人要求第三人提供有关资料时，委托人应负责传达及资料转送。

合同签订后，安泰公司于 2014 年 8 月 11 日通过其邮箱向珠江公司工作人员杨斌的邮箱发送了 15♯、16♯楼初审资料的电子版。安泰公司又于 2014 年 8 月 19 日发送了 15♯、16♯楼的二稿资料的电子版。安泰公司于 2014 年 9 月 7 日向珠江公司的工作人员邮箱发送了 3♯、5♯楼土建与施工单位核对工程量的电子版。后珠江公司向安泰公司出具《关于"珠江荣景"项目建设工程造价咨询合同事宜的工作联系函》。该函附件载明：成本部对贵公司审核结果的部门意见表：1 号楼~16 号楼、幼儿园、地下车库，建筑面积共计 232474.98m²，甲方送审金额（元）297592909.71、初步审定金额（元）240690458.20 元，备注：(1) 1♯~16♯楼甲方送审金额均没有我公司经办人员签字认可；(2) 审定金额既没有施工单位签字确认，也无我公司经办人员的认可意见。

【各方观点】

珠江公司：二审判决珠江公司支付安泰公司审计费错误。在珠江公司已经提交全部核算资料的前提下，合同履行已经不存在任何障碍，安泰公司不按照合同约定出具审计报告，显然已经构成严重违约。由于没有完成任何合同约定的工作成果，没有向珠江公司提供审计报告，安泰公司没有理由要求珠江公司支付工作酬金。且安泰公司主张的不出具审计报告系因三方均不签字无法出具的理由既没有合同依据，也与现行法律、规范相冲突。

安泰公司：安泰公司作为审计单位，已基本完成审计工作并交付审计结果，履行了合同主要义务；珠江公司应协调施工方配合完成剩余少量的工程量核对，但珠江公司未能协调完成，系珠江公司违约；珠江公司不让安泰公司出具审计报告；二审判决无视安泰公司已基本完成审计工作的客观事实，无视珠江公司违约的事实，径直将审计费降为安泰公司应得费用的 30%，有失公允，没有尊重劳动者获得合法劳动报酬的权利，侵害了安泰公司的合法权益。

再审法院：本案中，安泰公司与珠江公司之间签订的《建设工程造价咨询合同》系双方真实意思表示，合法有效，双方均应按照约定履行各自的义务。从安泰公司与珠江公司工作人员的邮件来往的内容和双方之间的工作联系函可知，涉案项目初审意见、现场勘察已经完成。在与珠江公司和施工单位进行核对工程量时，因施工单位不配合继续核对，在 2014 年 8 月下旬无法进行工作。根据涉案《建设工程造价咨询合同》第七条约定"委托人应负责与本建设工程造价咨询业务有关的第三人的协调，为咨询人工作提供外部条件。"因施工方不配合进行核对工程量致使合同无法履行，珠江公司未按照合同约定提供外部条件，珠江公司构成违约。且根据安泰公司提交的《基本建设工程结算初步审核汇总表》、双方之间的邮件内容和工作联系函，能够证明安泰公司已经履行了上述《建设工程造价咨询合同》的主要义务。故，在珠江公司构成违约且安泰公司已完成大部分工作量的情况下，原二审判决改判珠江公司按照基础费用

267833 元、审减费 1991585 元的 30％向安泰公司支付审计费欠妥，应予纠正。

【裁判要点】

法院裁判认为：根据《建设工程造价咨询合同》第七条约定"委托人应负责与本建设工程造价咨询业务有关的第三人的协调，为咨询人工作提供外部条件。"因施工方不配合进行核对工程量致使合同无法履行，珠江公司未按照合同约定提供外部条件，珠江公司构成违约。且根据安泰公司提交的《基本建设工程结算初步审核汇总表》、双方之间的邮件内容和工作联系函，能够证明安泰公司已经履行了上述《建设工程造价咨询合同》的主要义务。

【案例评析】

本案是造价咨询合同中双方已经约定了委托人具有提供与本建设工程造价咨询业务有关的第三人的协调，为咨询人工作提供外部条件的义务，但在履行过程中委托人未能协调好施工单位对工程量核对的配合，致使未能出具最终审计报告，因此双方对是否应支付审计费用及支付数额产生争议。本案经历了包括一审、二审、再审等多次审判，最终法院的审判观点认为委托人违约，应向咨询人支付审计费用。从该起案件可知，委托人怠于履行进行关系协调、提供外部条件的义务，将导致咨询人履行合同困难，甚至无法交付咨询成果，进而对于服务费用的支付产生争议。在订立合同时，合同当事人应当充分重视合同义务约定，并明确约定合同当事人违约责任的承担及服务费用的支付，为咨询人主张服务费用提供合同依据，以便于争议解决。

2.1.3　委托人应在不影响受托人根据服务进度计划开展咨询服务的时间内，按照专用合同条款约定，向受托人提供相关资料、设备和设施。如果受托人履行服务时另需其他人员的服务，委托人应按照专用合同条款约定，及时提供其他人员的服务，以保证咨询服务能够按服务进度计划进行。

【条款目的】

本条款旨在要求委托人按照合同约定或履行咨询服务的需要向受托人提供履行咨询服务的相关资料、设施、设备等工作条件和其他人员的服务，以保障受托人按计划提供咨询服务。

【条款释义】

其一，咨询服务合同的履行涉及委托人和受托人相互配合，尤其是受托人提供咨询服务需要委托人提供必要的前期或基础资料和有关人员、设施、设备等资源。合同当事人应在专用合同条款中约定委托人应向受托人提供的相关资料、设备、设施的内容、标准及提供时间。基于项目利益和合作原则，委托人应在不影响受托人根据服务进度计划开展咨询服务的时间内，向受托人提供相关资料、设备和设施。如果专用合同条款未对提供时间进行明确约定，委托人应在受托人根据服务进度计划开展咨询服务的合理时间之前提供。

其二，如果受托人履行服务时另需其他人员的服务，合同当事人应在专用合同条款中约定委托人应提供的其他人员服务的内容和提供时间等，委托人按照专用合同条款约定及时提供，不得影响服务进度计划进行。

【使用指引】

合同当事人在使用本条款时应注意以下事项：

第一，合同当事人在订立合同时，应根据咨询服务实际需要，在专用合同条款中就委托人应向受托人提供的相关资料、设备、设施的内容、标准、提供时间或其他人员服务的内容、提供时间进行明确约定。

第二，委托人应按合同约定按时履行上述义务，其履行行为不得影响服务进度计划进行。委托人应注意若其未按照合同约定按时提供相关资料、工作条件和其他人员的服务，导致服务开支增加和（或）服务期限延长的，将承担相应责任。

第三，虽然本条款未约定委托人对相关资料的真实性、准确性、合法性与完整性负责，但在本合同通用合同条款第4.1.2项中进行了相应约定，委托人应予遵守。除委托人外，受托人也应基于诚实信用原则甄别或质疑委托人提供的书面资料，如果发现相关资料和信息存在问题，受托人应当及时向委托人提出，并要求委托人解决问题，以避免受托人依据错误资料出具的咨询成果文件错误或不符合合同约定，进而造成损害或导致工程质量问题。委托人如要求受托人对其提供资料的真实性、准确性、完整性进行审查审核并承担相应审查审核责任的，应在专用合同条款中特别约定。

【法条索引】

《民法典》第五百零九条　当事人应当按照约定全面履行自己的义务。当事人应当遵循诚信原则，根据合同的性质、目的和交易习惯履行通知、协助、保密等义务。当事人在履行合同过程中，应当避免浪费资源、污染环境和破坏生态。

《民法典》第八百七十九条　技术咨询合同的委托人应当按照约定阐明咨询的问题，提供技术背景材料及有关技术资料，接受受托人的工作成果，支付报酬。

《民法典》第八百八十二条 技术服务合同的委托人应当按照约定提供工作条件，完成配合事项，接受工作成果并支付报酬。

《建设工程勘察设计管理条例》第二十八条 建设单位、施工单位、监理单位不得修改建设工程勘察、设计文件；确需修改建设工程勘察、设计文件的，应当由原建设工程勘察、设计单位修改。经原建设工程勘察、设计单位书面同意，建设单位也可以委托其他具有相应资质的建设工程勘察、设计单位修改。修改单位对修改的勘察、设计文件承担相应责任。施工单位、监理单位发现建设工程勘察、设计文件不符合工程建设强制性标准、合同约定的质量要求的，应当报告建设单位，建设单位有权要求建设工程勘察、设计单位对建设工程勘察、设计文件进行补充、修改。建设工程勘察、设计文件内容需要作重大修改的，建设单位应当报经原审批机关批准后，方可修改。

《建设工程造价咨询成果文件质量标准（CECA/GC7-2012）》第 3.3.3 条 承担工程造价咨询业务的编制人应甄别或质疑委托人提供的书面资料的有效性、合规性，并应对自身所收集的工程计价基础资料和编制依据的全面性、真实性和适用性负责，全面进行工程的计量与计价，按工程造价咨询服务合同的要求，编制工程造价咨询成果文件，并整理好工作过程文件。

《建设工程造价咨询成果文件质量标准（CECA/GC7-2012）》第 3.3.4 条 承担工程造价咨询业务的审核人应进一步审核委托人提供的书面资料的有效性、合规性，编制人使用工程计价基础资料和编制依据的全面性、真实性和有效性，并应对相关工作作一定比例的复核，对错误的部分提出书面的修改和补充意见，修正、完善工程造价咨询成果文件，并整理好自身的工作过程文件和相关文件。

《建设工程造价咨询成果文件质量标准（CECA/GC7-2012）》第 3.3.5 条 承担工程造价咨询业务的审定人应再次审核委托人提供的书面资料的有效性、合规性，编制人使用工程计价基础资料和编制依据的全面性、真实性和有效性，并应依据工程经济指标进行工程造价的合理性分析，对工程造价咨询质量进行整体控制。

2.1.4 委托人应按本合同约定向受托人及时支付服务费用。

【条款目的】

本条款旨在要求委托人按合同约定按时履行支付服务费用的主要义务，为受托人主张服务费用提供合同依据。

【条款释义】

委托人按合同约定向受托人及时支付服务费用是委托人最主要的合同义务，在受托人履行了相应义务且付款条件已经成熟的前提下，委托人应向受托人支付服务费用，该费用应包括服务费用、服务开支和奖励金额等款项。如委托人未按约定支付服务费用，构成违约应承担相应违约责任。

【使用指引】

合同当事人在使用本条款时应注意以下事项：

第一，合同当事人在订立合同时，应对服务费用的组成、计取方式以及服务费用变更、调整、结算等内容进行明确约定，否则，在后续合同履行过程中，可能会因约定不明，产生争议。

第二，关于服务费用的支付，无论是支付服务费用、服务开支还是奖励金额等款项，合同当事人均应当在通用合同条款的基础上结合实际，在专用合同条款中进一步明确支付程序、方式和支付时间，并在合同生效后严格按照合同约定履行。

第三，考虑到全过程咨询服务内容较多且在计费和支付方面存在不同特性，比如勘察设计咨询、监理服务、造价咨询等都会存在不同的计费方式和支付程序及条件，在费用结算方面也会有明显不同，委托人和受托人应高度重视，结合项目特点和服务内容清晰约定各项咨询服务费的计取和支付，必要时通过附件方式予以清晰约定。

【法条索引】

《民法典》第七百九十四条 勘察、设计合同的内容一般包括提交有关基础资料和概预算等文件的期限、质量要求、费用以及其他协作条件等条款。

《民法典》第九百二十八条 受托人完成委托事务的，委托人应当按照约定向其支付报酬。因不可归责于受托人的事由，委托合同解除或者委托事务不能完成的，委托人应当向受托人支付相应的报酬。当事人另有约定的，按照其约定。

《招标投标法实施条例》第十四条 招标人应当与被委托的招标代理机构签订书面委托合同，合同约定的收费标准应当符合国家有关规定。

【案例分析】

【案例1】呼和浩特市新城区毫沁营镇府兴营村村委会与内蒙古裕佳工程造价咨询有限公司（以下简称裕佳咨询公司）委托合同纠纷

再审：内蒙古自治区高级人民法院（2020）内民申1982号

【案情摘要】

2010 年—2014 年间，裕佳咨询公司与府兴营村村委会分别签订 8 份《建设工程造价咨询合同》，约定府兴营村村委会委托裕佳咨询公司为其建设项目提供建设工程造价咨询服务。双方对项目名称、服务类别以及双方的权利、义务等内容协商一致，并约定审核费按工程核减额的 10％ 计取，出具报告后付清。该合同第二十五条约定"如果委托人在规定的支付期限内未支付建设工程造价咨询酬金，自规定支付之日起应当向咨询人补偿应支付的酬金利息。利息按规定支付期限最后一日银行活期贷款利率乘以拖欠酬金时间计算"。2011 年—2014 年裕佳咨询公司、府兴营村村委会及第三方施工单位签署了 39 份基本建设工程结算审核定案表。2011 年 3 月 17 日起府兴营村村委会先后累计向裕佳咨询公司支付 2800000 元，尚欠裕佳咨询公司工程造价审核费 3135900 元未付。

【各方观点】

府兴营村村委会：府兴营村村委会与裕佳咨询公司之间签订的《建设工程造价咨询合同》，双方约定的咨询费严重超出同行业收费标准，损害了府兴营村集体利益，违反了公平原则，属于无效合同。府兴营村村委会并未认可裕佳咨询公司提出的 5935900 元咨询费，原审法院不应仅依据该公司单方面制作的证据认定府兴营村村委会欠付 3135900 元咨询费，应当经专门鉴定机构鉴定后再予以认定。向裕佳咨询公司支付的 2800000 元是经府兴营村村委会认可的咨询费，剩余咨询费未付就表明存有异议，原审法院认定府兴营村村委会对此无异议明显错误。

裕佳咨询公司：本案所涉《建设工程造价咨询合同》系双方协商一致后的真实意思表示，该合同约定内容并未违反法律、法规禁止性规定，属于合法有效合同，双方应予遵守。府兴营村村委会称审核单没有加盖村委会的公章，在原审庭审时，答辩人提供了 39 项基本建设工程核算审核定案表，上述核定案表中明确了送审值、审核值、核减值，且在该审核定案表下方分别有建设单位、施工单位以及审核单位三方的签章，并有代表人的签字予以确认，足以证明审核数额。

再审法院：府兴营村村委会与裕佳咨询公司签订的 8 份《建设工程造价咨询合同》系双方当事人的真实意思表示，且合同内容不违反法律及行政法规的强制性规定，合同合法有效，对当事人具有法律约束力，双方均应依约履行。裕佳咨询公司提供的工程结算审核定案表 39 份、工程造价审核情况表 2 份能够证明该公司按照合同约定完成了工程造价审核义务，且上述审核结果经府兴营村村委会、施工单位及裕佳咨询公司三方签章确认。府兴营村村委会向裕佳咨询公司支付 2800000 元，系该村委会真实意思表示，府兴营村村委会称剩余款项未付就表明对咨询费存有异议，但该村委会提交的证据不能证明双方约定的咨询费严重超出同行业收费标准，存在损害集体利益等情形，原审法院按照《中华人民共和国合同法》（以下简称《合同法》）第四百零五条"受托人完成委托事务的，委托人应当向其支付报酬"之规定，判决府兴营村村委会履行剩余咨询费给付义务，认定事实清楚、适用法律正确，依法应当予以维持。

【裁判要点】

府兴营村村委会称未付剩余款项表明对咨询费存有异议，但该村委会提交的证据不能证明双方约定的咨询费严重超出同行业收费标准，存在损害集体利益等情形，府兴营村村委会应履行剩余咨询费给付义务。

【案例评析】

本案是裕佳咨询公司全面履行合同义务后，府兴营村村委会未支付剩余咨询费用，因此发生争议。本案经历了包括一审、二审、再审等多次审理，但各级法院的审判观点均是一致认为府兴营村村委会应按约定支付剩余咨询费。从该起案件可知，合同当事人在订立合同时一定要对合同价款进行充分协商，特别是委托人作为合同价款支付义务一方，更要充分重视并严格履行合同的咨询服务费支付的义务。

【案例 2】 肇庆市大力真空设备有限公司（以下简称大力公司）与广州六星企业管理顾问有限公司（以下简称六星公司）服务合同纠纷

二审：广东省肇庆市中级人民法院（2017）粤 12 民终 1613 号

【案情摘要】

2015 年 10 月 29 日，大力公司（甲方）与六星公司（乙方）签订了《广东省经信委、肇庆市经信局项目申报咨询协议》。双方在合同中约定：一、申报项目：（1）肇庆市经信局项目；（2）广东省经信委项目：珠江西岸先进装备制造业发展专项资金等。二、合作原则：项目的成功申报依赖于甲乙双方的共同努力，包括甲方的资质与乙方的咨询，甲乙双方总经理挂帅，安排项目人员全力配合，乙方履行专业咨询指导义务，甲方履行执行配合义务......咨询费用：本协议签订之时，甲方向乙方支付启动费用 1 万元，甲方获得所选择项目部分或全部认定成功并分批或一次性获得财政支持（含配套资金）后十日内再向乙方分配财政支持资金的 30%。签订协议后，大力公司没有按约定向六星公司支付启动费用 1 万元，六星公司对大力公司的项目申报进行了全面的指导。2015 年 11 月 12 日，大力公司就申报项目（装备名称：DJW-1924-4CD 磁控溅射镀膜生产线）向肇庆市端州区经济和信息化局提交了《2016 年珠江西岸先进制造业发展专题（支持首台〔套〕装备的研发与使用专题）资金申报书》等申报材料，2016 年 4 月 5 日，广东省经济和信息化委员会、广东省财政厅联合发布《关于下达 2016 年广东省省级工业与信息化发展专项资金（珠江西岸先进装备制造业发展方向）项目计划的通知》，对 2016 年广东省省级工业与信息化发展专项资金（珠江西岸先进装备制造业发展方向）项目计划进行分配落实，其中肇庆市大力真空设备有限公司申报项目（装备名称：DJW-1924-4CD 磁控溅射镀膜生产线）获得了奖补资金 2996300 元。2016 年 5 月 10 日，肇庆市端州区财政局根据上级安排通过银行转账将奖补资金 2996300 元发放给大力公司。六星公司获悉大力公司收到奖补资金 2996300 元后要求其按合同约定支付咨询费用 908890 元，但大力公司认为六星公司没有全面履行合同义务造成经济损失为由而拒绝支付。

【各方观点】

大力公司：《广东省经信委、肇庆市经信局项目申报咨询协议》的第五条第二款约定大力公司直接"向乙方（即六星公司）分配财政支持资金的 30%"的约定明显属无效条款。大力公司通过合法申报所获得的制造业发展专项资金，其性质属国家财政专项资金。咨询协议第五条第二款关于咨询费用的约定却要求大力公司把财政支持资金的 30%"分配"给六星公司，不仅公然违反国家财政专项资金管理的有关规定，而且事实上严重损害了国家利益，根据《合同法》的有关规定，该合同条款应认定为无效的合同条款。关于六星公司应获得的后期咨询费用问题，双方并没有作出其他的合法的补充约定，在这种情况下，只能根据六星公司的实际工作量，并参照咨询服务行业工作的相关收费标准或政府部门的相关行业收费规定来参照确定。

六星公司：双方合同约定的 30% 为确定支付咨询费的额度，是双方意思的真实表示，且未违反法律规定。合同已经明确约定费用为财政支持资金的 30%，该约定的含义是以财政支持资金作为计算的基数，来评估咨询费的金额，并非将财政支持资金挪作他用，而是考虑到本次咨询的难度高、工作量大，将咨询费用的标准确定为财政支持资金的 30%。在六星公司专业、高效的咨询指导服务帮助下，大力公司才获得了资金支持，大力公司应向六星公司支付咨询费用。

二审法院：大力公司与六星公司签订的《广东省经信委、肇庆市经信局项目申报咨询协议》是双方当事人自愿协商所达成的真实意思表示，没有违反法律强制性规定，内容合法有效，受法律保护，双方当事人应按照合同的约定行使权利和履行义务。六星公司对大力公司的项目申报进行了全面的指导，已履行了合同约定的义务。大力公司的行为已构成违约，应承担违约责任。故一审法院判令大力公司向六星公司支付咨询费用908890元及违约金5万元的处理，并无不妥，本院予以维持。对于大力公司上诉以财政资金不能分配为由主张《广东省经信委、肇庆市经信局项目申报咨询协议》无效的问题。第一，大力公司获得财政支持（含配套资金）后十日内再向六星公司分配财政支持资金30％的内容约定在该咨询协议第五条关于"咨询费用"的内容中。第二，咨询协议中除了该30％的约定，并无其他关于后期咨询费的约定，属于咨询服务报酬。第三，一审诉讼中，六星公司主张大力公司应支付财政支持资金的30％作为后期咨询费用，大力公司则抗辩30％的后期咨询费用过高，即双方当事人都主张咨询费用是按财政支持资金的30％计算。综上，一审法院认定分配财政支持资金30％的内容为计算后期咨询费的标准正确，大力公司主张《广东省经信委、肇庆市经信局项目申报咨询协议》无效缺乏理据，本院不予支持。

【裁判要点】

双方签订的《广东省经信委、肇庆市经信局项目申报咨询协议》是双方当事人自愿协商所达成的真实意思表示，没有违反法律、法规强制性规定，内容合法有效，受法律保护，六星公司对大力公司的项目申报进行了全面的指导，已履行了合同约定的义务，大力公司已接受了六星公司的工作成果，但未按合同约定支付咨询费用，应承担支付咨询费用的义务及违约责任。

【案例评析】

本案是六星公司履行合同义务后，大力公司未支付咨询费用，发生争议，在诉讼过程中，双方又因咨询费用计算标准产生争议，各级法院的审判观点均是一致认为大力公司应按约定支付咨询费。从该起案件可知，合同当事人在订立合同时一定要对合同价款进行充分协商，对合同价款的计算标准及支付程序进行具体明确约定。尤其是目前国内全过程咨询在政府投资项目广泛推广的现状下，咨询服务费受制于政府投资项目投资控制及财政资金使用流程限制，合同当事人应结合财政资金的管理在合同中经协商进行约定，以免履约过程因财政资金使用而导致咨询服务合同履行出现障碍。

2.1.5 合同当事人可在专用合同条款中约定委托人应承担的其他义务。

【条款目的】

本条款旨在规定委托人和受托人结合项目性质和咨询服务内容范围的特性进而补充、完善委托人的义务。

【条款释义】

通用合同条款第 2.1 款列举了委托人办理审批、核准或备案手续，提供外部条件、相关资料、工作条件、其他服务，支付服务费用等义务。结合项目性质和咨询服务内容范围的特性，委托人应承担的上述义务以外的其他义务，合同当事人可在专用合同条款予以约定。比如，就风电项目委托人和受托人签署全过程咨询服务，其中受托人提供项目勘察设计文件编制，但基于风电项目特性，受托人编制勘察设计文件时需要选址测风数据的基础资料，如果该项基础资料由委托人提供，为避免履约过程产生争议，双方应在专用合同条款中明确约定委托人的此项义务。

【使用指引】

合同当事人在使用本条款时应注意以下事项：

第一，合同签订前，合同当事人应根据咨询服务内容充分协商双方的权利义务。

第二，合同签订时，受托人应关注本合同通用合同条款第 2.1 款列举的委托人应承担的义务是否完整，若存在应约定而未约定的情况，合同当事人应及时协商一致并在专用合同条款中进行约定，补充、完善委托人的义务，防止因委托人其他义务的不明确，导致合同履行困难，增加合同履行成本。

【法条索引】

《民法典》第七百九十四条　勘察、设计合同的内容一般包括提交有关基础资料和概预算等文件的期限、质量要求、费用以及其他协作条件等条款。

《民法典》第七百九十六条　建设工程实行监理的，发包人应当与监理人采用书面形式订立委托监理合同。发包人与监理人的权利和义务以及法律责任，应当依照本编委托合同以及其他有关法律、行政法规的规定。

2.2　委托人决定

除合同另有约定外，委托人应在不影响受托人根据服务进度计划开展咨询服务的时间内，对受托人以书面形式提出的事项做出书面决定。受托人在执行委托人意见时提出有关问题的，委托人应及时予以解答。因委托人原因未能答复或答复不及时导致服务开支增加和（或）服务期限延长的，由委托人承担责任。

【条款目的】

本条款旨在要求委托人及时按合同约定对受托人提出的事项及问题作出决定或答复。

【条款释义】

考虑到全过程咨询服务合同所涉及的咨询服务内容较多、范围较广、履行周期也较长，关系各方当事人的边界权利等，全过程咨询服务的委托人和受托人相互协助配合的附随义务特征明显。本条款规定，在合同没有另行约定的情况下，委托人对受托人以书面形式提出的事项作出决定的时间限定在受托人根据服务进度计划开展咨询服务不受影响的时间内，委托人在收到受托人的书面提请后应及时作出书面决定并送达受托人，避免违约及影响咨询服务工作进展。

受托人在执行委托人意见期间，产生的相关问题或有不理解之处需要委托进一步明确时，针对该意见提出的问题委托人应及时进行解答，否则，影响到受托人履行咨询服务合同的，委托人将承担受托人因此增加的服务开支和（或）服务期限延长的责任。

【使用指引】

合同当事人在使用本条款时应注意以下事项：

第一，为避免合同履行因对开展咨询服务的服务进度计划理解不同产生的争议，建议当事人在专用合同条款中对受托人提出事项或问题，委托人的答复期限作出明确约定。同时，委托人在与受托人签订合同时，应充分考虑自身出具文书所需时间，并在专用合同条款中与受托人进行约定，避免因时间仓促，无法按时出具，导致违约。对于受托人的书面提请，委托人应予以重视，按照法律规定及合同约定按时回复受托人，若不能及时回复，应立即书面告知受托人。

第二，在合同未另行约定的情况下，为避免产生争议，受托人提出问题或有关事项时，应采取书面形式。委托人逾期答复或未答复，导致服务开支增加和（或）服务期限延长的，受托人应按照合同约定的变更程序及调整方式进行服务的变更和（或）服务费用的调整或经双方协商一致后进行相应变更、调整并签订补充协议。

【法条索引】

《民法典》第五百零九条　当事人应当按照约定全面履行自己的义务。当事人应当遵循诚信原则，根据合同的性质、目的和交易习惯履行通知、协助、保密等义务。当事人在履行合同过程中，应当避免浪费资源、污染环境和破坏生态。

【案例分析】

【案例】江苏宏润建设项目管理咨询有限公司（以下简称宏润公司）与东威（淮安）五金工业有限公司（以下简称东威公司）技术咨询合同纠纷

再审：江苏省高级人民法院（2016）苏民申 761 号

【案情摘要】

东威公司与宏润公司于 2013 年 7 月签订《工程造价咨询合同》，约定东威公司委托宏润公司对其建设的新厂区生产用房提供工程造价咨询服务。工程造价计价方法为清单计价；范围为图纸包含的全部内容。东威公司应负责与本建设工程造价咨询业务有关的第三人的协调，为宏润公司的工作提供外部条件，且应在约定时间内就宏润公司书面提交并要求作出答复的事宜作出书面答复。合同签订后，东威公司依约于 7 月 16 日通过邮箱向宏润公司发送施工图及施工单位报审汇总表，报审价为 40607468.65 元。同年 8 月 7 日，宏润公司完成了东威厂区建设项目的审核并将审核结果报送给东威公司，审定价为 29948084.86 元。同年 11 月 7 日，宏润公司致函东威公司称"我公司于 8 月 8 日将施工方预算价的审核结果报送给贵公司，对于报送结果，贵公司一直没有组织施工方来我公司进行核对，请贵公司速来核对，若 11 月 15 日前仍不来核对，11 月 16 日，我公司将出正式咨询报告"。同月 16 日，宏润公司向出具审核报告。同月 18 日，宏润公司再致函东威公司要求东威公司结算前期咨询费用 295265.19 元。上述公函及审核报告，均由东威公司的相关负责人签收。同年 11 月 19 日，东威公司向宏润公司发出通知书称"贵公司连续两次提交的咨询结果存在明显数据错误，真实性与可靠性存在很大疑问。我公司新厂区施工进度过半，贵公司迟迟未提交准确可供使用的咨询报告，此时再提交已无意义，无法实现合同目的。鉴于上述问题，我公司正式通知终止合同"。

【各方观点】

东威公司：东威公司与宏润公司系工程造价咨询服务合同关系，宏润公司在工程发承包阶段对施工单位预算书出具的审核报告是否真实有效，是宏润公司能否收取咨询费的依据。二审判决既已认定宏润公司出具的审核报告不具有真实有效性，但仍认定由东威公司参照合同约定向宏润公司给付咨询费，缺乏事实和法律依据。二审判决认定完整有效的审核报告须由双方沟通确认方能形成，东威公司未能履行沟通等附随义务，缺乏事实和法律依据。

宏润公司：宏润公司其在接受委托后已经及时履行了合同义务，但东威公司未及时就有关问题作出答复，致使咨询工作受到影响，东威公司应当依法承担相应责任，并应按照约定支付报酬。

再审法院：东威公司与宏润公司签订的建设工程造价咨询合同约定，东威公司应负责与本建设工程造价咨询业务有关的第三人的协调，为宏润公司的工作提供外部条件，且应在约定时间内就宏润公司书面提交并要求作出答复的事宜作出书面答复。据此，为及时、有效地完成涉案委托咨询事务，东威公司应当为宏润公司的工作开展履行必要的意见沟通、外部协调、核对方案、给予答复等义务。宏润公司在接受东威公司咨询委托后已及时向其提供了审核报告、情况汇报、工作联系函等相关材料，并根据工作需要请求东威公司明确有关事项。但东威公司在收到宏润公司以上材料后，既未组织施工方进行核对，亦未按照宏润公司的工作需要明确有关事项。因此，二审判决认定东威公司未能履行附随义务，应承担审核报告存在差错的相关责任，并无不当。

【裁判要点】

宏润公司在接受东威公司咨询委托后已及时向其提供了审核报告、情况汇报、工作联系函等相关材料，并根据工作需要请求东威公司明确有关事项。但东威公司在收到宏润公司以上材料后，既未组织施工方进行核对，亦未按照宏润公司的工作需要明确有关事项，东威公司未能履行附随义务、应承担审核报告存在差错的相关责任。

【案例评析】

本案是咨询人已及时履行了相应义务后，委托人怠于为咨询人的工作开展履行必要的意见沟通、外部协调、核对方案、给予答复等义务，最终致使审核报告存在差错，双方对是否应支付审计费用及支付数额产生争议。因此本案经历了包括一审、二审、再审等多次审理，但各级法院的审判观点均是一致认为委托人未适当履行附随义务，应承担审核报告存在差错的相关责任，参照双方合同约定和审核报告的差错率综合确定咨询人所应得之报酬数额。从该起案件可知，合同当事人应全面履行合同义务，包括但不限于主要合同义务、附随义务，否则，怠于履行义务一方将承担相应责任。

2.3　委托人代表

委托人应指定一位有适当相关资格或经验的管理人员作为委托人代表，并在专用合同条款中明确其姓名、职务、联系方式及授权范围等事项。委托人代表在委托人的授权范围内，负责处理合同履行过程中与委托人有关的具体事宜，作为联系人就合同约定的咨询服务事项与受托人进行联系。委托人更换委托人代表的，应在专用合同条款约定的期限内提前书面通知受托人。

【条款目的】

本条款是旨在解决委托人代表的任命、授权及更换的约定。

【条款释义】

委托人代表是在专用合同条款中约定的或委托人不定时任命的，并以通知方式告知受托人，代表其管理委托事项的人员。

首先，委托人在订立咨询合同时，应根据咨询服务需要，在专用合同条款中明确其指定的具有相关资格或咨询事项相关经验管理人员（委托人代表）的姓名、职务、联系方式及授权范围等事项。

其次，明确委托人对委托人代表的授权范围、权限、期限等，委托人代表在授权范围内负责处理合同履行过程中与委托人有关的具体事宜和联系，其经授权的处理行为，产生的法律后果由委托人承担。

最后，在合同履行过程中，如委托人需更换代表，无须征得受托人同意，但需在专用合同条款约定的期限内提前书面通知受托人，以保证受托人做好相关衔接配合工作，避免因出现授权空档或交叉，影响合同的正常履行。

【使用指引】

合同当事人在使用本条款时应注意以下事项：

第一，在订立合同过程中，委托人应当重视和关注对其代表的授权是否明确、适当，在授权时，既要避免出现因代表权利过小而影响合同正常履行，又要防止授权过大而导致委托人对合同监督权力的失控，还需注意因授权不明而引起合同争议，从而影响合同的正常履行。且委托人应注意，如授权范围不明则可能出现委托人代表虽无相关授权但却具有该授权表象而致"表见代理"情况的出现，此时委托人仍需为其代表行为承担法律后果。

第二，受托人在合同履行过程中与委托人代表就咨询服务事项提出申请或进行沟通、交流时，应关注委托人代表的授权范围，避免委托人代表超越合同约定或授权范围，对受托人提出的事项或问题作出决定或回复以及对受托人提出要求或发出指示，进而产生委托人不予认可的履约争议；若发现委托人代表存在超越授权行为，受托人应及时向委托人代表提出异议，并要求委托人重新作出决定、回复、要求或指示，或委托人对委托人代表已经作出的决定、回复、要求或指示进行确认。

第三，与受托人的咨询项目负责人不同的是，基于委托人通常为项目投资建设主体，法律或全过程咨询服务合同中对委托人代表是否需要具备相应资质并没有特别规定或约定，委托人可以结合项目特点授权有一定专业知识或咨询经验的人员为其代表。但委托人需要注意的是，该委托人代表的更换如果未能通知或未能及时通知到受托人，则委托人不能就受托人与委托人代表之间后续发生的联系或沟通提出不予认可的抗辩，除非委托人能证明受托人已经知晓该委托人代表已经被更换。

【法条索引】

《民法典》第一百六十五条 委托代理授权采用书面形式的，授权委托书应当载明代理人的姓名或者名称、代理事项、权限和期限，并由被代理人签名或者盖章。

【案例分析】

【案例】萧县鑫安车辆安全技术检测有限公司（以下简称萧县鑫安公司）与宿州市建筑勘察设计院（以下简称宿州设计院）建设工程监理合同纠纷

二审：安徽省宿州市中级人民法院（2020）皖 13 民终 659 号

【案情摘要】

2015 年 4 月 9 日，萧县鑫安公司在未取得土地使用证、建设用地规划许可证、建设工程规划许可证、建设工程施工许可证的情况下，与萧县工程公司签订《建设工程施工合同》，由萧县工程公司承建萧县鑫安机动车检测中心 1、2 号检测楼及办公楼的全部土建工程、水电安装工程、基础加深及变更工程等，邵文信作为萧县鑫安公司代理人在合同上签字。后双方于 2015 年 6 月 28 日就办公楼一、二层层高签订变更合同协议，将原设计的办公楼一层层高 3.9m 增加 70cm，将二层层高 3.6m 增加 30cm，宿州设计院工作人员贾成民及萧县鑫安公司代理人邵文信在协议上签字确认。萧县鑫安公司与宿州设计院于 2015 年 4 月 12 日签订了《建设工程监理合同》，由宿州设计院对建设工程施工合同所涉工程进行监理服务。2016 年 4 月 14 日，因萧县鑫安公司未经依法批准擅自建设案涉工程，萧县国土资源局作出《行政处罚决定书》萧国土资执罚〔2016〕316 号，对萧县鑫安公司处罚。案涉工程于 2016 年 2 月 12 日被行政机关强制拆除了玻璃门窗和部分砖墙，主体框架尚存。萧县鑫安公司在（2018）皖 1322 民初 2293 号庭审中认可邵文信签字属实，但认为其不能代表鑫安公司对工程变更的认可。

【各方观点】

萧县鑫安公司：萧县工程公司提交的变更施工协议系伪造，且在原一审时并未提交，该份变更协议上没有承建方负责人邵泽光的签字，而一审法院主观判定该协议真实有效，属于认定事实明显不当。退一步讲即便图纸设计需要变动，也应当由图纸设计方进行，施工方无权私自进行图纸变更。

宿州设计院：设计图纸的变更系萧县鑫安公司代表与萧县工程公司达成一致同意变更的情况下发生的变更，萧县鑫安公司认可自行垫高院子的事实，办公楼室内外地坪存在高差与设计院无关。

萧县工程公司：萧县鑫安公司强调案涉工程属于违法建筑，该工程因违反行政法强制性规定被拆除，并不是因为萧县工程公司施工质量存在问题被拆除，案涉工程被强制拆除所产生的权益不受法律保护，另外拆除行为和萧县工程公司的施工行为之间不具有因果关系。

二审法院：为证明工程存在协议变更，萧县工程公司于一审提供了 2015 年 6 月 28 日由邵文信签字的办公楼一、二层层高增加说明一份，该说明载明邵沼光要求一层层高增加 70cm，二层层高增加 30cm。虽萧县鑫安公司对该组证据的质证意见中包括请求对签名进行笔迹鉴定，但未向一审法院提交书面鉴定申请，且邵文信是萧县鑫安公司案涉建设工程施工合同委托代理人及发包人代表，其授权范围为现场指挥协调，一审法院据此认定萧县鑫安公司、萧县工程公司对办公楼一、二层层高予以协议变更并无不妥，亦不能由层高问题得出该工程需要拆除重建的结论。基于上述分析，萧县鑫安公司请求判令宿州设计院、萧县工程公司赔偿拆除重建费用损失 3348205.28 元没有事实和法律依据，本院不予支持。

【裁判要点】

为证明工程存在协议变更，萧县鑫安公司于一审提供了 2015 年 6 月 28 日由邵文信签字的办公楼一、二层层高增加说明一份，该说明载明要求一层层高增加 70cm，二层层高增加 30cm。邵文信是萧县鑫安公司案涉建设工程施工合同委托代理人及发包人代表，其授权范围为现场指挥协调，一审法院据此认定萧县鑫安公司、萧县工程公司对办公楼一、二层层高予以协议变更并无不妥。

【案例评析】

本案是监理合同中萧县鑫安公司（委托人）的代表在其授权范围内对施工内容进行变更符合合同约定及法律规定，其行为对萧县鑫安公司发生法律效力，法院对变更效力予以认可。从该起案件可知，合同当事人在订立合同时要明确其代表以及该代表的授权范围，并要求该代表在合同履行过程中严格按照授权范围及法律规定去履行合同义务，避免因超越授权造成损失。同时，发包人也应加强内部对发包人代表的管理及建立相应内部议事流程和制度。

2.4 委托人员

委托人员包括委托人代表及其他由委托人派驻咨询服务现场的人员。委托人应要求委托人员在服务现场遵守法律法规及有关安全、质量、环境保护等规定，不超越合同约定和授权范围向受托人提出要求或发出指示，并保障受托人免于承受因委托人员未遵守前述要求给受托人造成的损失和责任。

【条款目的】

本条款旨在明确委托人员在服务现场应遵守法律法规的相关规定及合同约定的授权范围。

【条款释义】

其一，委托人现场人员，既包括委托人代表，也包括委托人派驻现场的其他人员。

其二，委托人员应负有以下义务：

（1）在服务现场遵守法律法规的规定；

（2）遵守有关安全、质量、环境等的相关规定；

（3）在合同约定或授权的范围内提出要求或发出指示，并采取必要的保障措施。

如果因委托人员未遵守前述要求或指示，导致受托人产生损失的，其责任由委托人承担。

【使用指引】

合同当事人在使用本条款时应注意以下事项：

第一，为有效预防委托人现场人员违法违规行为或超越合同约定、授权范围向受托人提出要求或发出指示，给受托人造成损失和致使受托人承担责任，委托人可以通过制定相应规章制度、加强对相关法律及安全、质量、环境保护等规定的学习、熟悉合同内容等方式，提高委托人现场人员的法律意识、规范意识，规范委托人现场人员的行为。合同履行过程中，若发生违反上述规定的行为，应予以制止，并作出有效处理，杜绝此类事件再次发生。

第二，若委托人现场人员有违反上述规定的行为，受托人应当及时依法依约予以阻止，并采取相应措施降低自身损失和减轻自身责任承担，必要时可要求委托人更换相关现场人员。

【法条索引】

《建筑法》第七十二条　建设单位违反本法规定，要求建筑设计单位或者建筑施工企业违反建筑工程质量、安全标准，降低工程质量的，责令改正，可以处以罚款；构成犯罪的，依法追究刑事责任。

《中华人民共和国刑法》第一百三十七条　【工程重大安全事故罪】建设单位、设计单位、施工单位、工程监理单位违反国家规定，降低工程质量标准，造成重大安全事故的，对直接责任人员，处五年以下有期徒刑或者拘役，并处罚金；后果特别严重的，处五年以上十年以下有期徒刑，并处罚金。

第3条 受托人

3.1 受托人一般义务

3.1.1 受托人应根据本合同约定的咨询服务内容和要求提供咨询服务。

【条款目的】

本条款是对受托人义务的基本要求。

【条款释义】

受托人接受委托人的委托，应当基于诚信原则，严守合同约定，按照合同约定的咨询服务内容和要求提供相应的咨询服务。

【使用指引】

本合同履行之前，合同双方当事人应当明确本合同的咨询服务内容与要求。《合同协议书》部分第二条列出了服务内容的类别，包括工程报批报建服务、工程勘察设计管理、工程勘察设计服务、工程造价咨询、工程招标采购咨询、施工项目管理、工程监理服务或其他，及专项咨询服务和在投资决策阶段可能有的其他咨询服务，合同当事人应当择其一项或多项，并相应具体地约定服务内容与要求。需要注意的是，对于各项服务内容的服务范围和咨询服务成果验收等权利义务同时体现在本合同的附件1[服务范围]之中，受托人也应严格遵守附件1[服务范围]的相应约定。

【法条索引】

《民法典》第五百零九条 当事人应当按照约定全面履行自己的义务。当事人应当遵循诚信原则，根据合同的性质、目的和交易习惯履行通知、协助、保密等义务。当事人在履行合同过程中，应当避免浪费资源、污染环境和破坏生态。

《民法典》第八百八十三条 技术服务合同的受托人应当按照约定完成服务项目，解决技术问题，保证工作质量，并传授解决技术问题的知识。

3.1.2 受托人应按照本合同约定组建能够满足咨询服务需要的咨询服务机构并完成咨询服务。

【条款目的】

本条款旨在要求受托人组建专业的服务机构以提供本合同约定的咨询服务，为服务质量提供保障。

【条款释义】

全过程咨询服务合同会涉及工程报批报建、工程勘察设计管理、工程勘察设计服务、工程造价咨询、工程招标采购咨询、施工项目管理和工程监理服务及其他专项咨询服务中的多项服务内容，基于对多专业知识和能力，甚至资质资格的要求，往往不是一个团队所能胜任的，这就要求受托人在签约后应根据所服务项目和服务内容的具体需要，组建能够满足咨询服务合同需要的多团队组成的咨询服务机构，以便于全面地完成咨询服务。

【使用指引】

合同当事人在使用本条款时应注意所成立的咨询服务机构的服务能力及相应服务人员的资质资格与所需提供的咨询服务是否匹配，并且要符合招标文件和投标文件的要求（如有）。委托人认为咨询服务机构不能完成本合同约定的服务内容时，可对受托人提出调整或更换咨询服务机构人员的要求。

【法条索引】

《民法典》第七百七十二条　承揽人应当以自己的设备、技术和劳力，完成主要工作，但是当事人另有约定的除外。承揽人将其承揽的主要工作交由第三人完成的，应当就该第三人完成的工作成果向定作人负责；未经定作人同意的，定作人也可以解除合同。

3.1.3 受托人在履行合同义务时，应严格按照法律法规、强制性标准及合同约定，谨慎、勤勉地履行职责，维护委托人的合法利益，保证服务成果质量。

【条款目的】

本条款旨在强调受托人在提供咨询服务应当遵守法律法规、标准及合同的约定，维护委托人的合法利益。

【条款释义】

受托人在提供咨询服务时，应当严格遵守法律法规与强制性标准的规定和双方的合同约定，依法依规依约提供咨询服务，受托人还要尽到勤勉义务，维护委托人的合法权益也是受托人的基本义务，最终出具质量达标的成果文件。

【使用指引】

受托人在使用这条时应注意，遵守法律法规、执行强制性标准是受托人的法定义务，当事人不能通过约定的方式排除法律法规和强制性标准的适用。

标准按照适用范围进行分类，可以分为国家标准、行业标准、地方标准和团体标准、企业标准。国家标准在全国范围内适用，行业标准在特定行业范围内适用，地方标准在省级行政区内适用，而企业标准仅适用于制定它的企业。

标准按照约束力进行分类，可以分为强制性标准和推荐性标准。其中强制性标准是必须遵守的，而推荐性标准则是鼓励遵守的。一般来讲，行业标准、地方标准是推荐性标准；国家标准中一部分是强制性标准，其余是推荐性标准。对于非强制性标准如果双方需要在履行咨询服务合同时适用的，应当在专用合同条款中对适用的具体非强制性标准予以明确。

【法条索引】

《民法典》第八条 民事主体从事民事活动，不得违反法律，不得违背公序良俗。

《标准化法》第二条 本法所称标准（含标准样品），是指农业、工业、服务业以及社会事业等领域需要统一的技术要求。

标准包括国家标准、行业标准、地方标准和团体标准、企业标准。国家标准分为强制性标准、推荐性标准，行业标准、地方标准是推荐性标准。

强制性标准必须执行。国家鼓励采用推荐性标准。

【案例分析】

【案例】天津合众招标代理有限公司与天津商业大学委托合同纠纷
一审：天津市南开区人民法院（2019）津 0104 民初 16057 号
二审：天津市第一中级人民法院（2020）津 01 民终 1880 号

【案情摘要】

天津商业大学（甲方）与天津合众招标代理有限公司（乙方）签订《天津市政府采购项目委托代理协议》，约定天津商业大学将该校校药、校食堂设备购置项目（以下简称涉案项目）的采购事宜进行委托。2017年11月6日，天津合众招标代理有限公司就该项目发布公开招标公告。案外人天津汇聚时代厨房设备有限公司（以下简称汇聚公司）递交投标书，天津合众招标代理有限公司于2017年11月27日发出"中标通知书"。后因招标文件要求提供样品的条款违反了《政府采购货物和服务招标投标管理办法》第二十二条第2款的规定，故撤销投诉项目采购合同，责令重新开展采购活动。2018年6月15日天津商业大学委托案外人天津国际招标有限公司对涉案项目再次公开招标，汇聚公司参加投标，但未能中标。案外人汇聚公司请求赔偿损失。

【裁判要点】

一审法院认为，虽双方当事人签订的《天津市政府采购项目委托代理协议》约定天津合众招标代理有限公司编制的采购文件需交天津商业大学确认，且天津商业大学向天津合众招标代理有限公司发出的《项目标书用户确认函》载明"招标文件我方已知悉，确认已完全体现我方需求，同意按此招标文件公示并进行招标"，但不免除天津合众招标代理有限公司作为专业的招标代理机构应保证其所编制的招标文件"本身内容合法"这一最基本的合同义务。另需指出的是，天津合众招标代理有限公司制作的招标文件违法，不应认定为一家专业的招标代理机构的一般过失，而应认定为该招标代理机构的重大失职。天津合众招标代理有限公司作为专业的招标代理机构尚未发现如此严重的错误，而天津商业大学作为非专业机构，更发现和纠正不了天津合众招标代理有限公司在编制招标文件时的严重错误，所以天津合众招标代理有限公司抗辩招标文件经过天津商业大学确认以求免除其责任的抗辩主张，一审法院不予支持。一审法院认为天津合众招标代理有限公司在编制招标文件时存在重大失职，该重大失职是天津商业大学在另案中赔偿案外人的直接原因，故应由天津合众招标代理有限公司承担赔偿责任。

二审法院认为，双方当事人在订立《天津市政府采购项目委托代理协议》后，天津合众招标代理有限公司存在编订招标文件违法的不完全履行行为，导致案外人汇聚公司向天津商业大学主张违约损害赔偿责任，故天津合众招标代理有限公司的履行行为并非全面、审慎地履约，构成对天津商业大学的加害给付，由此其损害发生违约责任与侵权责任的请求权基础的竞合。天津商业大学选择以违约责任作为其请求权基础系其行使选择权的行为，本院予以准许。天津合众招标代理有限公司作为专业招标代理机构编订招标文件违反行政规章的规定系导致天津商业大学与案外人汇聚公司订立的合同被撤销的重要原因，其应就此承担主要责任。结合双方在履行过程中的过错情况及汇聚公司诉请本案被上诉人的损失情况，本院酌定天津合众招标代理有限公司与天津商业大学分担责任的比例为 7：3。

【案例评析】

本案经过两级法院两审判决，虽二审法院减少了咨询人应赔偿数额的比例，但两法院对于咨询人于提供咨询服务过程中存在的重大过失及其应承担主要责任之认定均一致。故有鉴于此，咨询人作为受托人在为委托人提供服务的过程中，应当审慎履行合同并尽到勤勉尽责之义务。而对于委托人，亦应对咨询人出具的文件尽到审慎核查之义务，从而规避需对外承担赔偿责任的风险。

3.1.4 受托人及其咨询人员应满足法律法规有关规定。在保证整个工程项目完整性的前提下，由受托人按照第 3.4 款［委托其他咨询单位实施咨询服务］的约定将自有资质证书许可范围外的咨询业务依法依规择优委托其他咨询单位实施的，该被委托的其他咨询单位应具有相应能力或水平。

【条款目的】

本条款是对受托人将部分咨询业务委托给其他的咨询单位实施的相关要求。

【条款释义】

受托人提供投资决策和工程建设全过程咨询服务，应当具有与工程规模及委托内容相适应的资信或资质条件。受托人原则上应当自行完成自有资质证书许可范围内的业务。基于全过程咨询服务合同服务内容和范围及对资质要求的特性，法律并不限制全过程咨询服务的受托人将部分咨询业务委托给其他单位实施。提供咨询服务过程中，受托人往往会碰到超出自有资质证书许可范围内的业务，这种情况下为保证整个工程项目完整性，按照合同约定或经委托人同意，受托人可将自有资质证书许可范围外的咨询业务依法依规择优委托给具有相应资质或能力的单位。

在责任承担方面，受托人将自身资质许可范围外的咨询业务委托给其他咨询单位的，并不免除受托人的合同义务和责任，受托人仍应就其他咨询单位的委托业务向委托人负责。

【使用指引】

合同当事人在使用本条款时应注意以下事项：

第一，受托人自有资质范围内的业务应该由其自行实施，不能委托给其他单位实施。

第二，受托人将自有资质证书范围外的业务委托给其他单位时，不得破坏项目的完整性，且应在全过程咨询服务合同中有约定或经过委托人同意。

第三，该接受委托的其他咨询单位应当具有相应资质或能力。

第四，受托人对外委托其他单位实施部分咨询业务时并不免除受托人的全过程咨询服务合同的责任，所以受托人应加强对接受委托的其他咨询单位的管理。

【法条索引】

《民法典》第七百七十三条　承揽人可以将其承揽的辅助工作交由第三人完成。承揽人将其承揽的辅助工作交由第三人完成的，应当就该第三人完成的工作成果向定作人负责。

《建筑法》第十三条　从事建筑活动的建筑施工企业、勘察单位、设计单位和工程监理单位，按照其拥有的注册资本、专业技术人员、技术装备和已完成的建筑工程业绩等资质条件，划分为不同的资质等级，经资质审查合格，取得相应等级的资质证书后，方可在其资质等级许可的范围内从事建筑活动。

3.1.5　在履行合同期间，受托人应使委托人保持对咨询服务进展的了解，并定期向委托人报告咨询服务工作进展。

【条款目的】

本条款是关于受托人在提供咨询服务过程中应保持委托人对其工作进展了解的规定。

【条款释义】

工程建设全过程咨询服务合同会同时关系到委托人项目建设的进展及与承包商、供应商、其他咨询机构合同的履行，所以委托人有必要随时了解受托人咨询服务的进展，协调项目建设各方当事人关系。因此，受托人在提供咨询服务的过程中，应当及时向委托人报告咨询服务的进展情况，并按委托人的指示和建议进行相应处理。受托人应当定期进行汇报，必要时，应提供书面报告。

【使用指引】

合同当事人在使用这条时应注意，受托人一般需在下列四种情况时向委托人进行报告：

第一，在咨询服务过程中，根据委托人的临时指示，受托人需随时向委托人报告具体咨询服务事项的办理进度。

第二，依据咨询服务事项的开展确有报告必要时，如遇到受托人无法预料或无法解决并影响到咨询服务事项的重大情况时，受托人应当及时向委托人报告具体情况。

第三，咨询服务事项终结时，受托人应向委托人详细报告咨询服务事项的过程以及结果。

第四，双方在专用合同条款约定定期报告的，受托人应按约定期限或日期报告咨询服务的进展。

【法条索引】

《民法典》第九百二十四条　受托人应当按照委托人的要求，报告委托事务的处理情况。委托合同终止时，受托人应当报告委托事务的结果。

3.1.6　任何由委托人支付费用并提供给受托人使用的物品均属于委托人财产。受托人有权无偿使用第 2.1.3 项中由委托人提供的设备、设施、资料。受托人应采取合理的措施保护委托人提供的设备、设施及其他财产，直至咨询服务完成并将其退还给委托人。保护委托人财产所产生的合理费用应由委托人承担。

【条款目的】

本条款是关于受托人使用委托人提供的物品、财产的相关规定。

【条款释义】

基于咨询服务合同履行的需要，根据本合同通用合同条款第 2.1.3 项约定，委托人有向受托人根据专用合同条款约定提供协助的义务。受托人妥善保管委托人财产是法定的义务，委托人财产包括委托人所提供的及委托人支付费用并提供给受托人使用的财产，如委托人为方便受托人履行义务而提供的设备、设施，以及项目相关资料等。在合同履行期间，受托人可无偿使用委托人财产，但在使用财产时应采取合理措施妥善保管，如委托人对相应设备、设施及财产有特殊保护措施要求的，受托人应按委托人的要求予以保管。受托人在提供咨询服务期间，为妥善保管委托人财产或依委托人要求采取保管措施而产生的合理费用由委托人承担。受托人在咨询服务完成后，应将妥善保管的委托人财产退还委托人，保证物品的完整性，受托人保管不当则需要承担相应的责任。

【使用指引】

合同当事人使用本条款应注意，受托人需保管并返还的委托人物品既包括有形的物品，也包括无形的财产权利，例如委托人提供的电子资料。

【法条索引】

《民法典》第七百八十四条　承揽人应当妥善保管定作人提供的材料以及完成的工作成果，因保管不善造成毁损、灭失的，应当承担赔偿责任。

3.1.7　合同当事人可在专用合同条款约定受托人应承担的其他义务。

【条款目的】

本条款是关于当事人可在专用合同条款中对受托人承担的其他义务的规定。

【条款释义】

专用合同条款是对通用合同条款原则性约定的细化、完善、补充、修改或另行约定。具体的咨询项目会因项目特征、服务内容和范围特点、委托人的特定需求等产生不同的履约责任，当这些责任和义务不能明确包含在本合同通用合同条款之中时，双方当事人可在专用合同条款中进行约定。

【使用指引】

就受托人在本合同中应承担的其他义务，合同双方当事人应结合咨询项目特征、委托人的特定要求、咨询服务内容和范围的特性等因素在专用合同条款中进行详细约定。

3.2　咨询项目总负责人

3.2.1　咨询项目总负责人应为合同协议书及专用合同条款中约定的人选，并应具有履行相应职责的资格、能力和经验。双方应在合同协议书及专用合同条款中明确咨询项目总负责人的基本信息及授权范围等事项。

【条款目的】

本条款是关于对咨询项目总负责人基本要求的约定。

【条款释义】

咨询项目总负责人由受托人的法定代表人书面授权，全面负责履行合同并主持咨询服务工作。对于全过程工程咨询服务中承担投资决策综合性咨询、勘察、设计、监理或造价咨询等业务的负责人，应具有法律法规规定的相应执业资格、能力和经验，对其基本信息尤其是授权范围，双方应在协议书和专用合同条款中进行明确。

【使用指引】

咨询项目总负责人应由受托人委派并征得委托人确认，并在合同中明确其基本信息与授权范围，便于咨询项目总负责人与委托人人员对接，代表受托人履行咨询服务合同。认定咨询项目总负责人执业资格时应注意，根据项目服务内容和范围，结合招标文件的规定，可以是取得工程建设类注册执业资格（如：具有注册造价工程师、注册监理工程师、注册建造师、注册建筑师、注册结构工程师及其他设计注册工程师执业资格）或具有工程类、工程经济类高级职称并具有类似工程经验的人员承担，法律或委托人的招标文件有相关规定的从其规定。

合同当事人应在合同协议书第三条［委托人代表与咨询项目总负责人］部分与专用合同条款第 3.2 款［咨询项目总负责人］部分明确咨询项目总负责人的身份信息与职业信息，以及受托人对咨询项目总负责人的授权范围。合同当事人在签订合同时应重点审查对咨询项目总负责人的授权范围、期限、权限等的约定，避免因约定不明导致在合同履行过程中双方对咨询项目总负责人的权限或履约过程的相关行为是否有权代表受托人产生争议。

【法条索引】

《关于推进全过程工程咨询服务发展的指导意见》第五条 （四）加强咨询人才队伍建设和国际交流。咨询单位要高度重视全过程工程咨询项目负责人及相关专业人才的培养，加强技术、经济、管理及法律等方面的理论知识培训，培养一批符合全过程工程咨询服务需求的综合型人才，为开展全过程工程咨询业务提供人才支撑。鼓励咨询单位与国际著名的工程顾问公司开展多种形式的合作，提高业务水平，提升咨询单位的国际竞争力。

3.2.2　受托人需要更换咨询项目总负责人的，应在专用合同条款约定的期限内提前书面通知委托人，并征得委托人书面同意。受托人擅自更换咨询项目总负责人的，应按照专用合同条款的约定承担违约责任。

【条款目的】

本条款是关于受托人更换咨询项目总负责人程序及受托人擅自更换咨询项目总负责人后果的约定。

【条款释义】

为保证咨询服务顺利进行，受托人原则上应保证咨询服务机构和团队的稳定性，尤其是咨询项目总负责人是委托人选定受托人提供咨询服务重要的参考因素或评标要素之一，因此原则上受托人不应更换咨询项目总负责人。但实践中当出现原来咨询项目总负责人身体健康原因或离职等因素，受托人不得不更换咨询项目总负责人。本条规定更换咨询项目总负责人需要满足一定的程序要求：一是需要在合同约定的期限内提前通知委托人，二是需要委托人的书面同意。若不满足上述程序要求，受托人擅自更换咨询项目总负责人的，需要按照合同约定承担相应的违约责任。

【使用指引】

咨询项目总负责人是经过合同双方当事人协议选定的，为保障咨询服务项目的顺利完成，一经选定不宜进行更换。合同当事人使用本条款时应注意，签订合同时可以在专用合同条款第3.2.2项［受托人更换咨询项目总负责人的其他情形］中约定受托人可以更换咨询项目总负责人的情形。

受托人更换咨询项目总负责人的，应将更换后的项目总负责人信息及授权及时书面通知委托人，如若未通知或未及时通知，其间委托人就合同履行行为向原咨询项目总负责人发出的指示、指令、通知等视为已经送达到受托人。

3.2.3　委托人有权书面通知受托人更换不称职的咨询项目总负责人，通知中应当载明要求更换的理由。受托人无正当理由拒绝更换咨询项目总负责人的，应按照专用合同条款约定承担违约责任。

【条款目的】

本条款是关于委托人有权更换咨询项目总负责人的约定。

【条款释义】

咨询项目总负责人在受托人授权范围内组织相关资源和要素提供咨询服务，对咨询合同履行及其质量起着至关重要的作用，所以当委托人有理由认为受托人的咨询项目总负责人不称职时，有权要求受托人更换。但为了避免委托人随意提出更换要求或出于其他不正当利益考虑，本条款规定委托人应向受托人发出书面通知，并应在书面通知载明要求更换的理由，该理由应客观真实公正，且有相应依据支撑。受托人如认为委托人更换理由不正当的，可以提出异议与委托人进行充分沟通，当受托人有理由认为咨询项目总负责人的行为或履约行为对咨询服务合同履行或委托人有利时，可以提出不予更换，并说明理由和依据。但如果受托人没有正当理由，拒绝更换不称职的咨询项目总负责人的，应按合同约定承担违约责任。

【使用指引】

委托人更换咨询项目总负责人的，应提前向受托人发出书面通知，为保障咨询服务合同履行顺利避免受阻，双方应在专用合同条款中约定更换咨询项目总负责人的提前通知期限，以便受托人准备相应符合资格要求的人选供委托人确定，同时委托人需要在通知中载明更换的理由。更换的理由可以是咨询项目总负责人不称职的行为以及该行为给委托人造成的不利影响等。

3.3 咨询人员

3.3.1 咨询人员包括咨询项目总负责人及其他由受托人配备和派遣，提供咨询服务的人员。受托人应按照合同约定，根据咨询服务需求配备和派遣具备相应能力和经验的各专项咨询负责人，以及其他专业技术人员和管理人员。双方应在专用合同条款中明确各专项咨询负责人的基本信息及授权范围等事项。

【条款目的】

本条款是关于受托人配备的咨询人员的一般性约定。

【条款释义】

咨询人员是受托人为履行本合同项目咨询服务所配备的专业人员，包括咨询项目总负责人、各专项咨询负责人以及其他专业技术人员和管理人员，受托人应结合招标投标文件和合同约定，根据咨询服务内容和范围配置相应咨询人员，并对项目总负责人和专项咨询负责人等重要岗位的咨询人员的信息和权限在合同中进行约定。

【使用指引】

除了咨询项目总负责人，受托人还应根据咨询服务项目的特点，配置专项咨询负责人以及其他各类专业技术人员和管理人员。各类专业的咨询人员的选任条件需要与其所提供的服务内容相匹配，并符合招标投标文件及合同的约定。

对于各类专业咨询人员的具体选任要求，可以参考各省份发布的规范性文件，例如《吉林省推进房屋建筑和市政基础设施工程全过程咨询服务的实施意见》中要求全过程工程咨询服务中承担投资决策综合性咨询、勘察、设计、监理或造价咨询业务的负责人，应具有法律法规规定的相应执业资格。

【法条索引】

《建设工程勘察设计管理条例》第九条　国家对从事建设工程勘察、设计活动的专业技术人员，实行执业资格注册管理制度。未经注册的建设工程勘察、设计人员，不得以注册执业人员的名义从事建设工程勘察、设计活动。

【案例分析】

【案例】达华集团北京中达联咨询有限公司（以下简称达华公司）与江苏丰源热电有限公司（以下简称丰源公司）建设工程监理合同纠纷

一审：江苏省盐城市大丰区人民法院（2017）苏 0982 民初 5900 号

二审：江苏省盐城市中级人民法院（2020）苏 09 民终 1107 号

【案情摘要】

2011 年 3 月 3 日，丰源公司与达华公司签订了《江苏丰源热电有限公司 $2 \times 280t/h + 4 \times 520t/h$ 锅炉发电机组公共供热中心工程监理合同》，约定由达华公司承担丰源公司 $2 \times 280t/h + 4 \times 520t/h$ 安装工程的设计、设备安装及调试的全过程建设监理服务。上述合同签订后，达华公司即按约定组织人员进场提供监理服务。现因双方对达华公司主张增加的监理费及违约责任的承担未达成一致意见而诉至法院。

【裁判要点】

一审法院认为，丰源公司抗辩因达华公司未能提供合同约定的监理工作人员，应扣减相应的监理费用，根据双方签订的监理合同约定，监理单位的投标文件是组成合同的一部分，且"监理单位人员的配备应保证设计、施工、调试阶段各专业均有足够的数量，且人员年龄结构合理，工作经验丰富；除非项目法人提出，监理单位不得撤换投标文件中确定的总监、副总监与主要监理人员"，达华公司已在其投标文件中明确了在本案所涉工程中配备的监理人员人数及各自具体的姓名、执业资格等，其即应按照该人员配备明细载明内容安排相关人员到场实施相关工作，达华公司在丰源公司未提出要求，双方亦未就人员的调整达成一致意见的情况下，擅自变更监理人员数量，且未按照投标文件所附明细上指定的工作人员配备相应执业资格的现场监理人员，故一审法院对丰源公司要求对监理费予以扣减的抗辩意见应予采纳。

二审法院认为，国家发展和改革委员会、建设部 2007 年印发的《建设工程监理与相关服务收费管理规定》第十一条规定，由于监理人原因造成监理与相关服务工作量增加的，发包人不另行支付监理与相关服务费用。监理人提供的监理与相关服务不符合国家有关法律、法规和标准规范的，提供的监理服务人员、执业水平和服务时间未达到监理工作要求的，不能满足合同约定的服务内容和质量等要求的，发包人可按合同约定扣减相应的监理与相关服务费用。本案中，约定总监理人数 25 人，实际总监理人数 12 人，应扣减相应的费用。因双方并未约定监理人提供的监理服务人员、执业水平和服务时间未达到监理工作要求的，发包人按何比例扣减相应的监理与相关服务费用，故本院结合达华公司未完成设计监理工作量、提供的监理人员与合同约定不符的情形，酌情认定丰源公司向达华公司按照合同约定的 80％ 支付合同期内及合同期外的监理费用。

【案例评析】

咨询人作为受托人应当根据咨询服务合同之约定配备和派遣相应数量、执业资格的咨询服务人员，对于咨询服务合同中委托人明确要求的咨询服务人员之数量及相应资质，咨询人未按要求提供的，应当承担委托人扣减服务费用、向委托人赔偿相应损失等法律后果。

3.3.2 受托人应按照专用合同条款的约定，根据项目管理需要配备和派遣能胜任本职工作及具备相应能力和经验、满足法律法规规定的相应执业资格的各专项咨询负责人，以及其他专业技术人员和管理人员。对于已包含在投标文件、非招标项目响应文件和本合同中的咨询人员，除委托人明确提出异议外，均应视为已被委托人认可。合同履行过程中，受托人委派的咨询人员应相对稳定，以保证咨询服务工作的顺利进行。受托人更换专项咨询负责人、有执业资格要求的主要咨询人员时，应提前 7 天书面通知委托人，征得委托人书面同意后，方可以同等资格和能力的人员替代。受托人擅自更换咨询人员，应按照专用合同条件约定承担违约责任。委托人对于受托人咨询人员的资格或能力有异议的，受托人应提供资料证明被质疑人员有能力完成其岗位工作或不存在委托人所质疑的情形。委托人指示撤换不能按照合同约定履行职责及义务的咨询人员的，受托人应撤换。受托人无正当理由拒绝撤换的，应按照专用合同条款的约定承担违约责任。

【条款目的】

本条款是关于受托人配备及更换专项咨询负责人、其他专业技术人员和管理人员的相关约定。

【条款释义】

专项咨询负责人、有执业资格要求的主要咨询人员的更换条件与更换程序应当满足合同约定。

第一，受托人派遣的各专项咨询负责人、专业技术人员和管理人员应当考虑并满足以下条件：胜任本职工作、具备相应能力和经验、满足法律法规规定的相应执业资格。

第二，投标文件、非招标项目响应文件作为要约，经受要约人承诺，对双方当事人产生约束力。所以，针对投标文件、非招标项目响应文件及合同附件中列明的受托人所派遣安排的咨询人员名单，若委托人没有明确提出异议，就视为委托人已经认可，同时受托人实际派遣提供咨询服务人员也应与投标文件、响应文件、合同保持一致。

第三，若受托人派遣的咨询人员在提供咨询服务过程中，委托人对其执业资格和能力存疑，且当委托人质疑时，受托人应提供资料证明被质疑人员有能力完成其岗位工作或不存在委托人所质疑的情形。

第四，关于更换专项咨询负责人、主要咨询人员的程序。合同履行过程中，受托人委派的咨询人员应相对稳定，以保证咨询服务工作的顺利进行，受托人不得擅自更换专项咨询负责人、有执业资格要求的主要咨询人员。受托人需要更换专项咨询负责人、有执业资格要求的主要咨询人员时，应提前七天书面通知委托人，征得委托人书面同意后，应以同等资格和能力的人员替代。

第五，若委托人指示撤换不能按照合同约定履行职责及义务的咨询人员的，受托人应撤换。受托人无正当理由拒绝撤换的，应按照专用合同条款的约定承担违约责任。受托人擅自更换咨询人员，也应按照专用合同条款约定承担违约责任。

【使用指引】

咨询人员的信息由合同双方当事人约定在专用合同条款中，为了咨询服务项目的顺利完成，一经选定不宜进行更换。

合同当事人应在本合同专用合同条款第 3.3 款［咨询人员］部分详细填写各专项咨询负责人的身份信息与职业信息，以及受托人对各专项咨询负责人的授权范围等。已经在合同文件中明确的咨询人员的具体信息和授权范围，对双方具有约束力。

实践中经常会出现受托人在投标文件或合同中约定相应咨询人员后，在履约过程中未经业主同意随意更换，或对业主要求更换的不合格咨询人员不予配合，但因为合同中仅约定受托人的禁止行为，没有约定相应的违约责任，导致受托人不诚信行为发生，由此合同当事人适用该条时应注意，在本合同专用合同条款第 3.3.2 项约定受托人擅自更换咨询人员、无正当理由拒绝撤换咨询人员的违约责任。

3.3.3 受托人认为其咨询人员的健康或安全保障可能受到正在发生的不可抗力或双方在专用合同条款中约定的其他事件的影响的，受托人有权在将相应事件告知委托人后，暂停全部或部分咨询服务，直至不可抗力或其他事件影响消失。

【条款目的】

本条款是关于咨询人员的健康与安全保障受到影响时有权暂停全部或部分咨询服务的约定。

【条款释义】

咨询人员的健康和安全权永远是重要的，该权利的保护应高于咨询服务合同所赋予受托人的所有责任和义务，因此本条款就咨询服务合同履行期间发生危及咨询人员健康或安全的事件时，对受托人暂停服务的权利进行了约定。当受托人认为咨询人员的健康或安全保障可能受到正在发生的不可抗力或双方在专用合同条款中约定的其他事件影响的，有权暂停提供咨询服务。但是在暂停服务前，受托人需履行告知义务，此种情况下并不要求该暂停或告知需征得委托人同意。本条款中的不可抗力指的是合同当事人在签订合同时不可预见，在合同履行过程中不可避免且不能克服的自然灾害和社会性突发事件，例如地震、海啸、瘟疫、骚乱、戒严、暴动、战争和专用合同条款中约定的其他情形。此外，本条款要求不可抗力发生的时间是正在发生。本条款约定的受托人暂停提供服务的时限仅限于影响持续时期，一旦影响消失，受托人应立即恢复提供咨询服务。

【使用指引】

合同当事人在签订本合同时，应注意在本合同专用合同条款第 3.3.3 项[受托人认为将使其咨询人员的健康或安全保障受到影响的其他事件]中约定的受托人可停止服务的不可抗力以外的事件。

【法条索引】

《民法典》第一百八十条　因不可抗力不能履行民事义务的，不承担民事责任。法律另有规定的，依照其规定。不可抗力是不能预见、不能避免且不能克服的客观情况。

3.4　委托其他咨询单位实施咨询服务

3.4.1　未经另一方书面同意，任何一方均不得转委托其合同义务。

【条款目的】

本条款旨在明确咨询服务合同不得擅自转委托。

【条款释义】

咨询服务合同的权利义务带有明显主体身份属性特征，委托人通常为项目建设单位，按照法律规定其应当是项目用地、规划、施工许可等前期审批立项的主体，相应的权利和义务带有明显身份属性。而受托人更是如此，其承担的咨询服务权利义务是基于招标投标或合同约定，与其资格资质、能力、人员配置密切相关，这就要求合同双方没有特别情形或法律规定，不应在签约后随意转委托其合同义务。考虑到根据《民法典》等法律规定，权利转让无须征求对方同意，只需要通知到对方，所以本款限制的是合同一方当事人的义务转委托。

【使用指引】

合同当事人在使用本条款时应注意，《民法典》的转委托是指受托人把本应由自己亲自处理的委托事务或部分事务交给他人处理的行为。2017 年版FIDIC 白皮书第 1.6.1 项规定："未经另一方事先书面同意，客户和咨询工程师（单位）任何时候均不得转让协议书的利益。不得无故拒绝或延迟此类同意"。第1.6.2项规定："未经另一方书面同意，客户和咨询工程师（单位）均不得转让协议书规定的义务"。

参照《民法典》规定与国际惯例，本条款禁止的是双方当事人将合同中约定的各自的义务擅自转让给第三方的行为。若当事人一方经对方同意，则可以将自己在合同中的义务转让给第三人，但受托人转让合同权利义务应受到本合同通用合同条款第3.4.2项限制。

【法条索引】

《民法典》第五百五十一条 债务人将债务的全部或者部分转移给第三人的，应当经债权人同意。债务人或者第三人可以催告债权人在合理期限内予以同意，债权人未作表示的，视为不同意。

3.4.2 受托人不得将其承担的全部咨询服务整体委托给第三方实施。

【条款目的】

本条款是关于禁止受托人将其咨询服务全部转由第三人实施的约定。

【条款释义】

委托人基于对受托人专业程度、资信情况等方面的考虑选定受托人为本合同项目提供咨询服务。受托人将其咨询服务全部转由第三人实施的话，违背了诚实信用原则，应当予以禁止。同时，考虑到全过程咨询服务合同特性，尤其是其中含有勘察设计和监理服务，根据勘察设计和监理的相关法律法规规定，禁止承包人或受托人将其合同项下勘察设计或监理服务转让，因此本条款规定禁止受托人将其承担的全部咨询服务整体委托给第三方，但是结合本合同通用合同条款第3.4.3项经委托人同意，受托人可以将自有资质证书许可范围外的业务依法委托给其他咨询单位实施。

【使用指引】

合同当事人使用本条款应当注意，结合本合同通用合同条款第3.4.1项规定进行理解，即便经过委托人同意，受托人也不应将其承担的全部咨询服务整体委托给第三方实施，所以当事人不能仅依据本合同通用合同条款第3.4.1项去推断经过委托人同意，受托人可以转委托其全部咨询服务。

【法条索引】

《建设工程质量管理条例》第十八条 从事建设工程勘察、设计的单位应当依法取得相应等级的资质证书，并在其资质等级许可的范围内承揽工程。禁止勘察、设计单位超越其资质等级许可的范围或者以其他勘察、设计单位的名义承揽工程。禁止勘察、设计单位允许其他单位或者个人以本单位的名义承揽工程。勘察、设计单位不得转包或者违法分包所承揽的工程。

《建设工程质量管理条例》第三十四条　工程监理单位应当依法取得相应等级的资质证书，并在其资质等级许可的范围内承担工程监理业务。禁止工程监理单位超越本单位资质等级许可的范围或者以其他工程监理单位的名义承担工程监理业务。禁止工程监理单位允许其他单位或者个人以本单位的名义承担工程监理业务。工程监理单位不得转让工程监理业务。

3.4.3　受托人可按专用合同条款约定或经委托人书面同意，将自有资质证书许可范围外的咨询服务依法依规择优委托给具有相应资质或能力的其他咨询单位实施。

【条款目的】

本条款是关于受托人将部分咨询服务工作对外委托的相关约定。

【条款释义】

结合全过程咨询服务特性，其咨询服务内容包括工程报批报建、工程勘察设计管理、工程勘察设计服务、工程造价咨询、工程招标采购咨询、施工项目管理和工程监理服务及其他专项咨询，再结合相关文件及咨询服务合同对受托人的资质进行要求，实践中受托人并不需要具备招标服务内容的全部资质，因此其中标或签约后，对于不具备资质部分或一些辅助咨询工作，参照《民法典》承揽合同的规定，可依法委托给有相应资质或能力的其他单位实施，但是该委托应该在咨询服务合同中有约定或取得委托人的书面同意。

【使用指引】

合同当事人应在本合同专用合同条款第 3.4 款［委托其他咨询单位实施咨询服务］中对允许受托人委托其他咨询单位实施的服务内容作出具体的约定。受托人不得将其承担的全部咨询服务整体委托给第三方实施，仅允许其在征得委托人同意的前提下将部分咨询服务转委托给具备相应资质的其他咨询服务单位。同时要注意的是，全过程咨询服务单位应当自行完成自有资质证书许可范围内的业务，即便经过业主同意也不得委托其他单位实施其自有资质证书许可范围内的业务。

【法条索引】

《民法典》第七百七十三条　承揽人可以将其承揽的辅助工作交由第三人完成。承揽人将其承揽的辅助工作交由第三人完成的，应当就该第三人完成的工作成果向定作人负责。

《关于推进全过程工程咨询服务发展的指导意见》（发改投资规〔2019〕515号）第三条第（三）款　全过程咨询服务单位应当自行完成自有资质证书许可范围内的业务，在保证整个工程项目完整性的前提下，按照合同约定或经建设单位同意，可将自有资质证书许可范围外的咨询业务依法依规择优委托给具有相应资质或能力的单位，全过程咨询服务单位应对被委托单位的委托业务负总责。

3.4.4　委托人同意受托人将部分咨询服务交由其他咨询单位完成的，不减轻或免除受托人就该部分咨询服务应承担的责任和义务。受托人仍应对该部分咨询服务负总责，就其他咨询单位的行为、疏忽和违约承担相应责任。

【条款目的】

本条款是关于受托人将部分咨询服务转委托并不免除也不减轻其责任和义务的约定。

【条款释义】

咨询服务的主要工作原则上应当由受托人亲自完成，因主要工作关系到本合同目的的实现，可以是对咨询服务成果的质量起决定性作用的部分，也可以是占咨询服务成果大部分数量的工作。根据《关于推进全过程咨询服务发展的指导意见》和本合同通用合同条款第3.4.3项在合同有约定或经过委托人同意后，受托人可以将自有资质证书许可范围外的咨询服务委托给其他咨询单位实施，但考虑到咨询服务工作的完整性及咨询服务合同是基于委托人对受托人信任签署，参照《民法典》承揽合同的规定，受托人不能因将部分咨询服务委托给其他单位实施，而免除或减轻这部分咨询服务的责任和义务，否则背离了委托人的合同目的和咨询服务合同的约定。因此，本条款规定即便委托人将部分咨询服务委托其他单位实施，不减轻也不免除受托人对该部分咨询服务的责任和义务，受托人仍应当就咨询服务合同的约定的全部内容和范围负总责，并对接受部分咨询服务委托的其他单位的履约行为向委托人承担责任。

【使用指引】

委托人同意受托人将部分咨询服务转由其他咨询单位完成的，并非法律上的转委托，并不适用《民法典》转委托的相关规定，受托人不能以转委托为由主张对转委托事项不承担或减轻责任。本条款规定应参考《民法典》第七百七十三条关于承揽合同中承揽人将部分工作交由第三人完成后的责任承担的规定，受托人并不因将部分咨询服务转交由其他咨询单位完成而免责或减轻责任，仍需对这部分工作负责，对其他咨询单位在提供咨询服务时出现的过失或其他违约行为负责。

【法条索引】

《民法典》第七百七十三条　承揽人可以将其承揽的辅助工作交由第三人完成。承揽人将其承揽的辅助工作交由第三人完成的，应当就该第三人完成的工作成果向定作人负责。

3.5　联合体

3.5.1　受托人为联合体的，联合体各方应共同与委托人签订合同。

【条款目的】

本条款是关于联合体作为受托人应共同与委托人签订合同的相关约定。

【条款释义】

采用联合体模式的，不管联合体成员有几家，在法律上其共同为投标人、中标人，在合同主体上联合体各方为共同的一方主体，各联合体成员应共同作为受托人一方与委托人签订合同，而不能分别与委托人签订合同，也不能作为合同多方主体与委托人签订合同。

【使用指引】

工程建设全过程咨询的受托人需要具备丰富的跨学科知识储备以及工程实践经验，在工程建设全过程咨询过程中受托人需要采用多种服务方式相配合的模式为委托人提供服务，因此对受托人的技术、专业范围和服务能力要求很高。导致实践中往往采取联合体的方式，由数家咨询企业共同组成联合体与委托人签订全过程咨询服务合同，这样才能充分发挥联合体各方专业和分工的优势。在适用本条款时需要注意，受托人为联合体共同与业主签订合同，在法律上除了体现为联合体各方共同作为乙方与委托人签订合同外，实践中也可以是联合体各方授权牵头人代表联合体各方与委托人签订合同。

【法条索引】

《国家发展改革委、住房城乡建设部关于推进全过程工程咨询服务发展的指导意见》第二条 （二）规范投资决策综合性咨询服务方式。投资决策综合性咨询服务可由工程咨询单位采取市场合作、委托专业服务等方式牵头提供，或由其会同具备相应资格的服务机构联合提供。牵头提供投资决策综合性咨询服务的机构，根据与委托方合同约定对服务成果承担总体责任；联合提供投资决策综合性咨询服务的，各合作方承担相应责任。鼓励纳入有关行业自律管理体系的工程咨询单位发挥投资机会研究、项目可行性研究等特长，开展综合性咨询服务。投资决策综合性咨询应当充分发挥咨询工程师（投资）的作用，鼓励其作为综合性咨询项目负责人，提高统筹服务水平。

3.5.2 联合体各方应在签订合同协议书前向委托人提交联合体协议，并在其中约定联合体的牵头人和各成员工作分工、权利、义务、责任，经委托人确认后作为合同附件。在合同履行过程中，未经委托人同意，不得修改联合体协议、变更联合体成员、各成员履行的咨询服务及联合体的法律性质。

【条款目的】

本条款是关于受托人联合体协议及其修改变更的相关约定。

【条款释义】

本条款结合全过程咨询服务内容特性，对受托人以联合体方式承接咨询业务并履行合同时的联合体协议进行了规定：

首先，联合体各方应签订联合体协议且联合体协议应在投标前（招标投标项目）或签订合同前（非招标项目）签订并提交给委托人，如果是受托人中标后，再与其他咨询单位签订联合体协议的，实际上将构成将所承担的咨询服务委托给其他咨询单位实施，而非法律上的联合体协议；

其次，联合体协议经委托人确认后应作为投标文件和合同的组成部分，联合体协议应约定牵头人及对其授权，并明确联合体各成员方的咨询服务分工和相应权利义务和责任；

最后，虽然联合体协议形成于联合体各方当事人之间，但其约定事项与委托人及提供的咨询服务密切相关，为了保护委托人及咨询服务项目利益，本条款明确在咨询服务合同履行过程中，未经委托人同意，联合体各方不得修改联合体协议、变更联合体成员、各成员履行的咨询服务及联合体的法律性质。

【使用指引】

联合体成员应当在联合体协议中明确各自的分工,包括各自承担的工作范围以及费用收取、发票开具等程序性事项,还需要明确联合体之间的权利和义务。联合体协议经委托人认可后作为合同附件,与委托合同协议书具有相同的法律效力。联合体各成员应相互配合全面履行与委托人签订的合同,未经委托人同意,联合体内部都无权修改联合体协议,也无权随意变更联合体成员和各成员的权利、义务和分工。实践中还要注意的是,联合体之间如果修改联合体协议或变更联合体成员、各成员履行的咨询服务及联合体的法律性质,除了需要征得委托人同意外,还需要同时遵守《招标投标法》等相关法律法规对联合体的强制性规定,比如变更联合体成员,法律上明确规定联合体组建后成员不得变更。

【法条索引】

《国家发展改革委、住房城乡建设部关于推进全过程工程咨询服务发展的指导意见》第三条 (二)探索工程建设全过程咨询服务实施方式。工程建设全过程咨询服务应当由一家具有综合能力的咨询单位实施,也可由多家具有招标代理、勘察、设计、监理、造价、项目管理等不同能力的咨询单位联合实施。由多家咨询单位联合实施的,应当明确牵头单位及各单位的权利、义务和责任。要充分发挥政府投资项目和国有企业投资项目的示范引领作用,引导一批有影响力、有示范作用的政府投资项目和国有企业投资项目带头推行工程建设全过程咨询。鼓励民间投资项目的建设单位根据项目规模和特点,本着信誉可靠、综合能力和效率优先的原则,依法选择优秀团队实施工程建设全过程咨询。

《招标投标法实施条例》第三十七条第二款 如果招标人接受联合体投标并进行资格预审,联合体应在提交资格预审申请文件之前组成。如果联合体在资格预审后增加或减少或更换成员,投标将无效。

3.5.3 联合体各方应根据法律法规规定和合同约定向委托人承担相应责任,并应在专用合同条款中明确联合体各方为履行合同应向委托人承担责任的方式。专用合同条款中未约定的,联合体各方应向委托人承担连带责任。

【条款目的】

本条款是关于联合体各单位责任形式的相关约定。

【条款释义】

根据法律规定联合体各方应对招标人或采购人承担连带责任，但从民商事法律角度而言，法律并没有排除联合体各方可以与招标人或采购人就责任承担方式作出特别约定。本条款考虑了全过程咨询服务内容特性，联合体之间提供的咨询服务可能存在明显区分，比如全过程咨询中的勘察设计咨询和监理服务，比如监理服务和造价咨询等，由此允许联合体各方作为受托人在合同专用合同条款中与委托人约定联合体各方对委托人承担责任的方式。在未约定联合体各单位对委托人的责任承担方式的情况下，联合体各方应根据法律规定向委托人承担连带责任。

【使用指引】

在国内建筑业示范文本中鲜有对联合体可以与合同相对方约定承担责任的，在全过程咨询服务合同中之所以出现这个条款，主要是考虑全过程咨询所包含的各项咨询服务内容的服务范围边界的可分性，咨询主体作为轻资产行业的风险承担能力较低，各方当事人尤其是受托人应充分理解运用本条款，在专用合同条款中争取区分联合体的责任承担方式，明确自身的分工，减少履约过程的风险。在联合体对委托人的责任形式没有特别约定的情况下，联合体各方应向委托人承担连带责任，联合体内部责任分担的原则是按份承担，各方联合体按照联合体协议约定的份额分担；在没有约定责任份额时可以按照各自的过错确定各自责任的大小；在无法确定各自责任大小时，可以按照《民法典》第一百七十八条的规定，平均承担责任。

【法条索引】

《建筑法》第二十七条　大型建筑工程或者结构复杂的建筑工程，可以由两个以上的承包单位联合共同承包。共同承包的各方对承包合同的履行承担连带责任。

《招标投标法》第三十一条　两个以上法人或者其他组织可以组成一个联合体，以一个投标人的身份共同投标。联合体各方均应当具备承担招标项目的相应能力；国家有关规定或者招标文件对投标人资格条件有规定的，联合体各方均应当具备规定的相应资格条件。由同一专业的单位组成的联合体，按照资质等级较低的单位确定资质等级。联合体各方应当签订共同投标协议，明确约定各方拟承担的工作和责任，并将共同投标协议连同投标文件一并提交招标人。联合体中标的，联合体各方应当共同与招标人签订合同，就中标项目向招标人承担连带责任。招标人不得强制投标人组成联合体共同投标，不得限制投标人之间的竞争。

《民法典》第一百七十八条 二人以上依法承担连带责任的，权利人有权请求部分或者全部连带责任人承担责任。连带责任人的责任份额根据各自责任大小确定；难以确定责任大小的，平均承担责任。实际承担责任超过自己责任份额的连带责任人，有权向其他连带责任人追偿。连带责任，由法律规定或者当事人约定。

3.5.4 委托人向联合体各方支付服务费用的方式及其他关于联合体的约定应在专用合同条款中约定。

【条款目的】

本条款是关于提示委托人和受托人应在专用合同条款中对费用支付及其他事项进行明确的相关约定。

【条款释义】

考虑到全过程咨询服务所包含服务内容较多，且不同的服务内容的计价方式和费用支付也不同，比如勘察设计服务费通常按照受托人提交该阶段咨询服务成果初稿、委托人审核、政府或第三方机构审核、施工配合、结算等环节按比例支付。基于不同服务事项的特性，较难在通用合同条款中对各项服务的费用支付方式及比例统一约定，所以本条款规定委托人向联合体各方的费用支付方式，由双方在专用合同条款中进行约定。同时对于其他相关的事项，比如联合体各方履约保函开具、服务费用发票开具等其他联合体之间需要约定的事项，也应在专用合同条款中进行明确。

【使用指引】

合同当事人应在专用合同条款第6条中，对联合体的服务费用进行详细约定。提示当事人注意的是，国家税收体系由营业税改为增值税后，全过程咨询服务所需费用均应开具增值税发票，委托人和受托人在约定服务费用支付方式的同时，要结合增值税发票"三流一致"综合考虑，以避免产生税务上的风险。另外，联合体实施咨询服务情况比较复杂，建议联合体各方当事人在专用合同条款或联合体协议中对于各自分工、权利义务边界、责任、相互配合、咨询服务机构组建、人员配置等事项作出约定。

第 4 条　咨询服务要求及成果

4.1　咨询服务依据

4.1.1　委托人应根据合同约定，向受托人提供与咨询服务有关的资料和信息。委托人提供上述资料和信息超过约定期限，导致服务开支增加和（或）服务期限延长的，由委托人承担责任。

【条款目的】

本条款是对委托人为受托人提供咨询服务成果依据的期限及其责任承担的规定，旨在明确委托人提供相关资料和信息的义务及应承担的责任。

【条款释义】

其一，本条款规定了委托人在咨询服务依据的提供中应承担的义务，即应及时提供与咨询服务有关的资料和信息，这是受托人履行咨询服务义务的基础，直接影响到咨询服务成果完成并提交的期限和质量。

其二，若委托人怠于履行该项义务，给受托人提供咨询服务带来不便，从而导致受托人的服务开支增加，或者未在规定期限内完成服务内容的，由委托人承担增加的开支和（或）服务期限延长的责任，且不得以受托人未在规定期限内完成服务内容为由主张受托人违约，这种情况下受托人享有履约抗辩权。

【使用指引】

合同当事人在使用本条款时应注意以下事项：

第一，双方在进行磋商及签订合同时，委托人与受托人应明确应提供的资料和信息的范围，并明确前述材料交接的时间、地点、方式、接收人员等，明确各方责任。

第二，咨询服务依据应包括法律法规、政策文件、规范、标准等通用类依据，还应包括委托人与其相对方签订的工程合同、招标投标文件、设计文件、工程服务类合同及其他委托人已经取得或应当取得受托人提供咨询服务所需的资料和信息等。

第三，除双方在合同中另有约定外，委托人应对其提供的资料和信息的真实性、准确性、完整性负责。

【法条索引】

《民法典》第八百七十九条　技术咨询合同的委托人应当按照约定阐明咨询的问题，提供技术背景材料及有关技术资料，接受受托人的工作成果，支付报酬。

《建设工程质量管理条例》第九条　建设单位必须向有关的勘察、设计、施工、工程监理等单位提供与建设工程有关的原始资料。原始资料必须真实、准确、齐全。

【案例分析】

【案例】福建宏电工程造价咨询有限公司（以下简称宏电公司）与福建华灿制药有限公司（以下简称华灿公司）承揽合同纠纷

二审：福建省三明市中级人民法院（2018）闽04民终437号

【案情摘要】

2014年6月9日，华灿公司（委托人）与宏电公司（咨询人）签订《建设工程造价咨询合同》，主要约定："3. 委托人义务：委托人应当在约定的时间内，免费向咨询人提供与本项目咨询业务有关的资料。8. 委托人应提供的建设工程造价咨询材料及提供时间：按合同附件送审的每一单项工程竣工结算资料包括：竣工图、设计变更资料、现场签证资料、工程结算书、工程量计量书、钢筋抽筋表、甲供材料清单及其他应当提供的资料的原件等。每一单项工程竣工结算书面资料应提供一式三份及软件版（工程结算书、工程量计量书、钢筋抽筋表）电子文档一套。必须提供华灿制药厂一期土建工程所有的施工合同、补充协议的原件，以及专业分包的施工合同原件，并于2014年6月9日前全部结算资料按要求提供完毕。委托人应在5日内对咨询人书面提交并要求作出答复的事宜作出书面答复"。

【裁判要点】

一审法院并未考虑华灿公司未按宏电公司要求时间提供完整资料，导致宏电公司未能在合同约定的时间完成工作，宏电公司可以顺延履行期限的实际情况，在确定宏电公司已履行合同约定60%工作量的基础上，又以合同目的无法实现为由，在未能认定违约造成损失数额的情况下，直接大幅扣减合同对价

（审核费），酌定华灿公司支付宏电公司审核费 120000 元于法无据，有失公允，处理结果不当，应予以纠正。

【各方观点】

宏电公司：宏电公司与华灿公司签订的《建设工程造价咨询合同》中明确约定了双方的权利义务，合同约定华灿公司应在约定的时间按照宏电公司的要求提供工程竣工结算所需资料，其中就包含了应提供资料原件等各种材料。华灿公司未按宏电公司的要求在规定的时间提供完整资料（宏电公司于 2014 年 6 月 23 日、2014 年 8 月 8 日、2014 年 8 月 20 日、2014 年 9 月 17 日、2014 年 10 月 13 日发函催告华灿公司提交工程造价审核所需的部分材料），导致宏电公司未在合同约定的时间完成工作，按上述法律规定，宏电公司可以顺延履行期限。

华灿公司：宏电公司未依约按时提交成果。一审法院认定原被告签订的《建设工程造价咨询合同》合法有效，那么根据合同约定，宏电公司应在约定的期限内（合同第一部分约定的自实施日起满三个月终结，即 2014 年 9 月 9 日前）向华灿公司提交正式的咨询报告，但宏电公司未能按合同约定期限提交审核报告，而是在 2014 年 10 月 27 日提交不符合规范的初审报告。初审报告的提交已经严重超过约定期限，宏电公司的行为已构成违约，导致合同目的无法实现，应当承担相应的责任。

【案例评析】

本案是关于造价咨询合同纠纷中，委托人怠于提交基础资料时，受托人是否可以顺延履行的纠纷。本案中，一审法院认为委托人未按时提交基础资料时，应就审核结果的迟延交付负次要责任，未尽审核义务的受托人负主要责任。二审法院认为，委托人未按时提交基础资料的，应就合同的迟延履行负主要责任。

从该起案件可知，提交基础资料作为委托人的一项义务，委托人应当谨慎履行，未按时提交基础资料，导致服务期限延迟的，委托人应承担责任。

4.1.2 委托人应对所提供资料和信息的真实性、准确性、合法性与完整性负责。委托人未按照合同约定提供必要的资料和信息，影响服务成果质量或导致服务开支增加和（或）服务期限延长的，由委托人承担责任。

【条款目的】

本条款是委托人应对所提供的资料和信息的真实性、准确性、合法性与完整性承担责任的规定。

【条款释义】

其一，本条款明确了"谁提供谁负责"的原则，即委托人提供的资料和信息应真实、准确，不存在虚假记载及误导性陈述，形式和内容应符合法律的规定，并应完整提供受托人完成咨询服务所需的全部材料。

其二，若委托人怠于履行该项义务，提供的资料和信息不及时或有瑕疵，给受托人提供咨询服务带来不便，从而导致受托人的服务质量降低或服务开支增加，或未在规定期限内完成咨询服务内容的，由委托人承担增加的开支和服务期限延长的责任，委托人不得以受托人的服务成果质量不佳或未在规定期限内完成咨询服务内容为由主张受托人违约。

【使用指引】

合同当事人在使用本条款时应注意以下事项：

第一，真实性是指委托人提供的资料和信息应该实事求是、客观准确，不得为了取得对其有利的咨询成果而隐瞒真相。准确性是指委托人提供的资料和信息应做到内容清楚真实，数字计算准确，签字手续齐全。合法性是指委托人提供的资料和信息的内容和形式应符合国家的有关标准规范规定。完整性是指委托人提供的资料应包含咨询服务所需的全部资料，以帮助受托人系统、全面了解工程状况。比如对前期地质水质勘探数据，先后有初勘察和补充勘察，但委托人仅提供了初勘资料，导致数据不完整，因此对咨询服务成果的质量造成影响，应由委托人承担责任。

第二，双方在进行磋商及签订合同时，委托人与受托人应明确委托人应提供的资料和信息的范围及交接的时间、内容与形式等，明确各方责任。

【法条索引】

《民法典》第八百八十一条第一款　技术咨询合同的委托人未按照约定提供必要的资料，影响工作进度和质量，不接受或者逾期接受工作成果的，支付的报酬不得追回，未支付的报酬应当支付。

《建设工程质量管理条例》第九条　建设单位必须向有关的勘察、设计、施工、工程监理等单位提供与建设工程有关的原始资料。原始资料必须真实、准确、齐全。

【案例分析】

【案例】 伊吾东方民生新能源有限公司（以下简称东方公司）与中国能源建设集团新疆电力设计院有限公司（以下简称新疆电力设计院）建设工程设计

合同纠纷

二审：最高人民法院（2019）最高法民终 969 号

【案情摘要】

2012 年 3 月 25 日，东方公司与新疆电力设计院签订《技术咨询合同》，对东方民生哈密淖毛湖风电场工程进行可行性研究，要求新疆电力设计院提供可行性研究报告并通过有关部门的审查，由东方公司负责提供该项目的基础资料，新疆电力设计院须在收到基础资料后 45 天内提交可研报告，并约定该咨询合同报酬为 60 万元等内容。合同签订后，新疆电力设计院根据东方公司提供的基础资料，在约定期间内提交了案涉《可行性报告》，已经完成《技术咨询合同》项下的约定义务。东方公司认为，新疆电力设计院未履行《技术咨询合同》项下的测风义务，而是在《可行性报告》中虚拟风速数据。

【各方观点】

东方公司：新疆电力设计院并未按照约定履行测风义务，选址测风塔位置亦不在案涉风场内。东方公司并未提供测风数据，新疆电力设计院在项目《可行性报告》中虚拟测风数据，该报告经新疆维吾尔自治区发展和改革委员会（以下简称新疆发改委）审查通过，东方公司根据新疆电力设计院出具的《可行性报告》作出项目投资后，工程达不到设计发电的风量，给东方公司造成巨大损失。新疆电力设计院未按约定履行测风义务，应当向东方公司承担违约责任。

新疆电力设计院：案涉测风数据均是由东方公司提供的基础资料和数据，新疆电力设计院不可能也没有义务提供风电场场址的测风数据，部分数据是通过东方公司提供的基础数据测算出来的，因此新疆电力设计院并无测风的义务，更没有虚拟测风数据。

法院认为：针对该问题，该院认为，《中华人民共和国合同法》第二百七十四条规定："勘察、设计合同的内容包括提交有关基础资料和文件（包括概预算）的期限、质量要求、费用以及其他协作条件等条款"，第三百五十七条规定："技术咨询合同的委托人应当按照约定阐明咨询的问题，提供技术背景材料及有关技术资料、数据；接受受托人的工作成果，支付报酬"。本案中，案涉《技术咨询合同》及《总承包合同》中均约定针对案涉工程的基础资料由发包人东方公司负责提供，现东方公司虽然对新疆电力设计院的抗辩理由不予认可，但并未提供证据足以推翻双方合同约定。

【裁判要点】

从本案《技术咨询合同》约定内容看，合同明确约定由东方公司负责提供该项目的技术资料，包括与该工程设计有关的书面基础资料、前期各种报告和资料、设计需要的其他资料，并对提供的时间、进度和资料的可靠性、准确性负责。虽然该约定中并未对技术资料是否包含选址测风数据资料加以明确，但根据合同约定，推定测风数据由东方公司提供。

【案例评析】

本案明确了技术咨询合同纠纷中，若合同约定案涉工程的基础资料应由发包人提供，则发包人需对基础资料的真实性负责。本案历经省高院一审、最高院二审，均认为基础资料的提供方应对资料的可靠性、准确性负责。

从该起案件可知，对于是否属于应由发包人提供的基础资料，首先应由双方在合同中进行约定，如果没有约定或约定不清，法院或仲裁机构可以参照相关法律规定、标准规范、建设流程、合同范本等，确定所涉资料的形成所处的阶段是否在咨询人开展咨询工作之前，若该资料应属履行咨询合同的前置程序，则该资料需由发包人提供，并对其提供的资料的真实性、准确性负责。

4.1.3 任何一方发现委托人所提供的资料和信息存在错误、疏漏或问题的，应及时通知另一方，但对上述错误、疏漏或问题的纠正应经委托人确认。

【条款目的】

本条款规定旨在明确双方在发现委托人所提供的资料和信息有误时的通知义务及经委托人确认后纠正。

【条款释义】

其一，本条款规定了当委托人提供的资料和信息存在错误、遗漏或问题时，任何先发现的一方均有义务及时通知对方，以便对方知晓该错误、遗漏或问题的存在。

其二，发现错误、遗漏或问题时，任何一方将要对其进行纠正的，必须经过委托人的确认，即委托人的确认是纠正的前置程序。

【使用指引】

合同当事人在使用本条款时应注意以下事项：

第一，双方应在合同中明确通知的时间及形式，若无约定，应参照行业惯例及交易习惯，及时履行通知义务。

第二，双方应在合同中明确委托人确认的时间及形式，若无约定，委托人应参照行业惯例及交易习惯，尽快对纠正通知进行确认，以免造成服务开支增加和（或）服务期限的延长等情况。

第三，受托人还应特别注意的是：（1）本条款规定的通知是义务性条款，如果受托人疏于对委托人所提供的资料和信息的审查或审查后发现有误未及时提出的，可能会导致委托人基于专用合同条款的约定或法律诚信原则，主张对该错误不再承担责任。（2）对于此类错误的纠正权限属于委托人，受托人无权自行修改或调整，这将可能导致产生的费用或服务期限的延长，委托人不予认可。（3）如果此类错误经通知后，委托人不予纠正，受托人应保存好相应凭证，以备将来索赔的需要。

4.1.4　委托人应遵守法律法规和技术标准，不得以任何理由要求受托人违反法律法规，压缩合理服务期限，降低技术标准和工程质量、安全标准提供咨询服务。咨询服务有关的特殊标准和要求由双方在专用合同条款中约定。

【条款目的】

本条款规定了委托人严格遵守法律法规的义务，旨在约束委托人不得要求受托人提供不符合合理服务期限、不符合技术标准和工程质量、安全标准的咨询服务。

【条款释义】

全过程咨询服务的成果和质量往往与工程质量安全密切相关，事关人民群众的生命和财产安全，合同双方当事人尤其是委托方应严格遵守法律法规和国家强制性标准的规定，在此基础上本条款规定：其一，委托人应严格遵守法律法规和技术标准及合同的约定，不得以任何理由任何形式要求或暗示受托人违反法律法规，压缩合理服务期限，降低技术标准和工程质量、安全标准提供咨询服务。委托人向受托人提出的要求明显不符合法律法规和技术标准的规定的，受托人有权拒绝。其二，若双方结合项目特性就咨询服务的标准有高于法律法规标准等的特殊规定的，应在本合同专用合同条款第4.1.4项［咨询服务的特殊标准或要求］中明确约定。

【使用指引】

合同当事人在使用本条款时应注意以下事项：

第一，不得违反的法律法规应作广义解释，即包括法律、行政法规、部门规章、地方性法规、民族自治法规及经济特区法规等。

第二，若对咨询服务的技术标准有特殊要求的，双方应在专用合同条款中约定，若无特殊约定，应视为双方认可咨询服务应符合行业惯例及交易习惯的标准和要求。

第三，实务中还应注意对于委托人的上述不当要求，受托人应予明确拒绝，这既是受托人的权利，也是受托人的义务，如果受托人未予拒绝，导致质量安全事故的，受托人也要依法承担责任。

【法条索引】

《建设工程质量管理条例》第十条　建设工程发包单位不得迫使承包方以低于成本的价格竞标，不得任意压缩合理工期。建设单位不得明示或者暗示设计单位或者施工单位违反工程建设强制性标准，降低建设工程质量。

《建设工程安全生产管理条例》第七条　建设单位不得对勘察、设计、施工、工程监理等单位提出不符合建设工程安全生产法律、法规和强制性标准规定的要求，不得压缩合同约定的工期。

《建设工程造价咨询成果文件质量标准》（CECA/GC7-2012）1.0.5：工程造价咨询企业接受委托，进行工程造价咨询服务时，如果建设工程造价咨询合同要求的质量标准严于本标准，工程造价咨询企业应加大编制、审核、审定的人员投入，满足建设工程造价咨询合同的要求，并应适当提高收费标准。

【案例分析】

【案例】江西丰城三期发电厂 7 号平台冷却塔坍塌特别重大事故

【案情摘要】

根据《国务院江西丰城发电厂"11.24"冷却塔施工平台坍塌特别重大事故调查组》事故调查报告显示，根据工程总承包单位中国电力工程顾问集团中南电力设计院有限公司（以下简称中南电力设计院）和施工单位河北亿能烟塔工程有限公司的施工合同，7 号平台冷却塔的工期为 437 天，之后施工单位编制的施工组织计划中 7 号平台冷却塔的筒壁工程工期为 212 天。实际施工过程中建设单位丰城三期发电厂要求监理单位上海斯耐迪工程咨询有限公司和总包单位中南电力设计院将 7 号平台冷却塔的筒壁工程工期由 212 天调整为 110 天，压缩了 102 天，未组织专家进行论证和评估，也未采取相应的施工组织措施和安全保障措施。施工单位在当地气温骤降，混凝土强度不足的情况下，违规拆除模板，导致 7 号平台冷却塔坍塌特别重大事故，致 73 人死亡，2 人受伤，直接经济损失 10197.2 万元。事故调查报告认定其中存在"未经论证压缩冷却塔工期"的重大违反法律法规标准的情形，建设单位、监理单位、工程总承包单位和施工单位等依法被追究行政责任和刑事责任。

4.1.5　委托人对主要技术指标有要求的，经委托人与受托人协商一致后应在专用合同条款中约定。因委托人原因导致主要技术指标变更的，委托人应承担相应责任。因受托人原因导致主要技术指标未达到合同要求的，受托人应承担相应违约责任。

【条款目的】

本条款是对咨询服务合同的主要技术指标应在合同中明确及主要技术指标变更或未达到时责任承担的相应约定。

【条款释义】

考虑到全过程咨询服务合同涉及多学科、多专业的技术知识，与建设项目相关指标紧密相关，因此往往委托人会在咨询服务合同中对于勘察、设计、监理及其他专项咨询服务提出相应技术指标要求。

其一，若委托人对咨询服务的主要技术指标有要求的，应在磋商时对适用的技术指标与受托人协商一致，并在专用合同条款第4.1.5项［咨询服务适用的技术标准］中明确约定，除了法律法规标准规定外，只有明确约定的技术指标才对双方当事人产生约束力。

其二，委托人要求变更主要技术指标的，应承担因技术指标的变更产生的责任，包括但不限于承担因技术指标的变更导致服务开支增加的费用，承担因技术指标变更导致服务期限延长的后果。

其三，相关技术指标一经双方约定就产生了合同约束力，受托人的咨询服务应满足相关技术指标的要求，否则构成其服务成果质量瑕疵或缺陷，应承担相应的违约责任。

【使用指引】

合同当事人在使用本条款时应注意以下事项：

第一，若委托人对咨询服务的主要技术指标有要求的，双方应在专用合同条款中约定，若无特殊规定，应视为双方认可咨询服务应符合行业惯例及交易习惯的标准和要求。对技术指标的约定应当清晰准确，不宜采取含糊不清、不规范、不严谨的表述。

第二，本条款规定的委托人因主要技术指标变更应承担的责任应限于受托人的直接损失，对于委托人承担责任的范围应严格把握，并应与主要技术指标变更有直接因果关系，双方应就责任范围在专用合同条款中予以明确约定。

第三，因受托人的原因导致咨询服务成果未达到专用合同条款关于主要技术指标的约定的，可在专用合同条款中约定具体的违约责任形式、比例或金额。

【法条索引】

《民法典》第八百八十一条第二款　技术咨询合同的受托人未按期提出咨询报告或者提出的咨询报告不符合约定的，应当承担减收或者免收报酬等违约责任。

4.2　咨询服务成果要求

4.2.1　服务成果应符合法律法规、相关标准及合同约定。咨询服务成果具体内容和要求在专用合同条款中约定。

【条款目的】

本条款是对咨询服务成果质量要求的总体规定。

【条款释义】

其一，咨询服务成果总体上应符合法律法规、相关标准及合同约定，前述法律法规、相关标准及合同约定应作为咨询成果的验收依据，双方当事人均应遵守。其中，法律法规应作广义解释，即包括法律、行政法规、部门规章、地方性法规、民族自治区法规及经济特区法规等。标准分为国家标准、行业标准、地方标准和团体标准、企业标准等，其中国家标准分为强制性标准、推荐性标准，行业标准、地方标准则是推荐性标准。考虑到咨询服务本身及成果验收往往是体现在相应标准之中，本合同明确咨询服务应符合国家标准、行业标准以及项目所在地的地方标准以及与标准相对应的规范、规程等。双方若对咨询服务依据有特殊要求的，应在专用合同条款中约定。

其二，双方对咨询服务成果的具体内容和要求有特殊约定的，应在专用合同条款第 4.2 款［咨询服务成果要求-对咨询服务成果的其他要求］中约定。

【使用指引】

合同当事人在使用本条款时应注意以下事项：

第一，本条款提及的法律法规、相关标准及合同约定，应与本合同通用合同条款第 4.1 款［咨询服务依据］作同一解释，应注意概念外延的一致性。

第二，双方应在专用合同条款中明确咨询服务成果的具体内容和要求，包括但不限于需要编制成果文件的咨询工作范围、成果文件的编写格式等。

【法条索引】

《工程咨询行业管理办法》第十三条 编写咨询成果文件应当依据法律法规、有关发展建设规划、技术标准、产业政策以及政府部门发布的标准规范等。

《建筑法》第五十六条 建筑工程的勘察、设计单位必须对其勘察、设计的质量负责。勘察、设计文件应当符合有关法律、行政法规的规定和建筑工程质量、安全标准、建筑工程勘察、设计技术规范以及合同的约定。设计文件选用的建筑材料、建筑构配件和设备，应当注明其规格、型号、性能等技术指标，其质量要求必须符合国家规定的标准。

4.2.2 受托人应对其咨询服务成果的真实性、有效性和科学性负责。因受托人原因造成咨询服务成果不合格的，委托人有权要求受托人采取补救措施，直至达到合同要求的质量标准，受托人应按合同约定承担相应违约责任。

【条款目的】

本条款明确了受托人对咨询服务成果的质量应承担的义务及责任。

【条款释义】

其一，受托人应确保咨询服务成果的真实性、有效性及科学性。真实性是指受托人提供的咨询服务成果应基于受托人的客观判断，做到实事求是，不得捏造或编造虚假成果，应客观真实准确；有效性是指受托人提供的咨询服务成果能直接为委托人所用，并作为委托人完成相关工作的重要依据。科学性是指受托人提供的咨询服务成果应符合相关行业标准、技术标准的要求，避免将受托人的主观臆断融入其中，保证概念、原理、定义和论证等内容的叙述清楚、确切，能够反映出事物的本质和内在规律。

其二，因受托人的原因导致咨询服务成果不合格的，根据全面履行原则，受托人应按照委托人的要求采取补救措施，直至符合合同约定的质量标准，补救措施所发生的费用应由受托人承担，合同对于提交的咨询服务成果不合格设置了相应违约责任的，受托人还应承担相应的违约责任。

【使用指引】

合同当事人在使用本条款时应注意以下事项：

第一，本条款所指导致咨询服务成果不合格的原因应不包含不可抗力条款

108

中规定的情形，如出现不可抗力事项，受托人可依据相应条款提出抗辩。

第二，"受托人的原因"应作广义解释，咨询服务成果作为受托人的主给付义务，受托人应对因其故意、重大过失及一般过失导致的咨询服务成果不合格承担责任。

第三，本条款中受托人采取补救措施并不免除受托人承担赔偿损失等违约责任。

【法条索引】

《民法典》第五百八十二条　履行不符合约定的，应当按照当事人的约定承担违约责任。对违约责任没有约定或者约定不明确，依据本法第五百一十条的规定仍不能确定的，受损害方根据标的性质以及损失的大小，可以合理选择请求对方承担修理、重作、更换、退货、减少价款或者报酬等违约责任。

【案例分析】

【案例】安徽中恒建设工程咨询公司（以下简称中恒咨询公司）与宣城力达房地产开发有限责任公司（以下简称力达房地产公司）房地产咨询合同纠纷

二审：安徽省宣城市中级人民法院（2016）皖 18 民终 505 号

【案情摘要】

2010 年 10 月 24 日，力达房地产公司与中恒咨询公司签订了《建设工程造价咨询合同》，2015 年力达房地产公司在办理工程决算时发现中恒咨询公司出具的工程预算书中将工伤保险费率按 2.07％计算，该费率应为 2.07‰，故力达房地产公司于 2015 年 4 月 9 日向中恒咨询公司发函告知此事，并要求中恒咨询公司对由此给其造成的经济损失承担赔偿责任。2015 年 9 月 18 日，中恒咨询公司向力达房地产公司出具补正说明，载明："工伤保险费率设置错误影响造价 1219191.74 元（其中影响工伤保险费本身数额 1178247.63 元、影响税金 40944.11 元），综上，清溪佳园组团一期工程预算结果调整为 109732772.64元，对此价格将在工程结算审核时进行调整"。

【各方观点】

一审法院：中恒咨询公司接受委托后，对工伤保险费率错误按 2.07％计算，导致其出具的工程预算书核定造价增加了 1219191.74 元，而力达房地产公司依据该份预算报告的审定价与南京沧溪建设工程有限公司签订了固定价为 110951964.38 元的《建设工程施工合同补充协议》，且合同已经履行完毕，力达房地产公司应支付工程款 110951964.38 元，该价款不可变更、调整。因此，因中恒咨询公司的过失导致力达房地产公司的损失 1219191.74 元已经实际发生，该损失应由中恒咨询公司承担。鉴于双方合同约定了承担损失的上限为咨询费的总额即 839774.32 元，力达房地产公司在扣除其应支付给中恒咨询公司剩余咨询费 339774.32 元后要求赔偿损失 50 万元的诉讼请求，符合法律规定，予以支持。

【裁判要点】

关于力达房地产公司主张损失赔偿的问题。首先，合同约定力达房地产公司（委托人）委托中恒咨询公司（咨询人）为清溪佳园一期工程提供预算（固定合同价）、结算（变更增加）造价审核服务，因咨询人的单方过失造成的经济损失，委托人有权向其主张赔偿。经审查，中恒咨询公司因单方过失将工伤保险费率计算错误，导致案涉工程定审预算造价增加了 1219191.74 元的事实客观存在，因此，中恒咨询公司应当就该部分损失按照合同约定进行赔偿。

【案例评析】

本案是关于因咨询人的疏忽导致咨询服务成果与实际情况不符时，咨询人是否应承担赔偿义务的纠纷。本案历经一审、二审，一二审法院均认为咨询人应对咨询服务成果的真实性和准确性负责，因咨询人的过失给委托人带来损失的，应由咨询人承担赔偿责任。

4.2.3　因委托人原因造成咨询服务成果不合格的，受托人应当采取补救措施，直至达到合同要求的质量标准，由此导致费用增加和（或）服务期限延长的，由委托人承担责任。

【条款目的】

本条款明确委托人必须对因其自身原因造成的咨询服务成果不合格承担责任。

【条款释义】

因委托人未履行法律法规或合同约定的责任义务及附随义务，或因委托人的承包商、供应商、其他咨询方的原因等导致本合同咨询服务成果不符合本合同第 4.2.1 项的要求的，基于委托人及项目利益，受托人仍应在合理的范围内采取补救措施，但因此导致受托人的服务费用增加的，或者未在规定期限内完成服务内容的，由委托人承担增加的费用和服务期限延长的责任，不得以受托人未在规定期限内完成服务内容为由主张受托人违约。

【使用指引】

合同当事人在使用本条款时应注意以下事项：

第一，本条款所指导致咨询服务成果不合格的原因应不包含不可抗力条款中规定的情形，如出现不可抗力事项，委托人可依据相应不可抗力条款提出抗辩，双方应积极协商，合理分摊损失。

第二，"委托人的原因"应作广义解释，委托人应对因其故意、重大过失及一般过失导致的咨询服务成果不合格承担责任。

第三，受托人需要注意的是即便因为委托人原因导致咨询服务成果不合格的，受托人也应承担采取补救措施的义务，这样的规定是基于委托项目的利益考虑，如果受托人不负有补救义务，委托其他单位补救时可能会发生更多的成本，产生更长的服务期延误。

【法条索引】

《民法典》第九百三十条　受托人处理委托事务时，因不可归责于自己的事由受到损失的，可以向委托人请求赔偿损失。

4.3　咨询服务成果交付

4.3.1　受托人应按照合同约定的咨询服务成果交付时间向委托人交付咨询服务成果，委托人应出具书面签收单。

【条款目的】

本条款旨在强调受托人应按约定时间交付咨询服务成果。

【条款释义】

受托人的咨询服务合同主要义务除了交付咨询服务成果满足合同约定质量外，还包括按时交付咨询服务成果。建设工程项目参与主体较多，各方主体之间权利义务与合同的按时按质完成相互关联，如果咨询服务合同受托人不能按时交付咨询服务成果，可能会导致项目延期、停窝工等不利情况，所以本条款首先明确在咨询服务成果交付时受托人应按合同约定的时间向委托人交付咨询服务成果。同时，为了避免双方对成果交付与否及交付时间产生争议，委托人应在接收咨询服务成果时向受托人出具书面签收单。

【使用指引】

合同当事人在使用本条款时应注意以下事项：

受托人应建立较强的履约证据意识，交付咨询服务成果应固定并保存委托人签收的书面单据。委托人出具书面签收单时，应载明文件名称、份数、签收地点、签收人、签收时间，签收人应签名并加盖委托人公司公章。还需要提示受托人的是，实践中咨询服务成果可能是通过电子数据方式交付的，此时受托人应保留相关邮件、微信聊天传递等凭据。

【法条索引】

《民法典》第八百八十条　技术咨询合同的受托人应当按照约定的期限完成咨询报告或者解答问题，提出的咨询报告应当达到约定的要求。

《民法典》第八百八十一条第二款　技术咨询合同的受托人未按期提出咨询报告或者提出的咨询报告不符合约定的，应当承担减收或者免收报酬等违约责任。

【案例分析】

【案例】河北粤海水务集团有限公司（以下简称粤海水务）与河北卢龙经济开发区管理委员会（以下简称卢龙管委会）合同纠纷

一审：卢龙县人民法院（2021）冀 0324 民初 2297 号

【案情摘要】

2017 年 6 月 9 日，粤海水务（乙方）与卢龙管委会（甲方）双方签订《合同书》（合同编号：20170517hps），合同约定："第三条双方的分工及职责，3.1 甲方工作内容及职责……3.1.2 甲方应配合乙方收集本项目的相关信息和资料……3.2 乙方工作内容及职责……3.2.5 乙方需在合同签订之日 80 日内完成报告编制，并满足市环保局和省环保厅相关审查要求……第八条双方确定，按以下约定承担各自的违约责任：由于甲方原因中途停止合同，甲方应付给乙方已发生工作量的费用；由于乙方原因，造成本项目延期，甲方有权终止合同，乙方应退还甲方所付所有费用，并且乙方应向甲方支付违约金，违约金的金额为本项目全部咨询服务费用的 20%，同时承担因延期而造成甲方相关入驻项目的损失"。合同签订后，卢龙管委会依约支付了粤海水务 40 万元服务费。2019 年 6 月粤海水务完成了河北卢龙经济开发区控制性详细规划（卢龙县龙城工业园）环境影响报告书（报批版）的编制，并通过相关专家技术审查评审，取得专家技术审查意见。剩余 80 万元服务费卢龙管委会未给付粤海水务。

【各方观点】

河北粤海水务集团有限公司：2017 年 6 月 9 日，双方签订《合同书》，约定卢龙管委会委托粤海水务对河北卢龙经济开发区控制性详细规划环评项目提供环境影响咨询评价报告书。合同签订后，粤海水务按照合同约定完成了《河北卢龙经济开发区控制性详细规划环境影响评价报告书》（以下简称《环评报告》）的编制，并通过相关专家技术审查评审，取得专家技术审查意见及管理部门审查意见，完成了合同义务。但卢龙管委会除向粤海水务支付 40 万元费用外，至今未向粤海水务支付剩余 80 万元服务费，已构成违约，应当依法由粤海水务承担违约责任。

河北卢龙经济开发区管理委员会：合同订立后我方提供详细资料、全力协助，并支付 40 万元；但粤海水务怠于履行合同，迟迟不能完成《环评报告》编制；2018 年 6 月国家政策发生变化，导致我方的精细化工区扩区项目的不能实现，延迟 2019 年 6 月才交付成果，给我方造成重大影响和损失。因部分支付费用及时间原因，我方不得已承认粤海水务《环评报告》的报审。我方认为，粤海水务怠于履行合同，不能依约编制并报审《环评报告》，导致被告的精细化工区扩区目的不能实现，并迟延交付成果，给我方造成重大损失，构成根本违约。

【裁判要点】

粤海水务未按照合同约定在规定的履行期限 80 天内交付工作成果，庭审中亦未提交在合同约定的履行期限内因卢龙管委会原因导致粤海水务未能按期完成工作成果的相关证据，根据《民法典》第八百八十一条第二款规定，粤海水务应向被告承担减收报酬的违约责任。违约金数额的确定，按双方合同约定粤海水务应向卢龙管委会支付本项目全部咨询服务用的 20％，故卢龙管委会尚应再支付粤海水务服务费 56 万元。

【案例评析】

本案是关于咨询服务合同中，咨询人未按时交付咨询成果时，应承担违约责任的纠纷。本案一审认为，咨询人未按照咨询服务约定的期限提交咨询服务成果，已构成违约，按照合同约定及《民法典》的相关规定，应承担违约责任。

4.3.2　委托人要求受托人提前交付咨询服务成果的，应向受托人下达提前交付的书面通知并明确提前交付的内容，但委托人不得压缩合理服务期限。受托人认为提前交付咨询服务成果无法执行的，应向委托人提出书面异议，委托人应在收到异议后 7 天内予以答复，7 天内未予答复的，视为委托人认可受托人的书面异议。

【条款目的】

本条款是关于委托人要求受托人提前交付咨询成果的相关约定。

【条款释义】

项目建设过程中会受到各种外部因素，比如不可预见地质条件、异常恶劣气候条件、政府会议、重大活动、建设活动参与方的因素等影响，可能会导致项目建设进度计划随时进行调整，咨询服务合同所涉的服务事项往往是项目建设施工的前置程序或重要保障，有时候委托人会根据整体项目进度要求，向受托人提出要求提前交付咨询服务成果。在此情况下本条款进行了相应规定：

首先，提前交付咨询成果系对合同约定的变更，委托人应履行提前通知义务，书面下达提前交付通知书，并在通知中明确受托人需提前交付的具体内容和提前交付日期。但考虑到咨询服务成果又与建设项目的质量和安全密切相关，法律规定或项目实践所需要的合理期限，双方当事人都应遵守，委托人不能以提前交付咨询服务成果为由压缩合理服务期限。

其次，本条款赋予了受托人对提前交付咨询服务成果的通知提出异议的权利。受托人接到提前交付的书面通知后，应及时评估提前交付的可行性，若受托人认为确无法按照委托人要求的期限执行的，或委托人的提前交付要求违反法律规定和自然规律秩序的，应向委托人发出书面异议。

最后，委托人收到异议后，应及时答复，7 天内未答复的，视为委托人对受托人书面异议记载内容的接受与认可。若受托人在异议中明确表示无法提前交付咨询成果，则应继续按照合同约定的交付时间履行交付义务。若受托人在异议中认为其虽难以按照委托人提出的时间提前交付咨询服务成果，但自行确定了可以提前交付的时间，则受托人可按照异议中确定的提前交付时间履行交付义务。

【使用指引】

合同当事人在使用本条款时应注意以下事项：

第一，全过程工程咨询的服务内容包含工程报批报建、工程勘察设计管理、工程勘察设计服务、工程造价咨询、采购咨询招标代理、工程监理服务及其他专项咨询，委托人下达的提前交付通知书应明确提前交付的具体内容。

第二，受托人收到委托人提前交付通知书后，认为提前交付咨询服务成果无法执行的，应及时向委托人提出书面异议。双方可在专用合同条款中明确受托人提出书面异议的合理期限并明确受托人未及时提出书面异议的后果。

第三，受托人因按委托人要求提前交付咨询服务成果产生的服务费用增加，可以按照本合同第 7 条［变更和服务费用调整］主张由委托人承担增加的服务费用。

4.3.3 委托人要求受托人提前交付咨询服务成果的，或受托人提出提前交付咨询服务成果的建议能够给委托人带来效益的，合同当事人可在合同关于服务费用和支付的条款中约定对提前交付咨询服务成果的奖励。

【条款目的】

本条款是关于提前交付咨询服务成果的奖励的规定。

【条款释义】

根据《关于推进全过程咨询服务发展的指导意见》及本合同协议书约定，全过程咨询服务费用包括服务费用、服务开支和奖励费用，受托人提前交付咨询服务成果，有权要求委托人支付奖励费用。委托人要求提前交付咨询服务成果，或受托人作为咨询服务人员，充分运用其专业技能或提高单位时间内的工作效率，主动向委托人提出提前交付咨询服务成果的，将会产生工程提前竣工或建设成本节约等其他委托人受益的情形，双方可在合同中约定提前交付咨询服务成果时的奖励金额的计取、支付方式。

【使用指引】

合同当事人在使用本条款时应注意以下事项：

第一，应特别注意本条款与本合同第 6 条［服务费用和支付］的衔接，明确双方可在合同中约定奖励机制和奖励费用的计取、支付方式，并在支付申请书中将奖励金额分列。

第二，可在本合同附件 2［服务费用和支付］中约定奖励金额的支付方式及其他奖励方式，细化提前交付咨询服务成果的奖励机制。

第三，"给委托人带来效益"的认定可能会成为实践中双方的争议点，建议委托人和受托人结合咨询服务内容和范围及项目特点，在合同中约定提前交付咨询服务成果的如何认定"给委托人带来效益"。

4.4　咨询服务成果审查

4.4.1　除专用合同条款另有约定外，委托人收到受托人提交的咨询服务成果后，应在 21 天内做出审查结论或提出异议。委托人对咨询服务成果有异议的，应以书面形式通知受托人，并说明咨询服务成果不符合合同要求的具体内容。受托人应根据委托人的书面说明修改咨询服务成果后重新报送委托人审查，上述 21 天的答复期限应重新起算。

合同约定的答复期限届满，委托人没有做出审查结论也没有提出异议的，除咨询服务成果需经政府有关部门审查或批准外，视为咨询服务成果已获委托人同意。

【条款目的】

本条款是关于委托人对受托人咨询服务成果审查的约定。

【条款释义】

对受托人咨询服务成果的审查既是委托人的权利也是委托人的义务，委托人有对咨询服务成果提出异议要求改正的权利，也应承担未按约定期限审查的法律后果，由此本条款规定：

委托人应在专用合同条款约定的期间内对受托人的咨询服务成果做出审查结论或者提出异议，该期限届满如果委托人没有做出审查结论也没有提出异议的，视为认可受托人的咨询服务成果，但根据法律规定受托人完成的咨询服务成果需要经过政府有关部门审查或批准的除外，比如政府投资项目的受托人完成的初步设计文件和概算，需要经过政府主管部门审批，此时受托人不能以委托人未在约定期限内审查完毕为由主张其咨询服务成果已被认可。本条款同时规定，如果双方在专用合同条款中没有另行约定委托人的审查期限的，则委托人应在 21 天内做出审查结论或提出异议。

委托人在审查期限内对咨询服务成果有异议的，应书面记载咨询服务成果不符合合同要求的具体内容，并通知受托人。受托人根据委托人的书面异议修改咨询服务成果后，应按照交付咨询服务成果的要求，重新提交咨询服务成果供委托人审查。修改交付后，重新计算委托人对咨询服务成果的审查期限。

【使用指引】

合同当事人在使用本条款时应注意以下事项：

第一，本条款规定的审查期限经双方协商一致后，可在本合同专用合同条款第 4.4.1 项［委托人对受托人的咨询服务成果审查期限不超过×天。］中另行约定。

第二，为减少双方就咨询服务成果是否满足合同约定产生争议，委托人在对咨询服务成果提出异议时，除了说明异议的具体部分及内容，建议附上相应依据和异议支撑材料。

【案例分析】

【案例 1】怡境师有限公司（以下简称怡境师公司）与西安楼观道旅游文化投资有限公司（以下简称楼观道公司）建设工程设计合同纠纷

二审：陕西省高级人民法院（2021）陕民终 495 号

【案情摘要】

2013 年 11 月 4 日，怡境师公司（乙方）与西安楼观道旅游文化投资有限公司（甲方）签订《楼观项目建筑设计及室内设计咨询服务合同》（以下简称《服务合同》），约定由乙方为甲方提供总体规划、建筑设计及室内设计咨询服务工作，合同约定，在每一设计阶段过程中如乙方在提交方案后八星期，甲方还未能做出书面批核或提出修改意见，乙方将按已完成工作量向甲方收取部分设计费用。

【各方观点】

西安楼观道旅游文化投资有限公司：本案中，因双方中止了设计合同，导致项目没有进入验收结算流程。因怡境师公司提交的阶段性设计成果没有进行质量验收，无法确认阶段性设计成果的质量是否合格以及对应的价值。如果无法通过最终验收，怡境师公司不仅无权要求结算，还应退回已经支付的阶段性设计费用。根据双方合同约定，在每一设计阶段过程中如乙方在提交方案后八星期，甲方还未能做出书面批核或提出修改意见，乙方将按已完成工作量向甲方收取部分设计费用。我方认为，我方没有及时回复，是基于建设工程类合同必定有验收及结算的关键环节，合同约定了质量验收程序及验收标准，在全体成果提交后，双方需组织最终的验收，所以每一阶段的付款都不做质量合格的实质性验收，而仅仅是对工作量的查收而已。

法院认为：怡境师公司提供的电子邮件能够证明其已将完成的设计成果交付楼观道公司，在交付楼观道公司的同时，亦注明了已完成工作量在总合同工作量中的占比以及相对应的款项，楼观道公司在回复电子邮件时予以认可。楼观道公司辩称对电子邮件中工作量的认可不代表对设计质量以及设计费用的认可,该辩称不符合双方的合同约定以及交易习惯。根据《服务合同》的约定,在每一设计阶段过程中如怡境师公司在提交方案后八星期,楼观道公司还未能做出书面批核或提出修改意见,怡境师公司将按已完成工作量向楼观道公司收取部分设计费用。楼观道公司已于 2015 年收到怡境师公司的设计成果,但在回复中未提出修改或质量问题的意见,且截至怡境师公司起诉,亦未向怡境师公司提出过上述主张。楼观道公司在诉讼过程中提出的怡境师公司提交的设计成果存在质量问题的辩称,并无充分确凿的事实依据为基础,其认为怡境师公司未完成某部分设计内容,未完成合同义务的行为显然不能认定为存在质量问题,故楼观道公司的上述辩称没有事实依据,法院依法不予采纳。

【裁判要点】

本案中,怡境师公司按照合同约定完成和交付了设计成果,并在交付过程中注明了已完成工作量在总合同工作量中的占比及相对应的款项。楼观道公司未在约定的时间内对设计方案提出异议,却在诉讼中要求对接受的设计成果进行鉴定的诉讼主张,依法不能成立。一审法院判决楼观道公司支付怡境师公司已完成的设计成果的设计款项,符合双方之间的合同约定和交易习惯,并无不当。

【案例评析】

本案是关于建设工程设计合同中,委托人未在咨询服务成果审核期内提出审核意见的,是否视作委托人已认可咨询人的咨询服务成果的纠纷。根据双方的合同约定以及交易习惯,委托人未在约定的时间内对咨询服务成果提出异议的,应视为其已经认可该咨询服务成果。本案经过一审、二审,法院均不认可委托人关于咨询服务成果质量存在问题的主张。

【案例 2】中山市建设工程咨询有限公司(以下简称中山咨询公司)、中山市威利创展房地产有限公司(以下简称威利房地产公司)与广东永和建设集团有限公司(以下简称永和公司)委托合同纠纷

二审:广东省中山市中级人民法院(2020)粤 20 民终 3265 号

【案情摘要】

2016 年 8 月 15 日,威利房地产公司(委托人)与中山咨询公司(咨询人)签订《建设工程造价咨询合同》,部分约定如下:"咨询人在合同约定时间内提交符合合同约定质量的咨询成果文件;委托人应当在约定的时间内就咨询人书面提交并要求做出答复的事宜做出书面答复。咨询人要求第三人提供有关资料时,委托人应负责转达及资料转送;委托人对咨询人提交的支付申请中的咨询

服务费或部分咨询服务费有异议时，应在收到支付申请后 14 天内发出异议通知，逾期视为无异议，委托人不得延期支付无异议咨询服务费用。"

【各方观点】

威利房地产公司：威利房地产公司要求完成的是"汇凯嘉园二期施工单位预算审核"，其审核范围应依据《建设工程造价咨询合同》第三部分第六条包含土建工程、安装工程、市政工程、园林工程、园建绿化景观等。建设咨询公司并未按照《造价咨询服务委托单》要求的时间内完成该项目的预算审核工作，应当依据《建设工程造价咨询合同》第三部分第四条的规定，该相应阶段酬金不作支付。

中山咨询公司：预算审核工作已完成。（1）根据中山咨询公司提交的《汇凯嘉园 4—9 栋工程量确定单》《汇凯嘉园地下室施工图预算工程确定单》以及《资料收发登记本》可显示预算工程量已经施工单位永和公司签字确认，并于 2018 年 4 月 18 日将结果提交威利房地产公司确认，2018 年 5 月 15 日出具预算审核报告，威利房地产公司对此一直未提出异议。预算部分的工作早已完成，工作成果也早交给威利房地产公司。

法院认为：预算审核报告基于《汇凯嘉园 4—9 栋工程量确认单》等材料所形成，确认单中有永和公司人员签名确认且威利房地产公司收到确认单后未提出任何异议，且合同并无约定中山咨询公司所提交的预算审核或结算审核报告必须得到威利房地产公司及永和公司一致认可才视为完成任务，故威利房地产公司以预算审核报告未获其及永和公司认可为由而拒付相应酬金，理据不足，法院不予支持。

【裁判要点】

虽然《汇凯嘉园 4—9 栋预（结）算工程量确定单》没有威利房地产公司、永和公司三方签名确认，但威利房地产公司于 2018 年 8 月 20 日签收后未提出任何异议。可见，威利房地产公司已要求中山咨询公司开展前期的结算审核工作，而中山咨询公司已按照威利房地产公司的要求进行了结算审核工作，威利房地产公司应按照合同约定向中山咨询公司支付相应款项。

【案例评析】

本案是关于建设工程设计合同中，委托人未在咨询服务成果审核期内提出审核意见的，是否视作委托人已认可咨询人的咨询服务成果的纠纷。根据双方的合同约定以及交易习惯，委托人未在约定的时间内对咨询服务成果提出异议的，应视为其已经认可该咨询服务成果。本案经过一审、二审，法院均不认可委托人关于咨询服务成果质量存在问题的主张。

4.4.2 委托人关于咨询服务成果的修改意见超出或更改合同约定的咨询服务范围的，应适用第 7 条［变更和服务费用调整］的约定。

【条款目的】

本条款是关于如果委托人对咨询服务成果审查构成变更的应适用变更费用调整的约定。

【条款释义】

委托人根据本合同第 4.4.1 项的规定对咨询服务成果提出书面异议时，该异议应针对咨询服务成果本身，不得借异议之名提出超出咨询服务合同约定的服务内容和范围，改变双方咨询服务合同的约定。如果超出合同约定的范围或者实质更改了合同约定的服务范围，合同当事人应按照本合同第 7 条［变更和服务费用调整］的约定，明确服务变更的情形，并履行变更的程序，调整服务费用。

【使用指引】

合同当事人在使用本条款时应注意以下事项：

委托人在对咨询服务成果提出异议时，应谨慎自查异议是否超出了双方约定的服务范围和内容或实质改变了原来合同约定的范围；受托人应对委托人的咨询服务成果审查意见进行判断，如果委托人的审查意见实际上改变了合同约定的服务范围的，受托人应及时提出并主张按变更程序执行。

当事人按照本条款规定调整服务费用的，应履行服务费用调整的程序，即受托人尽快将该事件对服务进度计划、相关服务费用的影响通知委托人，由委托人签发服务变更通知，并对服务费用的调整进行书面同意和确认。

4.4.3 委托人需要组织审查会议对咨询服务成果进行审查的，审查会议的形式、组织方和时间安排，应在专用合同条款中约定。咨询服务成果审查会议费用及委托人上级单位、政府有关部门参加审查会议的人员费用由委托人承担。

受托人应参加委托人组织的审查会议，向审查人员介绍、解答、解释其咨询服务成果，并提供有关补充资料。

【条款目的】

本条款是关于审查会议及委托人和受托人的相关职责的规定。

【条款释义】

首先，审查会议并非审查咨询服务成果的必经程序，是否需要召开审查会议由委托人考虑。如委托人认为需要组织各方及专家对咨询服务成果进行审查的，应将审查会议的形式、组织方和时间安排，在本合同专用合同条款第4.4.3项［审查会议的审查形式和时间安排］中列明。审查会议所产生的相关费用，包括但不限于会议费用、人员费用（包括委托人人员、上级机构单位、政府部门、其他委托人聘请的专家等人员的费用）等，均由委托人承担。

其次，受托人有参加审查会议的义务，在审查会议中，受托人应向参会的审查人员介绍咨询服务成果，解答审查人员提出的疑问，解释咨询服务成果中的相关问题，若审查人员认为有必要的，受托人还应提供形成咨询服务成果的过程性补充材料等。

【使用指引】

合同当事人在使用本条款时应注意以下事项：

第一，召开审查会议，应邀请相关领域内的专家人员出席，有条件的可在会议召开前组织出席人员实地考察。审查会议中，受托人应对咨询服务成果的情况进行汇报，经与会人员交流探讨后，提出审查意见。

第二，如果专用合同条款未约定审查会议的具体安排，但委托人在履约过程中决定召开审查会议的，应提前通知受托人，给受托人合理的准备时间。

第三，受托人未按合同约定或委托人要求参加审查会议的，不应影响委托人组织审查会议的召开和形成审查意见。

4.4.4　委托人应向受托人提供审查会议的批准文件和纪要。受托人应按照相关审查会议的批准文件和纪要，依据合同约定及相关标准，修改、补充和完善咨询服务成果。

【条款目的】

本条款规定了委托人提供审查会议的批准文件、受托人依批准文件修改补充和完善咨询服务成果的义务。

【条款释义】

委托人根据专用合同条款约定或履约需要组织召开咨询服务成果审查会议的，应在审查会议召开完毕后，向受托人提供审查会议的批准文件和会议纪要。受托人在收到前述批准文件及会议纪要后，对于文件中记载的咨询服务成果不符合合同约定及相关技术标准的部分，有义务进行修改、补充和完善，以使咨询服务成果符合合同约定及相关技术标准的规定。委托人收到受托人修改完善的咨询服务成果后按本合同第4.4.1项等规定进行再次审查。

【使用指引】

合同当事人在使用本条款时应注意以下事项：

第一，委托人应在审查会议的批准文件中写明审查结论，若委托人对咨询服务成果有异议的，亦应在批准文件中载明。审查会议的会议纪要应写明会议的时间、地点、审查内容、受托人的介绍解答和解释及其提供的补充材料内容、审查结论等。

第二，受托人对咨询服务成果的修改、补充和完善，应限于合同的约定及相关技术标准的规定，若会议审批文件超出或实质更改了合同约定的内容或范围，应适用本合同第7条［变更和服务费用调整］的约定。

4.4.5 咨询服务成果需政府有关部门审查或批准的，委托人应在专用合同条款约定的期限内将审查同意的咨询服务成果报送政府有关部门，受托人应予以协助。

受托人应按政府有关部门的审查意见修改咨询服务成果，构成对合同约定的咨询服务范围变更的，委托人应根据第7条［变更和服务费用调整］向受托人另行支付服务费用。

【条款目的】

本条款规定了咨询服务成果需经政府有关部门审查或批准时，委托人与受托人的权利及义务。

【条款释义】

全过程咨询服务基于服务内容和范围的特性，会涉及建设工程质量和安全，事关国家利益、人民群众的生命和财产安全，根据法律法规、强制性标准等规定，有些咨询服务成果，比如政府投资项目的可行性研究报告、政府投资项目概算编制等需要经政府有关部门进行审查批准。因此，本条款规定：根据法律规定或相关政策规定，咨询服务成果需经政府有关部门审查或批准才能通过的，委托人应根据专用合同条款约定的报送期限，在对受托人提交的服务成果审查通过后，向政府有关部门报送咨询服务成果。受托人应按委托人要求及时予以协助，协助事项和时间应在专用合同条款中约定。政府有关部门审查后，若认为咨询服务成果需修改的，受托人应根据政府有关部门的审查要求，在咨询服务范围内修改咨询服务成果。如果政府有关部门提出的修改意见超出合同约定的范围或者实质更改了合同约定的服务范围，受托人应提示委托人该政府部门审查意见构成变更，委托人应按照本合同第7条［变更和服务费用调整］的约定，明确服务变更的情形，并履行变更的程序，调整服务费用。

【使用指引】

合同当事人在使用本条款时应注意以下事项：

第一，委托人完成对咨询服务成果的审查是将服务成果提交政府有关部门审查的前置程序，委托人应严格履行审查、及时报送政府有关部门的义务，并应在专用合同条款约定报审期限内。委托人未按期限报审的，应承担相应延误的责任，由此给受托人履约增加费用和开支的，由委托人承担。

第二，受托人在政府有关部门的审查中履行的协助义务可在专用合同条款中明确，包括但不限于向政府审查人员介绍、解答、解释其咨询服务成果，并提供有关补充资料。

【法条索引】

《建设工程质量管理条例》第十一条　施工图设计文件审查的具体办法，由国务院建设行政主管部门、国务院其他有关部门制定。

《建设工程勘察设计管理条例》第三十三条第一款　施工图设计文件审查机构应当对房屋建筑工程、市政基础设施工程施工图设计文件中涉及公共利益、公众安全、工程建设强制性标准的内容进行审查。县级以上人民政府交通运输等有关部门应当按照职责对施工图设计文件中涉及公共利益、公众安全、工程建设强制性标准的内容进行审查。

4.4.6　因受托人原因，未能按第4.3款［咨询服务成果交付］约定的时间向委托人提交咨询服务成果，致使审查无法进行或无法按期进行，造成服务进度计划延误、窝工损失及委托人服务开支增加的，受托人应按第11条［违约责任］的约定承担责任。

因委托人原因，致使咨询服务成果审查无法进行或无法按期进行，导致服务开支增加和（或）服务期限延长的，由委托人承担责任。

【条款目的】

本条款规定咨询服务成果审查无法进行或无法按期进行时委托人和受托人依过错应承担的责任。

【条款释义】

咨询服务成果审查需要委托人和受托人的全面履约和相互配合，本条款规定：因受托人的故意或过失等原因导致咨询服务成果未能按照合同约定的咨询服务成果交付时间提交，从而导致委托人无法进行或无法按期进行咨询服务成果审查的，构成受托人的违约，由此造成的服务进度计划延误的损失、窝工损失及委托人服务开支增加的损失，应由受托人按照合同中有关违约责任条款的约定承担责任。因委托人的故意或过失导致咨询服务成果审查无法进行或无法按照合同约定的时间按期进行的，构成委托人的违约，由此造成服务开支增加或服务期限延长，应由委托人承担责任。

【使用指引】

合同当事人在使用本条款时应注意以下事项：

受托人未能按照本合同第 4.3 款［咨询服务成果交付］约定的时间向委托人提交咨询服务成果，其中"约定的时间"应包括双方协商一致的提前交付服务成果的时间或协商一致顺延交付服务成果的时间。

【法条索引】

《民法典》第八百八十一条第二款 技术咨询合同的受托人未按期提出咨询报告或者提出的咨询报告不符合约定的，应当承担减收或者免收报酬等违约责任。

《民法典》第八百八十四条第一款 技术服务合同的委托人不履行合同义务或者履行合同义务不符合约定，影响工作进度和质量，不接受或者逾期接受工作成果的，支付的报酬不得追回，未支付的报酬应当支付。

4.4.7 委托人对咨询服务成果的审查，不减轻或免除受托人依据法律法规应承担的责任。

【条款目的】

本条款规定了受托人对咨询服务成果应承担的责任不因委托人对咨询服务成果审查而减轻或豁免。

【条款释义】

实践中当受托人的咨询服务成果出现瑕疵时，受托人往往主张该咨询服务成果经过委托人审查合格，进而主张免除或减轻自身对咨询服务成果应负的责任。需要说明的是，咨询服务合同的受托人具备相应咨询服务的资质和资格及丰富的类似咨询服务的经验，依照法律规定其应对咨询服务成果质量负责，除了双方有特别明确约定外，咨询服务受托人不应以咨询服务成果经过委托人审查、经过政府有关部门审查、已经被使用、已经被付费等为由，主张减轻或免除自身责任。委托人通常并不具备相应的专业知识和能力，其对咨询服务成果审查往往基于合同约定或法律规定，从形式、程序、数量、真实性、初步质量等方面进行审查，该审核权利或义务不足以免除或减轻受托人依法应承担的成果质量责任，这样才能督促受托人加强咨询服务能力、提高咨询服务质量，以及加强对建设项目质量安全的管控。所以本条款明确规定，委托人对受托人提交的咨询服务成果的审查同意、确认及提出的异议，以及受托人对异议的修改、补充、完善，均不得减轻也不免除受托人依据法律法规对咨询服务成果应承担的责任，工程咨询单位仍应对咨询服务成果的质量负责。

【使用指引】

合同当事人在使用本条款时应注意以下事项：

受托人应采取各种措施建立流程管理等相应管理制度，提升咨询服务能力，加强技术力量，确保咨询服务成果符合法律法规和合同约定，不能寄希望于借助委托人审查或政府有关部门审查的方式改正服务成果的不足之处，更不能寄希望通过委托人审查来免除或减轻自身对咨询服务成果所负的责任。

【法条索引】

《工程咨询行业管理办法》第十四条　咨询成果文件上应当加盖工程咨询单位公章和咨询工程师（投资）执业专用章。工程咨询单位对咨询质量负总责。主持该咨询业务的人员对咨询成果文件质量负主要直接责任，参与人员对其编写的篇章内容负责。实行咨询成果质量终身负责制。工程咨询单位在开展项目咨询业务时，应在咨询成果文件中就符合本办法第十三条要求，及独立、公正、科学的原则作出信用承诺。工程项目在设计使用年限内，因工程咨询质量导致项目单位重大损失的，应倒查咨询成果质量责任，并根据本办法第三十、三十一条进行处理，形成工程咨询成果质量追溯机制。

《建设工程质量管理条例》第十九条　勘察、设计单位必须按照工程建设强制性标准进行勘察、设计，并对其勘察、设计的质量负责。注册建筑师、注册结构工程师等注册执业人员应当在设计文件上签字，对设计文件负责。

《建设工程质量管理条例》第三十六条　工程监理单位应当依照法律、法规以及有关技术标准、设计文件和建设工程承包合同，代表建设单位对施工质量实施监理，并对施工质量承担监理责任。

4.5 管理和配合服务

4.5.1 受托人应根据合同约定及相关法律法规规定，对工程合同相关的承包商、供应商、其他咨询方或委托人在工程合同下的其他相对方进行管理和配合服务。此类管理和配合服务包括但不限于：

（1）招标代理人应根据招标采购需要，与投标人、评标人、政府有关部门等相关方进行联系协调；

（2）勘察人应积极提供勘察配合服务，进行勘察技术交底，参与施工验槽，委派专业人员及时配合解决与勘察有关的问题，参与地基基础验收和工程竣工验收等工作；

（3）设计人应积极提供设计配合服务，进行设计技术交底、施工现场服务，参与施工过程验收、试运行、工程竣工验收等工作；

（4）监理人应根据法律法规、工程建设标准、勘察设计文件及合同，在施工阶段对建设工程质量、造价、进度进行控制，对合同、信息进行管理，对工程建设相关方的关系进行协调，并履行建设工程安全生产管理法定职责；

（5）造价咨询受托人应与承包商等项目各参与方就项目资金使用、价款的确定和调整、竣工结算等工程造价相关事宜进行联系与沟通，协调项目参与各方的关系，确保项目投资控制目标的实现；

（6）项目管理人应对招标代理、勘察、设计、监理、造价咨询等服务及相关活动进行统筹管理工作。

【条款目的】

本条款规定了受托人对工程合同相关主体和事项的管理和配合服务的义务，旨在明确全过程工程咨询的咨询方在工程的各个阶段均应发挥好管理及协调各方的作用。

【条款释义】

建设项目的参与主体和干系人较多，全过程咨询服务合同的履行与其他参与主体的合同比如工程合同，会有着密切关联。项目建设的顺利推进，离不开受托人对委托人的其他合同主体及事项的管理和配合，受托人管理和配合服务的义务来源除相关法律法规规定外，还包括本条款及专用合同条款第 4.5.1 项[关于管理和配合服务的其他约定]中明确的受托人的其他管理和配合服务义务。受托人进行管理和配合服务的对象为与工程合同相关的承包商、供应商、其他咨询方或委托人在工程合同下的其他相对方。管理和配合服务的具体内容根据服务对象及服务类型的不同而有所区分，具体范围包括但不限于以下内容：

招标代理人应根据招标采购需要，与投标人、评标人、政府有关部门等相关方进行联系协调；勘察人应积极提供勘察配合服务，进行勘察技术交底，参与施工验槽，委派专业人员及时配合解决与勘察有关的问题，参与地基基础验收和工程竣工验收等工作；设计人应积极提供设计配合服务，进行设计技术交底、施工现场服务，参与施工过程验收、试运行、工程竣工验收等工作；监理人应根据法律法规、工程建设标准、勘察设计文件及合同，履行"三控二管一协调"职责，在施工阶段对建设工程质量、造价、进度进行控制，对合同、信息进行管理，对工程建设相关方的关系进行协调，并履行建设工程安全生产管理法定职责；造价咨询受托人应与承包商等项目各参与方就项目资金使用、价款的确定和调整、竣工结算等工程造价相关事宜进行联系与沟通，协调项目参与各方的关系，确保项目投资控制目标的实现；项目管理人应对勘察、设计、造价咨询、招标采购、监理等服务及相关活动进行统筹管理工作。

【使用指引】

合同当事人在使用本条款时应注意以下事项：

第一，考虑到咨询服务合同的受托人对建设项目各方参与主体在建设不同阶段有不同的管理和配合职责，建议委托人和受托人在专用合同条款中明确，以免双方对管理和配合的事项、范围、边界、费用负担等产生争议。

第二，勘察项目负责人、设计项目负责人、总监理工程师、造价咨询项目负责人等应根据工程勘察、设计、监理、造价咨询相关标准规定，分别履行其相应职责，履行管理与配合服务的义务。

【法条索引】

《关于推进全过程工程咨询服务发展的指导意见》三、以全过程咨询推动完善工程建设组织模式（一）以工程建设环节为重点推进全过程咨询。在房屋建筑、市政基础设施等工程建设中，鼓励建设单位委托咨询单位提供招标代理、勘察、设计、监理、造价、项目管理等全过程咨询服务，满足建设单位一体化服务需求，增强工程建设过程的协同性。全过程咨询单位应当以工程质量和安全为前提，帮助建设单位提高建设效率、节约建设资金。

4.5.2　受托人应根据委托人授权及合同约定提供管理和配合服务，具体授权范围在专用合同条款中约定，且委托人应将对受托人的授权范围在工程合同中写明或书面告知委托人在工程合同下的相对方。

【条款目的】

本条款规定了委托人应在专用合同条款明确对受托人的授权范围，并将该授权告知承包商。

【条款释义】

与全过程咨询服务合同最密切相关的就是项目的工程合同，与受托人最密切相关的项目干系人就是项目的施工总承包单位或工程总承包单位，为便于受托人对承包商的管理，本条款就受托人的授权与管理和配合范围应告知承包商作了具体规定。首先，委托人应在授权或合同中明确受托人提供管理和配合服务的范围，授权可在专用合同条款第4.5.2项［委托人对受托人的授权范围］中明确，避免履约过程中因管理和配合服务范围不清或发生争议。

其次，委托人应使受托人进行管理和配合服务的对象知晓其对受托人的授权范围，故委托人应将授权内容在相关工程合同中写明，或者书面告知前述相关工程合同的相对方。

【使用指引】

合同当事人在使用本条款时应注意以下事项：

第一，授权范围可包括受托人将配合和管理的工程合同形式、受托人的管理权限、咨询服务和其他方所提供服务之间的界面管理责任等。

第二，将对受托人的授权范围告知委托人在相关工程合同项下的相对方是委托人应履行的义务，同时应注意工程合同或委托人书面告知文件中的受托人的授权范围，应与全过程咨询服务合同约定的授权范围相一致。

【法条索引】

《民法典》第一百七十一条第一款　行为人没有代理权、超越代理权或者代理权终止后，仍然实施代理行为，未经被代理人追认的，对被代理人不发生效力。

4.5.3　受托人在做出任何影响工程合同相对方义务的指示和决定前，对于可能对费用、质量或时间产生重大影响的任何变更，须事先得到委托人批准。因情况紧急，难以与委托人取得联系的，受托人应妥善处理委托事务，但事后应尽快将该情况通知委托人。

【条款目的】

本条款规定了受托人对工程合同相对方的指示和决定构成变更的应取得委托人的批准。

【条款释义】

受托人履行咨询服务合同时，其对项目工程合同的承包人的管理和配合源于委托人的授权，不能超越授权行事，同时受托人对承包商的管理和配合是基于对咨询服务合同的履行，受托人无权变更工程合同和咨询服务合同，如履约过程中受托人对承包商的管理和配合涉及咨询服务合同或工程合同变更的，受托人应得到委托人批准后才能行事。由此，本条款规定：受托人进行管理和配合服务时，若其对工程合同相对方的指示或决定可能构成对费用、质量或时间产生重大影响的变更，须事先得到委托人批准后才能做出。

若受托人发出指示或作出决定的情况紧急，无法及时与委托人取得联系，受托人应尽最大的努力，基于委托人的利益，谨慎、妥善处理委托人的委托事务。处理完毕后，受托人应在能与委托人取得联系时，尽快将上述情况告知委托人。

【使用指引】

合同当事人在使用本条款时应注意以下事项：

第一，受托人对工程合同相对方义务的指示和决定是否构成变更，可以在工程咨询服务合同或工程合同中进行约定。若无约定的，应结合本条款的陈述，对工程的结算费用、工程的质量及工期的实质性影响的，例如，工程量增加，工程质量标准的改变，工期的延长等，可作为认定是否构成变更的判断基础。

第二，本条款中，紧急情况下，受托人应在能发出通知，并且该通知能到达委托人的时间，尽快将该情况通知委托人。

【法条索引】

《民法典》第九百二十二条 受托人应当按照委托人的指示处理委托事务。需要变更委托人指示的，应当经委托人同意；因情况紧急，难以和委托人取得联系的，受托人应当妥善处理委托事务，但是事后应当将该情况及时报告委托人。

【案例分析】

【案例】京沈铁路客运专线京冀有限公司（以下简称京沈公司）、北京力佳

图测绘有限公司（以下简称力佳图公司）与北京非凡园林绿化工程有限公司（以下简称非凡公司）建设工程勘察合同纠纷

二审：北京市第四中级人民法院（2017）京04民终80号

【案情摘要】

2010年9月14日，筹备组向非凡公司出具委托书，委托书载明："兹委托贵公司负责协调组织林业部门办理京沈铁路客运专线途经北京市、河北省范围内林地使用相关工作。"委托书落款日期为2010年9月14日，加盖"筹备组"章。2010年9月15日，筹备组向国家林业和草原局林草调查和规划院（以下简称国家林调院）与非凡公司出具委托书。筹备组作为甲方，国家林调院和非凡公司作为乙方，甲方向乙方出具委托书。2010年11月8日，非凡公司向筹备组出具《工作报告》，就相关事项向筹备组进行请示。该报告载明，"2010年9月14日受贵筹备组委托，我公司立即全面开展京沈铁路客运专线（京冀）段范围内林地使用可行性报告的咨询，为加快现场调查、勘测和报告编写上报审批，特将近期需批准的工作事项汇报如下：（1）委托具备铁道部建设司入围资格的中化建国际招标有限公司担任本工程的招标代理工作。按招标程序要求，由贵筹备组作为主管单位对该公司的招标环节和招标结果进行监管和批复。（2）根据工作需要，需对监理公司、园林树木测绘、树木评估补偿、林业勘察（调查）进行公开招标投标。（3）根据工作需要，签订红线钉桩测绘合同。（4）根据工作需要，与国家林调院签订征占使用林地可行性报告合同。以上报告是目前林业使用咨询工作急办事项，请贵筹备组批复。请示人'非凡公司'，日期2010年11月8日。审批结果：第一项，同意，由筹备组工程部、计财部共同负责招标过程和招标结果的监督和批复；第二项、第三项、第四项均同意。在审批人处加盖'筹备组'公章"。2010年11月10日，非凡公司与力佳图公司签订《勘察合同》。

【各方观点】

京沈公司：代理关系不成立：（1）本案不存在符合（商事）代理行为的代理权表象及外观。从涉案两份委托书、《关于林地使用咨询相关工作报告》（以下简称《工作报告》）的外观及表面含义均不能得出具有授予钉桩测量代理权的结论；（2）从三方在涉案纠纷中的行为及真实意图来看，三方当事人均没有设立或者执行代理权的意思；（3）从京沈公司行为来看，没有也不可能有授予代理权的意思。

二审法院：根据查明的事实，京沈公司前期筹备组于2010年9月14日向非凡公司出具委托书，委托事项明确具体。而非凡公司此后2010年11月8日向筹备组提交的《工作报告》，直接针对 2010 年 9 月 14 日委托书中所确定的委托事项，并得到了筹备组的认可。上述委托书和《工作报告》相互印证，可以证实京沈公司与非凡公司之间构成委托代理关系。另，在第三人力佳图公司知道京沈公司与非凡公司之间的代理关系的前提下，非凡公司作为受托人，以自己的名义，在委托人京沈公司的授权范围内与力佳图公司订立的《钉桩测量委托书》《勘察合同》可直接约束委托人京沈公司和第三人力佳图公司，故一审法院认定京沈铁路应就《勘察合同》对力佳图公司支付工程款，并无不当。

【裁判要点】

本案中涉案的两份委托书中，非凡公司均是受托人抑或是受托人之一，非凡公司作为受托人有权依据委托书的授权范围以及委托人的指示从事委托事项，两份委托书委托事项一致。且非凡公司出具《工作报告》，就相关事项向京沈公司前期筹备组（以下简称筹备组）进行请示，筹备组审批结果为同意。而非凡公司与力佳图公司签订的《勘察合同》，合同涉及的工程名称与委托书中的一致，由此可知，非凡公司与力佳图公司签订《勘察合同》并没有超出委托书及授权的范围。且非凡公司亦依据委托书"在林地使用相关工作推进过程中，乙方须及时将工作进展情况和技术措施与甲方进行沟通、汇报，严格依照甲方确定的工作期限和要求全力推进，满足工程建设各阶段工作进度"的约定对签订红线订桩测绘合同进行了汇报，京沈公司也审批同意，故非凡公司作为受托人在委托范围内与力佳图公司签订《勘察合同》符合委托书的约定，该合同直接约束委托人京沈公司和力佳图公司。

【案例评析】

本案是关于建设工程勘察合同中，应如何认定受托人系在委托人授权的范围内处理事务的纠纷。本案经过一审、二审，法院均认可受托人与委托人之间的委托代理关系成立，且受托人并未超出代理权限。

本案中，认定非凡公司向力佳图公司出具《钉桩测量委托书》以及与力佳图公司签订《勘察合同》有效的关键在于，受托人在作出具体行为之前，均提前向委托人请示、汇报，并得到了委托人的批准，且有相关证据予以佐证。据此，首先，提醒受托人应在委托权限内行事，其次，受托人在处理重大问题时，应得到委托人的批准。

4.5.4　在委托人与工程合同相对方之间提供证明、行使决定权或处理权时，受托人应作为独立的专业人员，根据自己的专业技能和判断进行工作，并提供必要的证明资料。

【条款目的】

本条款明确了特定情况下受托人应保持其独立性，旨在督促受托人依托专业优势，独立提供管理和配合服务。

【条款释义】

借鉴国际惯例比如 2017 年 FIDIC 出版的《设计采购施工（EPC）及钥匙工程合同条件》（以下简称 2017 年版 FIDIC 银皮书）第 3.5 款雇主代表的商定或确定权，受托人作为咨询工程师，当工程合同项下的发包人和承包人发生履约争议时，工程师有权独立自主判断并进行商定或确认，解决发包人和承包人的争议，此时强调受托人的独立性，并不将其视为代表委托人行事。因此，本条款规定受托人独立性体现在委托人与工程相对方之间就工程的具体实施提供证明、行使决定权或处理权时，受托人应根据自己专业能力进行独立判断。受托人在该情形中，不是作为仲裁人，而是作为独立的专业人员，根据自己的专业技能和判断进行工作。受托人作出独立判断时，应向委托人及委托人的工程相对方提供据以做出判断的相关资料，以证明受托人的独立判断合理、合规。

【使用指引】

合同当事人在使用本条款时应注意以下事项：

第一，受托人作为独立、中立的专业人员，不得直接或间接接受各种不正当的报酬，不得接受任何有损独立和公正判断的酬谢。

第二，针对委托人与工程合同相对方之间可能影响一方或双方权利义务的行为，受托人应积极作出独立判断。

【法条索引】

2017 年版 FIDIC 银皮书第 3.5 款雇主代表的商定或确定 在履行本款规定的任务时，雇主代表，不应被视为代表雇主行事。本条件规定雇主代表应按照本款对任何事项或索赔进行商定或确定时，以下程序应适用……

第 5 条 进度计划、延误和暂停

5.1 服务开始和完成

5.1.1 委托人应在计划开始服务日期 7 天前向受托人发出开始服务工作通知，服务期限自开始服务通知中载明的日期或按照专用合同条款约定的日期起算。

【条款目的】

本条款是对开始服务日期的规定，旨在明确受托人服务期限起算的具体时间。

【条款释义】

开始服务日期是整个服务期限的起算点，在 2017 年版 FIDIC 白皮书中，开始服务日期是指专用合同条款中约定的日期；若日期未确定，则开始日期应为合同协议书经双方签字盖章生效后的第 14 天，但是在本合同中并未引入 14 天的概念。本合同的开始服务日期以开始服务工作通知中载明的日期或专用合同条款约定的日期为准，并起算服务期限。委托人应在计划开始服务日期前 7 天向受托人发出开始服务通知。

【使用指引】

开始服务日期对合同的履行具有非常重要的意义。受托人应当按照开始服务工作通知或专用合同条款约定的开始服务日期开始提供服务，如果专用合同条款没有明确约定具体的开始服务日期，委托人应当在计划开始服务日期 7 天前向受托人发出开始服务工作通知，给委托人和受托人双方充足的时间对工作安排做出调整，并就服务内容完成准备工作。

本合同对委托人提出了应在计划开始服务日期 7 天前向受托人发出开始服务工作通知的要求。因委托人原因造成实际开始服务日期晚于合同约定的开始服务日期的，或者因委托人原因不能在开始服务工作通知指定日期开始工作的，应以实际开始服务日期起算服务期限，由此增加的费用和造成的服务进度延误，由委托人承担相应的责任。因受托人组织或准备原因，不能按委托人的开始服务工作通知指定日期开始工作的，应由受托人承担由此增加的费用和造成的服务进度延误责任。

【法条索引】

《民法典》第五百零九条第一款　当事人应当按照约定全面履行自己的义务。

【案例分析】

【案例】山东泰和建设管理有限公司与烟台百丽置业有限公司建设工程监理合同纠纷

二审：山东省烟台市中级人民法院（2020）鲁06民终4006号

【案情摘要】

2011年4月30日，山东泰和建设管理有限公司与烟台百丽置业有限公司签订《建设工程委托监理合同》，烟台百丽置业有限公司委托山东泰和建设管理有限公司提供监理服务，合同自2011年5月2日开始实施，至2012年11月2日完成。

因涉案工程在实际施工过程中，监理工程工期延长至2014年9月26日，超过合同约定工期632天，因此山东泰和建设管理有限公司起诉要求烟台百丽置业有限公司按照实际监理工期支付监理费。因此，本案对监理的开始实施日期及结束实施日期的认定至关重要。

【各方观点】

山东泰和建设管理有限公司：合同中约定的开始实施日期2011年5月2日是烟台百丽置业有限公司给定的时间，因要提前进场做前期工作，实际监理开工日期早于2011年5月2日。山东泰和建设管理有限公司提供2011年5月形成的建设单位、施工单位、监理三方签字的《树木区段地表土挖运》，山东泰和建设管理有限公司制作的派驻工地人员花名册及工地人员考勤表，2011年5月至9月期间形成的旁站监理记录表、报验申请表及验收记录原件，山东泰和建设管理有限公司记录的监理日志等，证明山东泰和建设管理有限公司2011年5月已经进场监理。

烟台百丽置业有限公司：第一次监理会议纪要可以证实监理时间是从2011年10月27日开始的，是因为这是第一次会议，之前没有监理会议，不可能出现监理服务，且在第一次监理会议上，其代表对山东泰和建设管理有限公司进行了监理授权，所以这是正式开始监理。还有竣工验收报告上，也写的是

10 月 25 日才开始施工。山东泰和建设管理有限公司主张前期是基础工程，后期全部开工后，监理才全部进场。

一审法院：根据双方当事人陈述及原告举证证据，可以证明原告已于 2011 年 5 月进场提供监理服务。

二审法院：原审法院根据双方合同约定及工程进展情况确定监理实施、截止日期，符合工程实际情况，依法应予确认。

【裁判要点】

在没有其他充分证据可以证明合同约定的监理开始实施日期与实际监理开始实施日期不一致时，应当以合同约定的监理开始实施日期为准。

【案例评析】

本案受托人主张因案涉工程需提前进场做量土方、签字、办理合同手续及拆房量工程量等前期工作，监理的实际开始实施日期早于合同约定。委托人主张前期准备时间不应计入监理工期，应当以监理授权的时间作为监理的实际开始实施日期。

但无论是委托人还是受托人，既然在合同中约定了具体、明确的监理服务开始日期，应当按照合同约定全面履行。双方在合同中设置监理服务开始日期时就应当充分考虑前期的准备工作时长。即使委托人认为不应按合同约定的开始日期开始工作，也应在合同约定的开始日期之前向受托人发出明确的通知。在没有其他充分证据可以证明合同约定的监理开始实施日期与实际监理开始实施日期不一致时，应当以合同约定的监理开始实施日期为准。

5.1.2 咨询服务应在专用合同条款约定的时间或期限内开始和完成，合同约定延期的除外。

【条款目的】

本条款是对服务期限的规定，明确要求咨询服务应在约定期限（或顺延的期限）内完成。

【条款释义】

服务开始日期和完成日期在签约时通常是计划日期，并受合同条件和项目客观条件等较多因素影响，但无论计划日期如何调整，合同约定的服务期限都是用于认定咨询服务合同是否按期完成的标准。服务期限是判断当事人是否按约定期限履行的重要依据。本条款规定咨询服务应在双方约定的时间或期限内开始和完成，同时考虑到咨询服务合同履行过程中，会出现法定或约定的服务期限顺延的情形，所以这里的服务期限应包括顺延的期限。

【使用指引】

委托人和受托人应在专用合同条款中对于哪些情形可以顺延服务期限作出明确约定；对于顺延期限需要办理相应签证手续的，受托人应注意履行相应工期顺延的签证审批手续。

【法条索引】

《民法典》第五百零九条第一款 当事人应当按照约定全面履行自己的义务。

《民法典》第五百七十七条 当事人一方不履行合同义务或者履行合同义务不符合约定的，应当承担继续履行、采取补救措施或者赔偿损失等违约责任。

5.2 服务进度计划

5.2.1 受托人应按照专用合同条款约定，提交服务进度计划。服务进度计划应至少包括下列内容：

（1）受托人为按时完成所有咨询服务而计划开展的各项咨询服务顺序和时间；

（2）合同约定的各项咨询服务成果交付委托人的关键日期；

（3）需要委托人或第三方提供决策、同意、批准或资料的关键日期；

（4）合同关于进度计划条款约定的其他要求。

【条款目的】

本条款是对受托人应提交服务进度计划及其内容作出的具体要求。

【条款释义】

咨询服务合同签订后，受托人应根据合同约定及委托人要求，编制并提交服务进度计划，以便双方按约推进合同的履行及受托人对项目工程合同相对方等其他方的管理和配合义务的准备和履行。对于双方当事人在合同中约定的服务进度计划提交时间，受托人应当严格遵守，在约定时间内提交。服务进度计划至少应包括，受托人为按时完成所有咨询服务而计划开展的各项咨询服务顺序和时间，合同约定的各项咨询服务成果交付委托人的关键日期，需要委托人或第三方提供决策、同意、批准或资料的关键日期及双方约定的进度计划的其他要求等作为进度计划应有内容，受托人应当在进度计划中列明。

在 2017 年版 FIDIC 白皮书中，受托人提交服务进度计划的时间为开始服务日期后 14 天。本合同并未限定服务进度计划的提交时间，而是将其作为双方当事人可以在合同中灵活约定的内容，仅约定按照专用合同条款执行。

【使用指引】

服务进度计划编制的依据包括合同文件和相关要求、全过程工程咨询服务管理规划文件、资源条件、政府约束条件等。受托人编制服务进度计划时应充分考虑各咨询服务之间的衔接、自身各类要素资源配置、技术要求、委托人及其工程合同相对方的配合、政府或第三方审查、外部环境和特质条件等因素，同时需要考虑所服务的工程项目的实际进度，不能脱离工程实施的实际情况，也不能为迎合委托人的要求违背科学和现实条件，不合理地安排服务进度，任意压缩合理工期。

【法条索引】

《民法典》第五百零九条第一款　当事人应当按照约定全面履行自己的义务。

5.2.2　除专用合同条款另有约定外，委托人应在收到受托人提交的服务进度计划后 14 天内完成审批或提出异议。逾期未审批或提出异议的，视为委托人认可该服务进度计划。

【条款目的】

本条款是对委托人对服务进度计划的审批期限及逾期视为认可的规定。

【条款释义】

委托人应对受托人提交的服务进度计划及时审批，这既是委托人的权利，也是委托人的义务，为保障咨询服务合同的顺利履行，双方应在专用合同条款中约定委托人对受托人服务进度计划的审批期限，本合同规定如双方没有另行约定的，委托人应在 14 天内完成审批。同时基于委托人审批具有权利和义务的综合属性，进一步规定，如果委托人在约定期限既未审批也未提出异议的，视为委托人认可受托人的服务进度计划。

【使用指引】

本条款约定了委托人审批或提出异议的时间，但对于委托人提出异议后受托人应在多长时间内完成修改并没有作出进一步的约定，故合同当事人可以在专用合同条款中进一步明确。

本条款规定委托人未在约定期限内审批或提出异议，视为认可受托人的服务进度计划，但该"视为认可"并不减轻或免除受托人因服务进度计划违反合同约定或未能按进度计划执行应承担的违约责任。同时，委托人应加强合同审批管理，及时进行批复或提出异议，避免因被视为认可而导致自身权利受到损害。

【法条索引】

《民法典》第一百四十条　行为人可以明示或者默示作出意思表示。沉默只有在有法律规定、当事人约定或者符合当事人之间的交易习惯时，才可以视为意思表示。

5.2.3　项目实际进度与服务进度计划不一致的，受托人应及时向委托人提交修订的服务进度计划，并附相关措施和资料。除专用合同条款另有约定外，委托人应在收到修订的服务进度计划后 7 天内完成审批或提出异议。逾期未审批或提出异议的，视为委托人认可修订后的服务进度计划。

【条款目的】

本条款是项目实际进度与服务进度计划不一致时的修订及其审批的约定。

【条款释义】

咨询服务合同履行过程中受制于各种因素和干系人的影响，尤其是项目工程合同相对方的施工进度影响，往往咨询服务的履行进度会与最初编制的进度计划出现偏差。为了与整体项目建设相衔接，就需要调整受托人的咨询服务进度计划。本条款规定当项目实际进度与服务进度计划不一致需要修订时，受托人应当及时提交修订的服务进度计划并附相关措施和资料，说明进度计划受影响原因、采取相应的调整方案及保障措施。委托人应在收到修订的服务进度计划后在专用合同条款约定的期限内完成审批或提出异议，逾期未审批或提出异议的，视为委托人认可修订后的服务进度计划，如果专用合同条款未约定对修订进度计划审批期限的，按通用合同条款委托人应在 7 天内完成审批或提出异议。

【使用指引】

第一，通常情况下，受托人应通过合理措施，确保实际服务进度尽量符合服务进度计划的要求，且相关的费用应当由受托人承担。委托人对受托人服务进度计划修订的审批，并不代表减轻或免除受托人依据合同应承担服务期限延误的违约责任。委托人对服务进度计划修订的审批，并不必然构成受托人服务期限可顺延的情形。

第二，合同双方需要注意的是根据本合同第 5.2.2 项委托人对受托人编制的服务进度计划的审批期限为 14 天，考虑到服务进度计划修订所需审批的工程量应该少于服务进度计划的审批，所以本条款规定委托人审批期限是 7 天，如果根据项目情况及委托人的管理力量，认为该期限不足的，应在专用合同条款中另行约定服务进度计划修订审批的期限。

第三，需要注意的是，委托人对受托人提交的服务进度计划和修订的服务进度计划的审批确认，不能视为委托人对咨询服务合同的期限内容作出更改，也不能减轻或免除受托人根据合同约定和法律规定应承担超出服务期限的任何责任或义务。

【法条索引】

《民法典》第一百四十条　行为人可以明示或者默示作出意思表示。沉默只有在有法律规定、当事人约定或者符合当事人之间的交易习惯时，才可以视为意思表示。

5.2.4　对于任何可能对服务产生不利影响、导致费用增加或服务进度计划延误的事件或情况，任何一方在得知上述事件或情况后应立即向另一方发出通知。

【条款目的】

本条款是对委托人和受托人双方对于影响服务的事件或情况出现后的通知义务的约定。

【条款释义】

合同履行过程中，可能出现对服务产生不利影响、导致费用增加或服务进度计划延误的事件或情况，这些事件或情况可能来自项目其他参与方，也可能是客观情况发生变化或出现双方签约时不能预见的困难、物质条件等，任何一方在发现以上事件或情况后，应当基于诚信和相互协作原则，立即通知合同另一方，以便另一方做好相应准备以避免或降低对合同履行的影响。

【使用指引】

本条款对于出现干扰事件或情况的通知义务使用了"立即"，建议双方在专用合同条款中对于通知期限作出明确约定，同时在专用合同条款中就一方未立即履行通知义务应承担违约责任或损失扩大责任作出相应约定。

【法条索引】

《民法典》第五百七十七条　当事人一方不履行合同义务或者履行合同义务不符合约定的，应当承担继续履行、采取补救措施或者赔偿损失等违约责任。

《民法典》第五百九十一条　当事人一方违约后，对方应当采取适当措施防止损失的扩大；没有采取适当措施致使损失扩大的，不得就扩大的损失请求赔偿。当事人因防止损失扩大而支出的合理费用，由违约方负担。

5.3　服务进度延误

5.3.1　合同履行过程中，因发生下列情形造成咨询服务进度延误，属于非受托人原因导致的咨询服务进度延误：

（1）委托人未能按合同约定提供有关资料或所提供的有关资料不符合合同约定或存在错误或疏漏的；

（2）委托人未能按合同约定提供咨询服务工作条件、设施场地、人员服务的；

（3）委托人对咨询服务进行变更的；

（4）委托人或委托人的承包商、供应商、其他咨询方等使咨询服务受到障碍或延误的；

（5）委托人未按合同约定日期足额付款的；

（6）不可抗力；

（7）专用合同条款中约定的其他情形。

【条款目的】

本条款规定的是非受托人原因导致的咨询服务进度延误的情形。

【条款释义】

履行期限是合同的主要条款，受合同各方关注。全过程咨询服务合同的履行期限不仅关系到本合同委托人和受托人，还会直接关系到项目其他建设参与方，比如工程合同相对方的承包商、业主的其他咨询方等，因此当咨询服务合同履行发生延误时，区分责任至关重要。本条款以列举方式明确了非受托人原因导致服务进度延误的情形，出现这些情形时，受托人可以主张履行期限顺延，主要包括：

第一，委托人未能履行合同约定的义务或因委托人原因致使咨询服务受到障碍或延误，例如未能按合同约定提供有关资料或所提供的有关资料不符合合同约定或存在错误或疏漏的；未能按合同约定提供工作条件和设施场所、人员服务的；未按合同约定日期足额付款等。

第二，委托人的承包商、供应商、其他咨询方等第三方未能履行合同约定的义务或存在其他违约行为致使咨询服务受到障碍或延误的。

第三，委托人对咨询服务的内容作出变更的，此时并不存在违约行为导致咨询服务进度延误，而是基于委托人一种合理的变更权对受托人咨询服务进度和费用的影响。

第四，不可抗力，此时不存在某一方违约，而是出现了当事人不能预见、不能避免且不能克服的客观情况才导致咨询服务进度延误，应按照本合同第10 条［不可抗力］中约定的责任承担方式分配责任。

第五，专用合同条款中约定的其他属于非受托人原因导致咨询服务进度延误的情形。

【使用指引】

非受托人原因导致的咨询服务进度延误和受托人原因导致的咨询服务进度延误两种情形下，受托人的权利义务完全不同。非受托人原因导致咨询服务进度延误的，受托人有权申请延期和调整服务费用；受托人原因导致咨询服务进度延误的，受托人作为违约方无权申请延期且应承担相应的违约责任。因此，当出现本条款规定的影响服务进度的情形时，受托人应加强搜集证据意识和证据管理能力，注意搜集、整理、固定相应情形发生的证据资料，按合同相关约定及时提出相应服务期限和费用调整的请求或索赔。

在适用本条款时，需要注意与本合同第 11.1 款［委托人违约］相互协调和衔接的问题。对于委托人原因导致进度延误的情形，除了本条款外，还可以参考本合同第 11.1.1 项关于［委托人违约情形］的约定，包括（1）委托人未能按合同约定提供有关资料或所提供的有关资料不符合合同约定或存在错误或疏漏的；（2）委托人未能按合同约定提供咨询服务工作条件、设施场地、人员服务的；（3）委托人擅自将受托人的成果文件用于本项目以外的项目或交由第三方使用的；（4）委托人未按合同约定日期足额付款的；（5）委托人未能按照合同约定履行其他义务的。当出现委托人违约情形时，构成受托人的索赔项，参照国际惯例2017版FIDIC白皮书的相关规定或双方当事人在专用合同条款中对于索赔程序和期限有规定的，受托人应在该期限内按其程序规定提起索赔，以免逾期失去索赔权利。

【法条索引】

《民法典》第一百八十条　因不可抗力不能履行民事义务的，不承担民事责任。法律另有规定的，依照其规定。不可抗力是不能预见、不能避免且不能克服的客观情况。

《民法典》第五百零九条第一款　当事人应当按照约定全面履行自己的义务。

《民法典》第五百七十七条　当事人一方不履行合同义务或者履行合同义务不符合约定的，应当承担继续履行、采取补救措施或者赔偿损失等违约责任。

《民法典》第五百九十条　当事人一方因不可抗力不能履行合同的，根据不可抗力的影响，部分或者全部免除责任，但是法律另有规定的除外。因不可抗力不能履行合同的，应当及时通知对方，以减轻可能给对方造成的损失，并应当在合理期限内提供证明。当事人迟延履行后发生不可抗力的，不免除其违约责任。

5.3.2　除专用合同条款另有约定外，因非受托人原因导致咨询服务进度延误后7天内，受托人应向委托人发出要求延期的书面通知，并在咨询服务进度延误后14天内提交要求延期的书面说明供委托人审查。委托人收到受托人要求延期的说明后，应在7天内进行审查并就是否延长服务期限、修订服务进度计划及延期天数向受托人进行书面答复。

委托人在收到受托人提交要求延期的说明后未在约定的期限内给予答复的，视为受托人要求的延期已被委托人批准。

因非受托人原因导致服务进度延误，致使费用增加的，委托人应按照第7条［变更和服务费用调整］调整服务费用。

【条款目的】

本条款是对非受托人原因导致咨询服务进度延误情况下，受托人申请延期和调整服务费用的规定。

【条款释义】

非受托人原因导致咨询服务进度延误的，受托人有权申请延期。申请延期过程涉及委托人和受托人各方权利义务和责任及对工程项目建设进度的影响，所以有必要对延期的流程和期限进行约定，以规范和约束咨询合同双方的权利义务。本条款规定，对于申请延期的期限、形式和其他程序，如果当事人未在专用合同条款第 5.3.2 项 ［受托人发出延期书面通知的时间］ 作出其他约定的，受托人应在咨询服务进度延误的 7 天内向委托人发出要求延期的书面通知，并在咨询服务进度延误后 14 天内向委托人提交要求延期的书面说明供委托人审查。委托人应对受托人提交的书面延期说明进行审查，如果当事人未在专用合同条款第 5.3.2 项 ［委托人书面答复的时间］ 作出其他约定的，委托人应在收到延期说明后的 7 天内审查完毕，同时就是否延长服务期限、修订服务进度计划及延期天数向受托人作出书面答复。委托人逾期答复视为已经批准受托人的延期申请。

本条款同时采取指引方式约定，因非受托人原因导致服务进度延误，致使服务费用增加的，委托人应按照本合同第 7 条 ［变更和服务费用调整］ 调整服务费用，根据合同约定或双方另行协商确定的取费标准确定。

【使用指引】

首先，尽管本条款对受托人发出要求延期的书面通知提出了具体的时间要求，但是需要注意的是，本合同本身并未约定 "受托人未在咨询服务进度延误后的 7 天内向委托人发出要求延期的书面通知的，视为其放弃要求延期的权利" 等条款。实践中很多当事人会在专用合同条款中约定类似条款，以催促受托人及时行使权利。

另外，委托人逾期答复将视为已经批准了受托人的延期申请，此后不能以延期申请未经其认可或不符合实际情况为由向受托人主张咨询服务进度延误的损失。因此，委托人应加强延期期限的审批管理，避免错过审批期限被视为认可受托人的延期申请。

【法条索引】

《民法典》第一百四十条　行为人可以明示或者默示作出意思表示。沉默只有在有法律规定、当事人约定或者符合当事人之间的交易习惯时，才可以视为意思表示。

【案例分析】

【案例】甘肃金华建项目管理有限公司（以下简称金华建公司）与金昌市残疾人联合会（以下简称金昌市残联）建设工程监理合同纠纷

二审：甘肃省金昌市中级人民法院（2022）甘03民终5号

【案情摘要】

2017年2月27日，甘肃金华建项目管理有限公司与金昌市残疾人联合会签订建设工程监理合同，约定金昌市残联委托金华建公司为案涉工程进行监理，监理期限自2017年3月15日至2017年10月30日。在合同生效、变更、暂停、解除与终止项下双方约定：除不可抗力外，非因监理人原因导致监理人履行合同期限延长、内容增加时，监理人应当将此情况与可能产生的影响及时通知委托人，增加的监理工作时间、工作内容应视为附加工作；附加工作酬金按合同期限延长时间（天）×正常工作酬金÷协议书约定的监理与相关服务期限（天）计算。

后因涉案工程并未依据合同约定的2017年10月30日竣工，而是迟至2021年7月29日才组织验收，因此金华建公司起诉要求金昌市残疾人联合会支付延期的监理费用。

【各方观点】

二审法院认为，依法成立的合同对当事人具有约束力，当事人应当按约履行。本案中，金昌市残联与金华建公司签订的建设工程监理合同第一部分协议书中约定，涉案合同签约酬金为300000元，监理服务期限延长所增加的费用由双方以监理补充协议的形式另行约定。合同第二部分通用条件中约定，"正常工作"指合同订立时通用条件和专业条件中约定的监理人的工作；"附加工作"是指本合同约定的正常工作以外监理人的工作；"附加工作酬金"是指监理人完成附加工作，委托人应给付监理人的金额。该合同第6.2.2条约定"除不可抗力，非因监理人原因导致监理人履行合同期限延长、内容增加时，监理人应将此情况与可能产生的影响及时通知委托人。增加的监理工作时间、工作内容视为附加工作。附加工作酬金的确定方式在专用条件中约定"。该合同同时对金华建公司监理的范围和工作内容均有明确约定。建设工程监理合同履行过程中，发生工期延长，直至2021年7月29日涉案工程通过竣工验收。依据上述约定，金昌市残联支付附加工作报酬的前提应当是金华建公司完成了正常监理工作之外的附加工作。本案中，二审经询问双方当事人，双方均认可建设工程施工合同履行过程中，未出现工程量增加的情形。建设工程延期也并不必然意味着监理人工作量增加，在监理范围和工作内容未发生变化的情况下，监理人最终完成的总工作量相对固定。同时，金华建公司作为监理人，依据该合同第6.2.2条约定主张附加工作酬金，其应是业主或其他参建单位原因使监理工作受到阻碍或者延误，监理人因此增加了工作和持续的时间，监理人已就前述情形可能产生的影响及时通知了业主的事实承担举证责任。在施工阶段，工程监理人负有对建设工程质量、进度、造价进行控制的义务，在发生工期延误时，金华建公司有义务按照建设工程监理合同及《建设工程监理规范》要求向金昌市残联提出建议及书面报告，并就监理服务期限延长所增加费用积极与金昌市残联进行协商，但金华建公司未提交证据证明其已履行上述义务，在此情况下，金华建公司在本案中以存在建设工程延期为由，主张附加工作酬金，依据不足，本院不予支持。

【裁判要点】

在发生非受托人原因导致咨询服务进度延误的情形时，受托人应当按照合同约定，及时向委托人发出要求延期的书面通知，否则自行承担由此导致的损失。

【案例评析】

非受托人原因导致咨询服务进度延误的，受托人有权申请延期，但应当履行必要的通知义务和合同约定的延期申请程序。受托人未履行必要的通知义务，且最终完成的总工作量相对固定，将可能无法获得发包人对服务进度延期及费用调整的补偿。

5.3.3 因受托人原因导致咨询服务进度延误的，受托人应按照第11.2.3项的约定承担违约责任。专用合同条款约定逾期违约金的，受托人还应根据约定的逾期违约金计算方法和最高限额支付逾期违约金。受托人支付逾期违约金后，不免除受托人继续完成咨询服务的义务。

【条款目的】

本条款是因受托人原因导致咨询服务进度延误的情形下，对受托人违约责任的规定。

【条款释义】

因受托人原因导致咨询服务进度延误的，受托人应当承担相应的违约责任。本条款规定受托人的违约责任包括两个方面，一是根据本合同第11.2.3

项约定承担给委托人增加的费用和（或）因服务期限延误等造成的损失，二是如果专用合同条款对逾期违约金有约定的，受托人还应根据约定支付逾期违约金，且逾期违约金的承担并不免除受托人仍按合同约定继续完成咨询服务的义务。需要说明的是，如果双方在专用合同条款约定了违约金的最高限额的，受托人承担的违约金以最高额为限。

【使用指引】

"受托人原因导致进度延误"指受托人存在违反合同约定的违约行为导致咨询服务进度延误，包括违反本合同规定的所有受托人应当履行的义务。因此，受托人应当承担相应的违约责任。《民法典》中违约责任的承担方式包括继续履行、采取补救措施或者赔偿损失等。双方当事人可就受托人违约责任的承担方式和计算方法在专用合同条款中自行约定。在发生受托人原因导致进度延误的情况下，受托人应根据合同约定承担因其违约给委托人增加的费用和（或）因服务期限延误等造成的损失。

当事人还可以在本合同专用合同条款第 5.3.3 项对逾期违约金的计算方法和最高限额作出约定，受托人应根据约定的逾期违约金计算方法和最高限额支付逾期违约金，考虑到咨询服务合同特点及咨询服务行业现状，鼓励受托人通过在合同中约定违约金最高限额和保险等方式控制或转移风险。

【法条索引】

《民法典》第五百七十七条　当事人一方不履行合同义务或者履行合同义务不符合约定的，应当承担继续履行、采取补救措施或者赔偿损失等违约责任。

5.4　服务暂停

5.4.1　委托人可根据项目进展情况，以书面通知方式指示受托人暂停部分或全部咨询服务工作，并在通知中列明暂停的日期及预计暂停的期限。

【条款目的】

本条款是对委托人可以提出要求暂停服务的规定。

【条款释义】

参照《民法典》关于承揽合同的规定，咨询服务合同履行过程中项目进展受不可预见困难、经济环境等外部因素及发包人的投资计划调整等因素影响，建设单位可以对项目参与方提出暂停服务和项目建设的安排。为了规范委托人暂停服务行为，本条款规定委托人可以根据项目进展情况随时要求受托人暂停部分或全部咨询服务工作，受托人应当按通知要求暂停工作。要求暂停工作的通知应当以书面形式发出，通知中应当列明暂停的日期及预计暂停的期限。

【使用指引】

与受托人相比，委托人暂停咨询服务并不拘泥于某些特定情形，拥有更大的自由度。但委托人暂停部分或全部咨询服务工作的，暂停期间的费用支出应由委托人承担。

暂停部分或全部咨询服务的书面通知应尽量全面、明确，委托人应在通知中列明暂停服务的原因、暂停的服务范围、暂停的具体日期及预计暂停的期限，便于受托人对暂停服务涉及的相关事宜作出迅速的安排。当实际暂停期限与通知不一致时，委托人和受托人均应保留或固定实际暂停服务期限的凭证。

【法条索引】

《民法典》第七百七十条第一款　承揽合同是承揽人按照定作人的要求完成工作，交付工作成果，定作人支付报酬的合同。

《民法典》第七百七十七条　定作人中途变更承揽工作的要求，造成承揽人损失的，应当赔偿损失。

【案例分析】

【案例】陕西中昊建设有限公司（以下简称中昊公司）与陕西中兴国防工业工程咨询有限公司（以下简称中兴公司）建设工程监理合同纠纷

二审：陕西省西安市中级人民法院（2021）陕 01 民终 7762 号

【案情摘要】

中兴公司与中昊公司签订《建设工程委托监理合同》，约定中昊公司委托中兴公司监理案涉工程，合同自 2011 年 8 月开始实施，至 2012 年 10 月完成，监理服务期为 14 个月，自监理人员进驻工地之日计算。合同约定：建设工程项目因故引起停工，若委托人认定停工时间将超过一个月时，应立即书面通知监理人暂停监理服务。监理人接到暂停服务通知后可全部撤离工程现场监理人员。监理人撤离现场直至工程复工后重新进驻期间，不计取监理报酬。若停工期间委托人需要监理人在现场，双方另行商议停工期间委托人应支付监理人具体的报酬。

在监理费用的问题上，中昊公司坚持中兴公司仅提供了 11 个月的监理服务，其中应扣减春节、农忙、被相关行政机关通知停工等时间，由此发生争议。

【各方观点】

中昊公司认为，合同约定的 14 个月监理期限包含每年两个农忙假和春节长假。涉案工程因故停工，停工期间中兴公司没有人员上班，因此中昊公司不应承担停工期间的监理费。

中兴公司认为，中兴公司已完成合同约定的全部监理工作，有权主张监理费用。中昊公司提出的农忙假、春节长假以及因故停工期间扣除监理费无任何根据。

二审法院认为，中昊公司在合同明确约定"建设工程项目因故引起停工，若委托人认定停工时间将超过一个月时，应立即书面通知监理人暂停监理服务。监理人接到暂停服务通知后可全部撤离工程现场监理人员。监理人撤离现场直至工程复工后重新进驻期间，不计取监理报酬"的情况下，从未通知中兴公司停工，因此，其主张扣除农忙假、春节长假以及工程停工期间的监理费无事实依据，一审认定涉案工程监理期限为 14 个月正确。

【裁判要点】

委托人应当以书面通知的形式要求受托人暂停部分或全部监理工作，并对此承担举证责任。

【案例评析】

委托人可以出于任何原因，根据项目进展情况随时以书面通知的形式要求受托人暂停部分或全部咨询服务工作，受托人应当按通知要求暂停工作。但委托人必须发出具体明确的通知，暂停期间的费用支出也由委托人承担。

5.4.2　发生下列情形时，受托人可暂停全部或部分咨询服务：

（1）委托人未能按期支付款项，且委托人未根据第 6.3 款［有争议部分的付款］就未付款项发出异议通知的。受托人应提前 28 天向委托人发出暂停通知；

（2）发生不可抗力。受托人应根据第 10.2 款［不可抗力的通知］尽快向委托人发出通知，且应尽力避免或减少咨询服务的暂停；

（3）专用合同条款约定的其他情形。

【条款目的】

本条款是对受托人有权暂停全部或部分咨询服务的规定。

【条款释义】

相对于本合同第 5.4.1 项委托人暂停咨询服务的规定，本条款规定了受托人暂停服务的情形。基于受托人是咨询服务成果提供的责任方，并承担对项目利益的保护义务，不同于委托人结合项目情况有权决定暂停咨询服务的规定，受托人只有出现本条款及专用合同条款规定的情形或法定情形才有权暂停部分或全部咨询服务。本条款规定，就受托人而言，只有发生"不可抗力"或"委托人未能按期支付款项且委托人未根据本合同通用合同条款第 6.3 款［有争议部分的付款］就未付款项发出异议通知的"或专用合同条款第 5.4 款［服务暂停］另行约定的情形时，才可以暂停全部或部分咨询服务。

针对委托人未能按期支付款项情形，受托人应提前 28 天向委托人发出暂停咨询服务的书面通知，委托人未改正的情况下，才能行使暂停服务的权利。发生不可抗力，受托人应立即通知委托人，书面说明不可抗力和受阻碍的详细情况，并在合理期限内提供必要的证明。不可抗力持续发生的，受托人还应及时向委托人提交书面中间报告，说明不可抗力和履行合同受阻的情况，并于不可抗力事件结束后 28 天内提交最终书面报告及有关资料。需要强调的是，发生不可抗力时，合同的任何一方均有义务采取措施避免损失的扩大，因此本条款规定受托人应尽力避免或减少不可抗力情况下咨询服务的暂停。

【使用指引】

第一，委托人未能按期支付款项，可能是因为委托人对该部分款项有异议，这种情况下如果委托人依据本合同通同合同条款第 6.3 款已经发出了异议通知，并不能必然构成委托人延期付款的违约，双方有争议的可以通过争议解决条款约定的路径解决，但受托人不能依据本条款主张暂停服务。

第二，本合同第 11.1.1 项［委托人违约］部分，具体规定了 5 种委托人违约的情形。需要注意的是，本条款仅约定了"委托人未能按期支付款项且委托人未根据第 6.3 款［有争议部分的付款］就未付款项发出异议通知的"一种委托人违约的情形，在委托人发生本合同通用合同条款第 11.1 款［委托人违约］中规定的其他情形时，虽然本合同未赋予受托人暂停咨询服务的权利，但是根据《民法典》第五百二十五条~第五百二十七条的规定，受托人可以依法行使同时履行抗辩权、先履行抗辩权或不安抗辩权。

【法条索引】

《民法典》第五百二十五条　当事人互负债务，没有先后履行顺序的，应当同时履行。一方在对方履行之前有权拒绝其履行请求。一方在对方履行债务不符合约定时，有权拒绝其相应的履行请求。

《民法典》第五百二十六条　当事人互负债务，有先后履行顺序，应当先履行债务一方未履行的，后履行一方有权拒绝其履行请求。先履行一方履行债务不符合约定的，后履行一方有权拒绝其相应的履行请求。

《民法典》第五百二十七条　应当先履行债务的当事人，有确切证据证明对方有下列情形之一的，可以中止履行：

（一）经营状况严重恶化；

（二）转移财产、抽逃资金，以逃避债务；

（三）丧失商业信誉；

（四）有丧失或者可能丧失履行债务能力的其他情形。

当事人没有确切证据中止履行的，应当承担违约责任。

《民法典》第五百九十条　当事人一方因不可抗力不能履行合同的，根据不可抗力的影响，部分或者全部免除责任，但是法律另有规定的除外。因不可抗力不能履行合同的，应当及时通知对方，以减轻可能给对方造成的损失，并应当在合理期限内提供证明。当事人迟延履行后发生不可抗力的，不免除其违约责任。

5.4.3　委托人要求受托人暂停咨询服务的，受托人应在收到委托人恢复通知后 28 天内恢复咨询服务。受托人根据第 5.4.2 项暂停咨询服务的，应在导致暂停的事项终止后尽快恢复咨询服务。

【条款目的】

本条款是对咨询服务暂停后的恢复的规定，以推动咨询服务的完成。

【条款释义】

委托人要求暂停服务的，需要恢复咨询服务时应向受托人发出恢复服务的通知，委托人发出的恢复服务的通知应考虑客观情况。考虑到受托人恢复咨询服务需要必要准备和组织工作，需要一个合理时间，本条款规定受托人应自收到委托人恢复通知后 28 天内恢复咨询服务。

受托人按约通知暂停服务的，应在导致暂停的事项终止后在合理可行的时间范围内尽快恢复咨询服务。

【使用指引】

虽然本条款并没有规定双方当事人可以在专用合同条款中另行约定受托人恢复咨询服务的合理期限，但并不意味着双方不能结合暂停原因及项目情况约定短于 28 天的恢复期限，只有在专用合同条款没有另行约定的情况下，才适用通用合同条款的期限规定。如受托人认为并不具备恢复咨询服务条件的，咨询服务仍需暂停，受托人应当按照本合同通用合同条款第 5.4.2 条的规定，向委托人发出书面通知，说明不能恢复的原因，并提供相应的支撑材料。

因发生"不可抗力"或"委托人未能按期支付款项且委托人未根据第 6.3 款［有争议部分的付款］就未付款项发出异议通知的"或专用合同条款第 5.4 款［服务暂停］另行约定的情形，受托人自行暂停咨询服务的，应在导致暂停的事项终止后尽快恢复咨询服务。本合同本身未对"尽快"二字作出具体规定，当事人可在专用合同条款中另行约定。

【法条索引】

《民法典》第七百七十条第一款　承揽合同是承揽人按照定作人的要求完成工作，交付工作成果，定作人支付报酬的合同。

5.4.4　服务暂停相关事项应按以下方式处理：

（1）对于受托人在服务暂停前根据合同约定已经履行的咨询服务，委托人应支付相应的服务费用。

（2）受托人应在服务暂停期间做好服务成果的保管，采取合理的措施保证服务成果的安全、完整，以避免毁损。

（3）服务暂停导致的延误应根据第 5.3 款［服务进度延误］修订服务进度计划。

除不可抗力及受托人原因导致的服务暂停外，服务暂停和恢复所产生的费用应由委托人承担。因委托人原因导致服务暂停的，委托人应向受托人支付合理的费用。双方应根据第 6.2 款［支付程序和方式］调整受托人的服务费用支付。

【条款目的】

本条款是对咨询服务暂停后果的具体规定，包括服务暂停期间的费用承担和调整、受托人对服务成果的照管义务、服务进度计划的修订等。

【条款释义】

当出现服务暂停后，委托人和受托人均应承担相应的配合和协助义务，具体体现在：

首先，对于受托人在服务暂停前根据合同约定已经履行的咨询服务，委托人应支付相应的服务费用。

其次，受托人应在服务暂停期间采取合理的措施保证服务成果的安全、完整，以避免毁损，否则受托人应当承担相应的损害赔偿责任。

最后，因非受托人原因导致咨询服务进度延误，咨询服务进度延误后 7 天内，受托人应向委托人发出要求延期的书面通知，并在咨询服务进度延误后 14 天内提交要求延期的书面说明供委托人审查。委托人收到受托人要求延期的说明后，应在 7 天内进行审查并就是否延长服务期限、修订服务进度计划及延期天数向受托人进行书面答复。委托人在收到受托人提交要求延期的说明后未在约定的期限内给予答复的，视为受托人要求的延期已被委托人批准。

除不可抗力及受托人原因导致的服务暂停外，服务暂停和恢复所产生的费用应由委托人承担。因委托人原因导致服务暂停的，委托人应向受托人支付合理的费用。

【使用指引】

首先，根据暂停服务原因的不同，服务暂停期间的损失以及恢复服务费用的责任承担也有所区别。

（1）根据本合同通用合同条款第 10.3 款［不可抗力的后果］相关规定，不可抗力造成的损失由合同当事人按照法律法规规定及合同约定各自承担。因不可抗力原因导致服务暂停的，暂停期间的损失和恢复咨询服务的费用由委托人和受托人合理分担。合同各方当事人可以在专用合同条款中对相关费用的计算方式、分担方式作出进一步的约定。

（2）因受托人原因导致服务暂停的，暂停期间的费用和委托人的损失由受托人承担。

（3）除不可抗力及受托人原因之外的原因导致服务暂停的，暂停期间的费用由委托人承担。

（4）对于委托人原因导致服务暂停的，委托人除了要支付暂停期间产生的费用外，还应承担由此给受托人造成的损失。为避免后续就补偿费用数额产生争议，合同当事人可以在专用合同条款中对因委托人原因导致咨询服务暂停的补偿费用标准进行约定。

其次，对于受托人在服务暂停期间对服务成果的照管义务，受托人按约履行照管义务期间发生的照管费用属于暂停服务期间发生的合理费用，根据导致服务暂停原因的不同，责任承担方也不同，例如，因不可抗力等不可归责于当事人的原因导致服务暂停的，照管费用按照法律规定和合同约定由双方当事人合理分担。受托人对服务成果的照管义务是合同赋予受托人的义务，即使非因受托人原因导致暂停服务的，受托人也应当积极主动地履行照管义务，依据《民法典》第五百九十一条所规定的减损义务，即便因委托人原因导致暂停服务的，受托人有义务采取适当措施防止损失的扩大，否则不得就扩大的损失请求赔偿。

【法条索引】

《民法典》第五百九十一条　当事人一方违约后，对方应当采取适当措施防止损失的扩大；没有采取适当措施致使损失扩大的，不得就扩大的损失请求赔偿。当事人因防止损失扩大而支出的合理费用，由违约方负担。

第**6**条　服务费用和支付

6.1　服务费用

6.1.1　委托人和受托人应在合同中明确约定服务费用的组成和计取方式，包括变更和调整的计取方式。

【条款目的】

本条款源于 2017 年版 FIDIC 白皮书第 7.1.1 项，旨在提示委托人和受托人就全过程工程咨询服务费用的组成和计取方式及其变更和调整在合同中进行明确约定，以免未约定或约定不明确导致双方产生争议。

【条款释义】

合同的价款及其调整毫无疑问是各类合同主体最为关注的要素之一，属于合同的实质性内容。就全过程咨询服务合同而言，本条款规定：委托人和受托人应在合同中明确列明服务费用的组成部分，服务费用一般可由服务酬金、服务开支、奖励费用等组成。委托人和受托人应在合同中明确约定服务费用的计取方式。目前实践中，服务费用计取方式主要分为"单项收费汇总"方式、"1+N 叠加计费"方式、"总价×费率"方式、"人工时计费"方式。同时，对于服务费用的变更和调整情形、程序、计取方式双方当事人可结合本合同第 7 条［服务费用变更和调整］一并协商约定。

【使用指引】

合同当事人在使用本条款约定时应注意以下事项：

第一，受托人应当根据具体咨询项目的特点、服务内容和范围、委托方需求选择服务费用的计价方式，明确服务酬金、服务开支、奖励金额等内容。

第二，受托人应当审慎选择单项收费方式，其适用极易导致在一个项目工程中各单项咨询业务拼凑情况的出现，不利于全过程工程咨询模式的推广与发展。

第三，人工时计取费方式因考虑了各地区实际发展状况和物价水平，受托人可选择在专业性较强的咨询业务中适用。

第四，"总价×费率"方式下，受托人可在对各阶段服务费用进行综合计算的基础上，用加权法确定费率，同时结合市场及企业现状，最终确定适用于不同规模与类型项目的费率区间，以此作为合同计费指导。

第五，发生服务内容增加或减少、服务时间延长或缩短等变更情形，双方应按照合同约定调整服务费用，避免因合同中未明确变更、调整，导致委托人面临多支付服务费用、受托人少收取服务费用的风险。

第六，对委托人而言，服务内容减少、服务时间缩短等属于调减服务费用的情形，委托人应将相关变更文件交与受托人书面确认。同样，对受托人而言，服务内容增加、服务时间延长等属于调增服务费用的情形，受托人应将相关变更文件交与委托人书面确认。

【法条索引】

《民法典》第五百一十一条　当事人就有关合同内容约定不明确，依据前条规定仍不能确定的，适用下列规定：（二）价款或者报酬不明确的，按照订立合同时履行地的市场价格履行；依法应当执行政府定价或者政府指导价的，依照规定履行。（六）履行费用的负担不明确的，由履行义务一方负担；因债权人原因增加的履行费用，由债权人负担。

《民法典》第五百四十四条　当事人对合同变更的内容约定不明确的，推定为未变更。

2017 版 FIDIC 白皮书第 7.1.1 项　客户应按照附录 3［报酬和付款］中的详细规定，向咨询工程师（单位）支付服务费用（包括服务变更）。

2017 版 FIDIC 白皮书第 5.2.3 项　变更的价值及其对进度计划的影响应由客户以书面形式同意，并向咨询工程师（单位）确认。根据此类商定，客户应向咨询工程师（单位）签发指示，开始变更工作。

2017 版 FIDIC 白皮书第 5.2.4 项　咨询工程师（单位）应按照附录 3［报酬和付款］中规定的费率和价格基于所花费的时间得到补偿，如未规定费率和价格，则应以合理的费率和价格进行补偿，直到就变更的所有影响达成商定。

【案例分析】

【案例 1】霖达全过程工程咨询（广东）有限公司与东源桥头九天绿经济发展有限公司技术服务合同纠纷

一审：广东省东源县人民法院（2021）粤 1625 民初 772 号

【案情摘要】

2020 年 7 月 3 日，被告东源桥头九天绿经济发展有限公司（甲方）与原告霖达全过程工程咨询（广东）有限公司（原称：惠州市南森林业设计有限公司）（乙方）签订《东源桥头九天绿经济发展有限公司鸽子养殖场基础建设项目使用林地可行性报告编制合同》，约定乙方向甲方提供专项技术服务，即为东源桥头九天绿经济发展有限公司鸽子养殖场基础建设项目使用林地（征用占用）编制可行性报告、森林采伐伐区调查设计书及边界桩布设，提交可行性报告及森林采伐伐区调查设计书纸质版各 5 份及电子档各 1 份，成果须符合《建设项目使用林地可行性报告编制规范》（LY/T 2492—2015）、《森林资源规划设计调查技术规程》（GB/T 26424—2010）及《广东省森林资源规划设计调查操作细则》，由甲方支付相应技术服务报酬。约定合同金额为 233601 元，合同签订生效后预付款 30％即 70080 元，甲方收到乙方提交成果报告后一次性付清余款即 163521 元。其中乙方的权利和责任约定"积极协助甲方向上级办理申请同意使用林地手续并按政府有关部门审查意见和甲方建议进行修改"。合同签订后，原告于 2020 年 8 月 13 日向被告提交了可行性报告及森林采伐伐区调查设计书纸质版各 5 份，并于 2020 年 10 月 21 日发送了电子版各 1 份，后案涉项目通过林地使用审批，河源市林业局于 2020 年 12 月 31 日向被告开具了缴款通知书。被告仅于 2020 年 9 月 11 日向原告支付了 50000 元，原告多次催收剩余技术服务报酬 183601 元未果，遂诉至本院。

【各方观点】

霖达全过程工程咨询（广东）有限公司：合同约定由原告（霖达）向被告（东源）提供专项技术服务，即向被告提交可行性报告、森林采伐伐区调查设计书及边界桩布设，由被告支付相应的技术服务报酬。合同约定付款方式为合同签订生效后被告预付 30％即 70080 元，在被告收到原告提交的成果报告后一次性付清余款 163521 元。原告已按照合同约定履行合同义务，于 2020 年 8 月 13 日向被告提交了成果报告，并经验收，且协助被告完成了该项目的审批手续，被告的项目也已经通过审批并开展实施。然而，被告并没有按照合同约定支付编制服务费，其行为已经构成严重违约。

东源桥头九天绿经济发展有限公司：我司与原告是经人介绍合作的，关于报告中在批土地需要经过哪些部门才能审批及这两份报告是否需要 20 万元的土地审批费用才能制作，我司多次邀请原告法定代表人吴总洽谈，但均未果。编制过程中的费用，我们有协商，我司要求把支付的土地审批费用扣除，但原告不同意。2020 年 9 月份，原告说一两个月可以完成，但到年底却说我司没有指标，后我司通过其他途径才把这个项目拿下。原告涉嫌诈骗我司，我司出的费用应扣减，其他费用我司同意支付给原告。

【裁判要点】

法院裁判认为，原告霖达全过程工程咨询（广东）有限公司依约向被告东源桥头九天绿经济发展有限公司提交了可行性报告及森林采伐伐区调查设计书纸质版各 5 份及电子版各 1 份，已履行了合同义务，有权请求被告支付相应的服务报酬。被告认为双方口头约定合同总价包括土地审批等费用，原告诉请的费用应扣除被告已支付的相应费用，但纵观合同，双方并无任何关于合同总价包括土地审批等费用的书面约定。综上，本院对被告主张扣减相应费用的辩解不予支持，扣除被告已支付的 50000 元，原告诉请被告支付技术服务报酬 183601 元，符合合同约定，本院予以支持。

【案例评析】

本案是全过程工程咨询单位为客户提供编制可行性报告等技术服务产生的纠纷，咨询单位已按照合同履行义务故向客户主张其应得服务费用，而客户以双方口头约定合同总价包括土地审批等费用为由，主张应扣除这部分已支付的相应费用。法院认为本案合同总价包括土地审批等费用没有书面约定，故对客户方主张扣减相应费用的辩解不予支持。

从该起案件可知，双方应以书面的形式明确约定并列明服务费用的组成以及计取方式。

【案例 2】 天津宸颖工程咨询有限公司与天津市汉滨投资集团有限公司服务合同纠纷

一审：天津市滨海新区人民法院（2018）津 0116 民初 41182 号

【案情摘要】

2011 年 7 月 1 日，原、被告签订《汉滨·城市花园项目全过程工程咨询管理咨询合同》一份，合同约定：由原告为被告开发建设的汉滨·城市花园项目提供全程造价咨询服务。合同期限：2011 年 7 月 1 日至 2013 年 6 月 30 日。合同咨询费用为 170 万元整。合同第十三条约定，咨询人的责任期即建设工程造价咨询合同有效期，如因非咨询人责任造成进度的推迟或延误而超过约定日期，双方应进一步约定相应延长合同有效期。同时，合同对正常、附加、额外三项服务定义，亦作了详细约定。合同第二十条约定，由于委托人或第三人的原因使咨询人工作受到阻碍或延误以致增加了工作量或持续时间，则咨询人应当将此情况与可能产生的影响及时书面通知委托人。由此增加的工作量视为额外服务，完成建设工程造价咨询工作的时间应当相应延长，并得到额外的酬金。合同签订后，双方依约履行，被告陆续向原告支付了咨询费170万元。此后，因涉案工程延期至2014年完工，2016年通过验收。工程造价亦由预算55700万余元，增至结算价78200万余元。此期间，原告一直提供相应咨询服务，但双方未就合同延期后的服务费用进行协商。

【各方观点】

天津宸颍工程咨询有限公司：我方接受被告之邀，就被告开发建设的城市花园项目进行工程量清单和招标控制价的计算编制工作。《全过程工程咨询管理咨询合同》约定：服务期限为自2011年7月1日起至2013年6月30日止，合同咨询费为170万元。合同第十三条约定，如因非咨询人的责任造成进度的推迟或延误而超过约定的日期，双方应进一步约定延长合同有效期。被告应当支付原告2013年7月至2014年12月的咨询费127.5万元。

天津市汉滨投资集团有限公司：原告提供咨询服务时间虽然延长，但原告履行的服务内容并没有变化。在涉案合同中，双方没有对超出咨询时间段是否需要支付报酬，以及怎么支付和支付多少的问题进行约定。原告主张增加咨询服务报酬缺乏依据。

【裁判要点】

法院裁判认为，被告天津市汉滨投资集团有限公司与原告天津宸颍工程咨询有限公司双方签订的《汉滨·城市花园项目全过程工程咨询管理咨询合同》系双方真实意思表示，不违反相关法律规定，合法有效，故双方应按合同约定履行各自义务。从查明的案件事实可以确定，涉案工程造价增加约40%，原告服务时间增加一倍有余，据此，应认定原告提供了合同约定的额外服务，因此，被告应按合同第二十条约定，向原告支付额外服务费用。但原告主张按服务时间计算额外服务费用，显然不妥，而应当依据原告提供的工作量来确定额外服务费用数额。因双方并未对额外服务费用支付标准进行约定，本院参照原告提供的录音证据，依据公平原则，酌定被告支付70万元额外服务费用。

【案例评析】

本案咨询服务合同约定了全过程工程咨询方享有获得额外服务费用的权利，而本案由于工程造价增加约40%，服务时间增加一倍有余，被告应按合同约定支付额外服务费用，但由于额外服务费用计算标准没有明确约定，法院参照有关证据予以酌定金额。

从该起案件可知，基于建设工程项目的特点，工程造价增加、服务时间增加是常有之事，那么咨询单位作为提供服务的一方，应提前考虑额外服务费用或者变更调整费用等情形，并在合同中对合同总价是否包含此类费用、此类费用的计算标准等予以明确约定。

6.1.2 除合同另有约定外，合同约定的服务费用均已包含国家规定的增值税税金。

【条款目的】

本条款旨在明确除双方另有约定外，全过程咨询服务费用应是含税价。

【条款释义】

服务业实行营改增后，基于税金对合同价款的影响、税金政策变化对合同价款影响及当事人税务筹划的需要，应该在合同中明确合同价款是否包含税金，本合同明确，在合同没有另行约定的前提下，双方在合同中约定的服务费用已包含增值税税金。若双方协商服务费用不包含增值税税金，应在合同中设置特殊条款明确约定。

【使用指引】

合同当事人在使用本款约定时应注意以下事项：

第一，依法纳税是当事人的法定义务，除专用合同条款另有约定外，委托方支付的服务费用均应已包含国家规定的增值税税金。委托人及受托人均应注意合同中是否存在服务费用不包含增值税税金的例外约定，避免前后约定不一致，导致就增值税税金的承担产生争议。同时，该约定原则上应当与招标文件、投标文件的价格要求及报价形式保持一致。

第二，在没有例外约定的情形下，合同中服务费用已包含国家规定的增值税税金，故受托人应向委托人开具相应的增值税专用发票或增值税普通发票，并应在合同中约定适用税率，税率的适用不得违反国家税收法律制度的规定，避免因未及时开具发票或对税率有争议，导致委托人拒绝支付相应款项。

【法条索引】

《中华人民共和国增值税暂行条例（以下简称增值税暂行条例）》第一条 在中华人民共和国境内销售货物或者加工、修理修配劳务（以下简称劳务），销售服务、无形资产、不动产以及进口货物的单位和个人，为增值税的纳税人，应当依照本条例缴纳增值税。

《增值税暂行条例》第二十一条　纳税人发生应税销售行为，应当向索取增值税专用发票的购买方开具增值税专用发票，并在增值税专用发票上分别注明销售额和销项税额。属于下列情形之一的，不得开具增值税专用发票：（一）应税销售行为的购买方为消费者个人的；（二）发生应税销售行为适用免税规定的。

6.1.3　委托人和受托人应在合同中明确约定受托人为履行合同发生的差旅费、通讯费、复印费、材料和设备检测费等服务开支是否已包含在服务费用内，以及服务费用中未包括的服务开支的计取和支付方式。

【条款目的】

本条款源于 2017 版 FIDIC 白皮书第 7.1.2 项，旨在对服务费用是否包含服务开支以及未被包含的服务开支的计取和支付方式予以约定。

【条款释义】

服务开支作为全过程咨询服务费用的组成是否单独计取和支付，取决于招标投标文件及合同约定服务费用是否包含了服务开支。因此，本条款规定，委托人和受托人对服务开支（主要包括受托人为履行合同发生的差旅费、通信费、复印费、材料和设备检测费等）包含在服务费用内作出明确约定的依其约定，此时受托人不得再向委托人另行计取服务开支这项费用。委托人和受托人约定的服务费用不包含服务开支的，双方应当在合同中明确约定服务开支的计取和支付方式，以免将来无法主张该服务开支或对如何计取和支付发生争议。

【使用指引】

合同当事人在使用本款约定时应注意以下事项：

当服务费用未包含服务开支的，除对服务开支如何计费和支付进行约定的，双方还应对咨询服务的内容和范围、履行方式、履行地点、成果提交形式和载体等服务开支所含项目进行明确约定，实践中可采取列举加兜底方式进行约定。

【法条索引】

《民法典》第五百一十一条　当事人就有关合同内容约定不明确，依据前条规定仍不能确定的，适用下列规定：（二）价款或者报酬不明确的，按照订立合同时履行地的市场价格履行；依法应当执行政府定价或者政府指导价的，依照规定履行。（六）履行费用的负担不明确的，由履行义务一方负担；因债权人原因增加的履行费用，由债权人负担。

2017 版 FIDIC 白皮书第 7.1.2 项　除非另有书面商定，否则客户应向咨询工程师（单位）支付例外费用：（a）咨询工程师（单位）人员根据附录 3 ［报酬和付款］中规定的费率和价格在履行服务过程中花费的额外时间。如果费率和价格不适用，则双方应商定新的费率和价格。如果在发出相关通知后十四（14）天内未能达成商定，则应采用合理的费率和价格；（以及）（b）咨询工程师（单位）合理产生的所有其他支出的成本。

6.1.4　对于受托人在咨询服务过程中提出合理化建议并被委托人采纳，以及受托人提供咨询服务节约项目投资额、受托人提前交付服务成果等使委托人获得效益或规避潜在风险的情形，双方可在合同中约定奖励机制和奖励费用的计取、支付方式。

【条款目的】

本条款旨在合同中设置合理的奖励条款，明确奖励费用计取和支付方式，以激发受托人提供专业咨询服务的积极性。

【条款释义】

其一，受托人为委托人提供专业性、创新性较高的定制化服务，且受托人的专业水平对于项目绩效影响较大。故委托人可在合同中约定奖励条款以激励受托人，受托人亦可主动要求与委托人在合同中约定奖励条款以体现自身、提升咨询服务质量的效益。也就是说，双方可协商在合同中设置包含奖励机制和奖励费用的计取、支付方式等内容的条款以有效提高项目绩效。

其二，本条款明确了可以约定计取奖励费用的几种情形，比如委托人可将受托人在咨询服务过程中提出合理化建议并被委托人采纳、受托人提供咨询服务节约项目投资额、受托人提前交付服务成果等使委托人获得效益或规避潜在风险的情形在合同中予以列明，并约定相应的奖励机制。

【使用指引】

合同当事人在使用本条款约定时应注意以下事项：

第一，除了通用合同条款约定的计取奖励费用的情形，当事人可结合服务内容特性，在专用合同条款中对于计取奖励费用的情形进行细化或新增，比如通过受托人的咨询服务，降低运营维护费用、延长设计使用寿命等使委托人获得效益或规避潜在风险的情形。

第二，应在合同中列明委托人支付奖励费用的计取标准以及支付方式。目前国内尚没有相关规定或成熟经验供参考，2017版FIDIC白皮书也缺少这方面成熟的经验，需要双方结合项目实际情况进行约定，比如委托人可将委托人节约的成本、项目复杂程度、工期长短、工程质量等所产生效益额或规避损失额作为计取标准，并按照一定比例计算奖励费用。

第三，关于奖励费用的结算和支付。受托人在履行过程中应及时依据合同约定收集固定可计取奖励费用的基础资料、支撑材料、计算书等，并及时与委托人进行确认或签署相应的书面文件。

【法条索引】

《关于推进全过程工程咨询服务发展的指导意见》第五条第二款 优化全过程工程咨询服务市场环境：鼓励投资者或建设单位根据咨询服务节约的投资额对咨询单位予以奖励。

【案例分析】

【案例1】新兴铸管建设工程有限公司（以下简称新兴工程公司）与邯郸市中道房地产开发有限公司（以下简称中道房地产公司）建设工程施工合同纠纷

二审：最高人民法院（2017）最高法民终924号

【案情摘要】

新兴工程公司与中道房地产公司先后签订了备案合同、施工补充协议，2010年5月，新兴工程公司进场施工，两项工程交叉施工，红星美凯龙工程于2011年9月23日通过竣工验收，并于当日开始试营业投入使用。2011年11月1日，中道大厦工程主体结构封顶，双方发生争议，工程处于停工状态。新兴工程公司于2011年11月10日向中道房地产公司递交了工程结算书，但中道房地产公司对此不予认可，并委托备案合同约定的造价咨询机构河北安详工程项目有限公司进行结算审核，该机构作出《建设工程结算书》，认定新兴工程公司完成的工程造价为161767180.2元。新兴工程公司对该审核结果不予认可。后邯郸市审计局对案涉两项工程进行了审计，2012年9月3日该局作出审计报告，认定红星美凯龙工程造价为16576.9万元，中道大厦工程造价为9203.44万元，审计报告确认抢工期奖励金额为512.1万元，但新兴工程公司对邯郸市审计局结论亦不予认可。之后，双方于2012年8月16日在邯郸市住房和城乡建设局、邯郸市建筑业管理办公室的协调下，签订了《中道国际·红星美凯龙世博家居广场和中道大厦工程协议书》（以下简称2012年8月16日协议），约定红星美凯龙工程和中道大厦工程费用暂定30035万元，其中含工程款、奖金、财务费用等，结算后据实多退少补。2012 年 8 月 20 日，新兴工程公司移交了中道大厦工程后撤场，中道大厦后续未完的二次结构等工程由其他施工单位继续施工。另外，新兴工程公司提交 2011 年 1 月 10 日《工程签证记录》一份，证明双方曾就红星美凯龙工程比合同约定提前 10 天主体结构封顶的事实进行了确认。

【各方观点】

新兴工程公司：中道房地产公司依据《监理日志》否定《工程签证单》的理由不能成立，因《工程签证单》经系双方及工程监理方共同确认，效力高于监理单位单方制作的《监理日志》，新兴工程公司对《监理日志》不予认可，中道房地产公司应依据《施工补充协议书》和《工程签证单》向新兴工程公司支付工期奖励。

中道房地产公司：驳回新兴工程公司关于支付工期奖励的请求。

一审河北省高级人民法院：庭审中，双方对协议约定的 30 元/m² 的抢工期标准无异议，争议的是红星美凯龙主体结构工程是否存在提前竣工的事实。根据新兴工程公司提交的 2011 年 1 月 10 日《工程签证记录》，可以证实双方对提前竣工的事实在施工过程中已进行了确认。同时，中道房地产公司提交的邯郸市审计局作出的审计报告，亦对抢工期奖励进行了确认，双方最终签署的 2012 年 8 月 16 日协议也载明奖励费用为结算项目之一，故对新兴工程公司主张的工期奖励应予支持。依据邯郸市建筑业管理办公室出具的鉴定报告，红星美凯龙工程实际竣工面积为 170036.55m²，依照双方施工协议约定，工期奖励金额应为 5101096.5 元。

最高人民法院：双方对《施工补充协议书》中约定的 30 元/m² 抢工期标准均无异议，故工期奖励应视为合同约定的工程价款的一部分。二审中中道房地产公司主张根据《监理日志》记载，新兴工程公司自 2010 年 6 月 22 日开始施工，并非《工程签证记录》记载的 2010 年 7 月 23 日开始施工，故红星美凯龙工程的主体封顶比约定延迟了 20 天，不应获得工期奖励。本院认为，《工程签证记录》系双方签字确认，双方在一审中均表示认可，可以认定其载明的事项具有证明力；而中道房地产公司提交的《监理日志》系由监理方单方制作，在新兴工程公司不认可的情况下，无法否定《工程签证记录》的内容和效力。中道房地产公司该上诉主张没有事实依据，本院不予支持。

【案例评析】

本案双方当事人在合同中约定了工期奖励费用，现针对工程是否提前竣工产生争议。根据法院查明事实，该工程存在提前竣工的情形，依据双方合同的约定，受托人有权获得相应的工期奖励费用。

从该起案件可知，双方应在合同中列明受托人获得奖励费用的情形，包括受托人在咨询服务过程中提出合理化建议并被委托人采纳、受托人节约项目投资额、受托人提高工程质量、受托人提前交付服务成果、受托人降低运营维护费用、受托人延长设计寿命等使委托人获得效益或规避潜在风险的情形，同时还应重点关注履约过程中固定符合可获得奖励费用情形的证据资料，以规避双方产生争议而致诉讼纠纷。

【案例 2】北京中联环建文建筑设计有限公司（以下简称中联环公司）与唐山恒茂世纪房地产开发有限公司（以下简称恒茂公司）建设工程设计合同纠纷

二审：河北省高级人民法院（2021）冀民终 219 号

【案情摘要】

2012 年 10 月 25 日，中联环公司（乙方）、恒茂公司（甲方）签订《建设工程设计合同》，约定恒茂公司委托中联环公司承担唐山恒茂世纪广场项目建筑方案调整优化、初步设计和施工图设计。双方在该合同中约定了各项经济指标，如中联环公司设计未达到双方在本协议确定的各项经济指标，恒茂公司将给以相应经济处罚。若中联环公司设计相关成本超过协议约定的单方控制成本指标，中联环公司向恒茂公司支付 100 万元违约金。若中联环公司在该基础上仍有优化，在设计最终成果交付后 30 日内，双方可展开设计结算，恒茂公司将给予中联环公司优化节省部分总造价的 30％作为奖励，所有钢筋按照 4000 元/吨，所有混凝土 300 元/吨计算。

【各方观点】

北京中联环建文建筑设计有限公司：其通过设计优化节省了混凝土、钢筋，构成合同可奖励情形，恒茂公司应按约支付奖励费用。

唐山恒茂世纪房地产开发有限公司：中联环公司提供的"空心楼板"设计成果违背了《建设工程设计合同》约定的"经济、合理"的设计原则，故不应当触发合同约定的奖励条款，反而给上诉人造成了严重的经济损失，应当承担相应的赔偿责任。合同第八条第十四款第 5 项约定的"若乙方在该基础上仍有优化，在设计最终成果交付后 30 日，双方可展开设计结算"，本案"设计最终成果交付"应以答辩人项目竣工验收完成为前提。然而涉案项目已经于 2016 年竣工，但截至目前因被答辩人拒绝配合验收导致项目仍未完成竣工验收，故不具备支付奖励费的条件。

【裁判要点】

法院裁判观点认为，案涉《建设工程设计合同》第十四条第 5 项约定，"若乙方设计相关成本超过本协议约定单方控制成本指标，乙方向甲方支付100 万元违约金。但若乙方在该基础上仍有优化，在设计最终成果交付后 30日内，双方可展开设计结算，甲方将给付乙方优化节省部分总造价的 30％作为奖励，届时，统一按照本合同约定价格计算，即所有钢筋按照 4000 元/吨，所有混凝土 300 元/吨计算"，第六条同时对核算指标进行了约定，因此中联环公司主张奖励款具有合同依据。

【案例评析】

本案双方在合同中约定奖励费用的计算，法院则依据合同约定判决受托人获得相应的奖励费用。同时，从该起案件可知，双方应在合同中列明受托人获得奖励费用的情形及费用计取和支付，当出现争议时受托人可以依合同约定依法维护自身合法权益。

6.2　支付程序和方式

6.2.1　受托人应在合同约定的每一个应付款日的至少 7 天前，向委托人提交支付申请书，并附必要的证明材料复印件。支付申请书应包括下列款项的金额及明细：

（1）当期已完成咨询服务对应的服务费用；

（2）受托人为提供咨询服务所产生的、不包含在服务费用内的合理服务开支；

（3）受托人提供咨询服务节约项目投资额等，根据合同约定应对受托人进行奖励的金额；

（4）应增加或扣减的变更调整金额；

（5）根据第 11 条［违约责任］约定应增加或扣减的索赔或违约金额；

（6）对已付款中出现的错误、遗漏或重复的修订，应在当期付款中支付或扣除的金额。

合同约定应增加和扣减的其他金额。

【条款目的】

本条款旨在规范受托人编制支付申请书的要求，并对受托人向委托人提交支付申请书及证明材料的时间进行约束。

【条款释义】

明确咨询服务合同的服务费用支付流程，便于合同当事人权利义务保护和服务合同及项目建设的顺利推进。本条款规定，为了给委托人必要的付款申请的审核时间及审核依据，受托人应向委托人提交支付申请书并附必要的证明材料的复印件，提交的时间是在合同约定的每一个应付款日的至少 7 天前。为了便于委托人审核其当期付款金额及总体资金管控成本情况，受托人编制支付申请书应包括以下主要内容：当期已完成的咨询服务对应的服务费用、合同约定未包含在服务费用内的服务开支、合同约定受托人应获的奖励费用、因服务内容等发生变更增加或扣减的金额、合同约定受托人应承担的赔偿金额或违约金、已付款金额修正后当期付款应支付或扣除的金额等明细，并应注明对应的金额。

【使用指引】

合同当事人在使用本条款约定时应注意以下事项：

第一，受托人应尽早编制支付申请书，并至少在合同约定的每一个应付款日的 7 天前提交支付申请书。

第二，受托人编制支付申请书应真实、完整、准确，其中应主要包括服务费用、服务开支、奖励费用、变更调整金额、违约金额、扣除金额等明细以及具体的金额，并尽量附上完整的证明材料的复印件，避免因自由编制申请书不清或支撑资料不足导致的合同服务费用被拖延支付等情况的出现。

【案例分析】

【案例 1】北京中昌工程咨询有限公司（以下简称中昌公司）与北京漫时科技有限公司服务合同纠纷

一审：北京市朝阳区人民法院（2018）京 0105 民初 66995 号

【案情摘要】

2017 年 5 月 5 日，原告中昌公司（咨询人）与被告北京明泰远洋建材有限公司（委托人）（2018 年 1 月 8 日名称变更为北京漫时科技有限公司）签订了《安哥拉罗安达新国际机场项目航站楼装修工程建设工程造价咨询合同（合同编号：ZC17085）》（以下简称《咨询合同》），《咨询合同》通用条件约定：咨询人应在本合同约定的每次应付款日期前，向委托人提交支付申请书，支付申请书的提交日期由双方在专用条件中约定；支付申请书应当说明当期应付款总额，并列出当期应支付的款项及其金额；支付酬金包括正常工作酬金、附加工作酬金、合理化建议奖励金额及费用；委托人对咨询人提交的支付申请书有异议时，应当在收到咨询人提交的支付申请书后 7 日内，以书面形式向咨询人发出异议通知，无异议部分的款项应按期支付；委托人未能按期支付酬金超过 14 天，应以当期应付款总额乘以中国人民银行发布的同期贷款基准利率乘以逾期支付天数（自逾期之日起计算）支付逾期付款利息。

【各方观点】

北京中昌工程咨询有限公司：我方自始积极履行合同并按照约定完成了合同义务，但被告仅支付了 37.5 万元酬金。我方按照合同约定向被告发出支付申请，但被告无理由拖欠原告酬金 30 万元。

北京漫时科技有限公司：原告没有按照合同约定的标准为被告提供服务，也没提供成果文件、投标、报价、预算、结算文件，并未达到支出酬金的条件，而且原告也未向我方提出支付申请，不存在违约行为。

【裁判要点】

本案中，原告主张其完成了第二阶段清单预算价编制工作，向被告送达《支付申请》，但被告未能依约付款。根据查明事实，被告于 2017 年 6 月 16 日签收了《支付申请》，但被告否认其签收的《支付申请》系原告提交的落款日期为 2017 年 6 月 16 日、金额为 30 万元的《支付申请》，结合原告为被告开具的发票金额为 27.5 万元，被告主张该《支付申请》系虚假的；本院对被告的该项意见不予采信，理由如下：（1）从原、被告联系人的邮件看，双方就《咨询合同》所涉工程项目相关环节的询价、报价、成本核算、方案、分包合同等进行了密集的沟通，原告据此主张完成了第二阶段的服务内容，并向被告发出了《支付申请》，要求被告支付第二期款项 30 万元；从邮件及原告提交的《支付申请》内容上看二者具有关联性，从时间上看亦符合逻辑常理；（2）被告认可签收了《支付申请》，虽否认其签收的系原告提交的《支付申请》，但被告未能提交其主张实际签收的《支付申请》的具体内容；（3）关于发票金额与《支付申请》金额不一致，原告解释双方发生争议后协商过程中，被告同意以 35 万元解决《咨询合同》事宜，原告当时同意该方案，扣除被告已支付的 7.5 万元后，以 27.5 万元金额开具发票；被告亦认可双方曾进行协商；原告的上述解释具有合理性。综上，本院认定原告已于 2017 年 6 月 16 日向被告发出了第二期造价咨询酬金 30 万元的《支付申请》，被告于当日收到该《支付申请》。

【案例评析】

本案中，咨询人向委托人提供造价咨询服务，双方合同明确就支付申请书编制的要求、审核期限等予以规定。现双方就支付申请书内容是否真实产生争议。后法院查明事实，咨询人编制的支付申请真实有效，委托人应支付相应款项，并就该未支付款项承担逾期付款违约金等责任。

6.2.2　支付申请书中的服务费用、服务开支和奖励金额等款项应分列，报送委托人审核并支付。对于合同约定的服务费用以外发生的服务开支，应随服务开支发生的该月或该阶段的服务费用一并在支付申请书中提交，并经委托人审核后支付。

【条款目的】

本条款源于 2017 版 FIDIC 白皮书第 7.1.2 项，旨在提示受托人针对合同约定服务费用以外的服务开支、奖励金额，待编制支付申请书时单列且一并提交委托人审核。

【条款释义】

咨询服务合同的费用通常包括服务费用、服务开支和奖励费用，不同的费用计费依据、结算方式、支撑资料、支付方式等存在差异，所以本条款规定：受托人编制支付申请书，需将服务费用、服务开支和奖励金额等款项分别列明，并报送委托人审核，委托人审核通过后予以支付对应款项。对于合同约定的服务费用以外发生的服务开支，受托人应将该月或该阶段发生的服务费用和服务开支一并在支付申请书中列明并提交委托人审核，委托人审核通过后予以支付对应款项。

【使用指引】

合同当事人在使用本条款约定时应注意以下事项：

受托人应注意每月或每阶段发生的服务费用，并同时记录该月、该阶段发生的合同中未包含在服务费用内的服务开支，应一并在支付申请书中予以清晰、完整、真实地列明，尤其是服务费用、服务开支和奖励金额等款项分别列明，以便于委托人审核，有效避免委托人对支付申请提出异议或拖延支付等情况的发生。

【法条索引】

2017 年版 FIDIC 白皮书第 7.1.2 项　除非另有书面商定，否则客户应向咨询工程师（单位）支付例外费用：（a）咨询工程师（单位）人员根据附录 3［报酬和付款］中规定的费率和价格在履行服务过程中花费的额外时间。如果费率和价格不适用，则双方应商定新的费率和价格。如果在发出相关通知后十四（14）天内未能达成商定，则应采用合理的费率和价格；（b）咨询工程师（单位）合理产生的所有其他支出的成本。

6.2.3　在对已付款进行汇总和复核过程中发现错误、遗漏或重复的，委托人和受托人均有权提出修正申请。经对方同意的修正，应在下期付款中支付或扣除。

【条款目的】

本条款旨在给予委托人、受托人双方对于已付款项复核、修正的权利，即双方在复核过程中发现错误、遗漏或重复的经双方同意可在下期款项中予以修正。

【条款释义】

全过程咨询服务合同履行过程中受托人申请支付的款项，经委托人确认后支付的，在没有特别约定的情况下并不构成过程中结算。对该期服务成果对应的工作量、成果质量、履约期限、计算方式等如之后在汇总和复核中发现不正确的，双方均有权向对方提出并进行调整。因此本条款规定，委托人、受托人双方均可以对已付款项进行汇总和复核，当委托人、受托人双方汇总和复核过程中发现已付款项金额计算错误，有部分款项遗漏或者是部分款项重复支付的，双方均有权提出修正申请。该修正申请经对方同意予以修正，视多计或少计的情况，在下期付款中补充支付或扣除。

【使用指引】

合同当事人在使用本条款约定时应注意以下事项：

第一，双方当事人均应加强当期款项申请的计算及支撑资料的审核，减少可能发生的错误，以免发生争议或影响财务成本。

第二，受托人应注意对支付申请书、证明材料、委托人付款证明予以妥善保存，并安排相关专业人员按期汇总和复核，出现遗漏的、计算错误的款项，应及时主动向委托人提出修正申请。

6.2.4　委托人未能按期支付款项的，应按照专用合同条款约定向受托人支付逾期付款违约金。委托人支付逾期付款违约金不影响受托人按合同约定行使暂停或终止咨询服务的权利。

【条款目的】

本条款源于 2017 年版 FIDIC 白皮书第 7.2.2 项，旨在明确委托人未能按期支付的，受托人享有获得逾期付款违约金及暂停或终止咨询服务的权利。

【条款释义】

按约定时间和金额或比例付款是委托人在咨询服务合同项下最主要义务，如其未能按约付款，将会影响到受托人履行咨询服务合同的能力或增加受托人的财务成本，构成委托人的违约事项。本条款规定，双方当事人可在专用合同条款约定委托人逾期支付款项的违约金金额或计算方式，委托人未能按期支付款项的，受托人有权按照专用合同条款约定获得逾期付款违约金，同时依据合同约定构成可以暂停或终止咨询服务情形的，有权依据合同约定选择暂停与委托人的咨询服务，待委托人补足相关款项后再恢复咨询服务；或者依据合同约定选择终止咨询服务。实践中还存在委托人以支付了逾期付款违约金为由，限制受托人针对委托人逾期付款违约行为采取其他的救济措施和权利，所以本条款又强调委托人支付逾期付款违约金不影响受托人按合同约定行使暂停或终止咨询服务的权利。

【使用指引】

合同当事人在使用本条款约定时应注意以下事项：

第一，委托人应按照合同约定的期限支付款项，对款项支付有异议的，应及时依本合同第 6.3 款［有争议部分的付款］发出异议通知，不得无故拖延款项的支付，从而有效避免逾期付款违约金、合同暂停或终止的风险。

第二，受托人需注意如发现委托人未按期支付款项，应及时向委托人主张逾期付款违约金，主张的同时还可根据双方履行情况、合同约定选择及时暂停、终止咨询服务，避免自身损失的扩大。

第三，委托人和受托人应结合款项性质和逾期付款将给受托人及咨询服务合同履行带来的影响，在专用合同条款中约定具体的违约金金额或计算方式，以免因约定不清发生争议。

【法条索引】

《民法典》第五百八十五条第一、三款　当事人可以约定一方违约时应当根据违约情况向对方支付一定数额的违约金，也可以约定因违约产生的损失赔偿额的计算方法。当事人就延迟履行约定违约金的，违约方支付违约金后，还应当履行债务。

2017 年版 FIDIC 白皮书第 7.2.2 项　如果咨询工程师（单位）在第 7.2.1 项规定的时间内未收到付款，则应按照附录 3［报酬和付款］中规定的费率，就逾期金额按月复利和货币支付融资费用，并从发票付款到期日至从客户处收到付款的实际日期计算。此类融资费用不应影响第 6.1.2 项（a）段［服务暂停］或第 6.4.2 项［协议书终止］中规定的咨询工程师（单位）的权利。

【案例分析】

【案例】天津泰达工程管理咨询有限公司与大同普云大数据有限公司服务合同纠纷

一审：山西省大同市云州区人民法院（2021）晋 0215 民初 531 号

【案情摘要】

原告天津泰达工程管理咨询有限公司与被告大同普云大数据有限公司于 2020 年 11 月 23 日签订《大同云中 e 谷产业园 S2A 地块全过程工程咨询服务合同》，合同签约价 575 万元，约定工程咨询服务范围包括工程造价咨询、施工项目管理服务、项目法务咨询和项目财务咨询，服务期限自 2020 年 11 月至 2021 年 5 月止，咨询服务费用共分七次支付完毕，其中，第一笔服务费 279 万元应于 2020 年 12 月 31 日支付，被告逾期支付的，应按照 LPR 标准的 2 倍向原告支付违约金，以及逾期付款的利息等。截至 2020 年 12 月 31 日原告已按合同约定完成本项目第一阶段调查报告并提交了服务成果，已达到第一期咨询服务费支付时间节点。

【各方观点】

天津泰达工程管理咨询有限公司：截至 2020 年 12 月 31 日原告已按合同约定完成本项目第一阶段调查报告并提交了服务成果，已达到第一期咨询服务费支付时间节点。但被告迟迟未能依约支付咨询服务费，已构成违约，需承担逾期付款利息。

大同普云大数据有限公司：双方签订合同后，原告未向我方提供服务成果，原告要求被告支付第一笔服务费、违约金和逾期利息，于法无据。

【裁判要点】

法院裁判认为，现原告按照合同约定完成了第一期咨询服务，被告没有按约定支付咨询服务费已构成违约，其应当按照合同的约定全面履行支付服务费的义务，故对原告提出要求被告支付服务费 279 万元的诉讼请求，本院予以支持。原告主张按合同逾期付款利息按全国银行间同业拆借中心公布的贷款市场报价利率标准计算，逾期付款违约金按照全国银行间同业拆借中心公布的贷款市场报价利率标准的 2 倍计算，故原告主张 2021 年 1 月 1 日至 2021 年 6 月 10 日的逾期利息及违约金计算方式，不违反法律规定，本院予以确认。

【案例评析】

本案咨询单位已按照合同约定完成了第一期咨询服务，而被告未按照合同的约定全面履行支付服务费的义务。故法院判决被告需承担逾期付款利息及违约金。

从该起案件可知，委托人应按照合同约定的期限支付款项，对款项支付有异议的，应及时提出，不得无故拖延款项的支付，否则面临承担逾期付款利息与违约金、合同暂停或终止的风险。就本案而言需要特别提示的是，通常当事人同时主张利息和违约金，在守约方不能证明实际损失大于利息或违约金时，司法实践中通常不会同时判决违约方既承担利息又承担违约金，除非合同对此有明确约定。

6.2.5　未经受托人书面同意，委托人不应以存在针对受托人的索赔等原因，扣留其应付款项，除非仲裁委员会或法院根据第 13.4 款〔仲裁或诉讼〕将应付款项裁决或判决给委托人。

【条款目的】

本条款源于 2017 年版 FIDIC 白皮书第 7.2.3 项，旨在规定未经受托人同意或仲裁庭裁定、法院判决确认的，委托人不得以索赔为由扣留应付受托人的款项。

【条款释义】

根据法律规定当合同一方当事人履约出现瑕疵时，另一方当事人有权提出减少价款或索赔的主张，减少价款通常构成当事人的抗辩，可以主张在对另一方应付款中扣除；而索赔通常属于守约方的请求权，在没有特别约定情况下，不能直接主张抵扣。同时法律规定当事人互负债务的，当债务均已确定并到期的，可以主张抵销。因此，在咨询服务合同履行过程中，为了充分保护各方当事人的合法权益，本条款结合法律基本原则规定，委托人在未经受托人书面同意的情况下，不得以其对受托人有权索赔为由，擅自在应付受托人的款项中扣留这部分索赔款项，这是对受托人咨询服务费用权利的保护。但如果委托人主张的索赔款项已经法院或仲裁机构判决或裁决的或经受托人书面同意的，则构成委托人对受托人的到期债权，此时委托人有权在应付受托人的当期款项中抵销扣回，这是对委托人合法权益的保护。

【使用指引】

合同当事人在使用本条款约定时应注意以下事项：

第一，受托人提供咨询服务过程中应严格按照合同要求、法律法规规定履行合同义务，避免出现被索赔事项，而面临委托人索赔和扣留款项。若确因受托人履行不当需要赔偿的，受托人可与委托人协商并书面确认是否将应获款项予以抵扣以及具体抵扣金额。

第二，委托人需注意未经受托人书面同意、仲裁庭裁定结果、法院判决结果确认，其不得以受托人存在索赔事项为由扣留其应付款项。否则，委托人将面临承担拖欠款项的违约责任。

【法条索引】

2017 年版 FIDIC 白皮书第 7.2.3 项　在不影响第 6.5.2 项（c）段［终止的影响］的情况下，客户不应因对咨询工程师（单位）的索赔或声称的索赔，而扣留协议书规定的应适当支付给咨询工程师（单位）的任何款额发票的任何部分的付款，已与咨询工程师（单位）商定拟扣留款额应付给客户，或已由裁决员或仲裁员根据第 10 条［争端和仲裁］的规定裁定给客户的情况除外。

6.2.6　合同终止时，即使未到支付服务费用的日期，受托人有权获得已完成咨询服务的相应付款。

【条款目的】

本条款源于 2017 年版 FIDIC 白皮书第 6.5.1 项，本条款进一步明确受托人有权在合同终止时获得已完成的未到支付日期的服务费用。

【条款释义】

针对受托人按照合同要求已经完成的咨询服务对应的款项，虽然未到合同约定的支付期限，但当合同终止时，受托人仍有权获得，委托人则应在合同终止后按照合同中的结算条款及时支付该笔款项。受托人该权利属于合同终止时的服务费用结算，并不因合同终止原因比如委托人原因、受托人原因、不可抗力等原因而受到限制。

【使用指引】

合同当事人在使用本条款约定时应注意以下事项：

第一，受托人注意合同终止后应就其已完成部分的款项保存相关咨询服务记录，并及时向委托人主张，进一步书面明确获得该笔款项的权利。

第二，委托人应注意合同终止后受托人已完成部分的款项，其不得以未到支付日期为由拒绝支付该笔款项，并应按照合同约定的结算条款及时支付。否则，委托人将会面临拖欠受托人款项的违约责任。

第三，如果合同终止是因一方原因所致，比如受托人原因导致委托人解除合同而终止，此时受托人应向委托人承担违约责任，但并不影响其有权结算已完咨询服务的费用。

【法条索引】

《民法典》第五百六十七条　合同的权利义务关系终止，不影响合同中结算和清理条款的效力。

2017 年版 FIDIC 白皮书第 6.5.1 项　咨询工程师（单位）应在协议书终止日前根据协议书履行的服务获得报酬。

6.2.7　除专用合同条款另有约定外，服务费用均以人民币支付。涉及其他货币支付的，所采用的货币种类、比例和汇率应在专用合同条款中约定。

【条款目的】

本条款源于 2017 年版 FIDIC 白皮书第 7.3.1 项，在国内咨询服务实践中，支付货币一般为国内通用的人民币，若因合同含有涉外因素而涉及其他支付货币的需另行在专用合同条款中予以明确说明。

【条款释义】

其一，委托人向受托人支付服务费用的，一般均以人民币支付。

其二，委托人和受托人约定服务费用以人民币之外的其他货币支付的，需在专用合同条款中明确约定货币种类、比例和汇率，如涉及汇率变化调整的，也应在专用合同条款中明确。

【法条索引】

2017 年版 FIDIC 白皮书第 7.3.1 项　适用于协议书的货币为附录 3［报酬和付款］中规定的货币。

6.3　有争议部分的付款

委托人对受托人提交的支付申请书有异议时，应在收到受托人提交的支付申请书后 7 天内，以书面形式向受托人发出异议通知，并说明有异议部分款项的数额及理由。无异议部分的款项应按期支付，有异议部分的款项按第 13 条［争议解决］约定办理。对双方最终确定应支付给受托人的有异议款项，仍应适用第 6.2 款［支付程序和方式］的约定。

【条款目的】

本条款源于 2017 年版 FIDIC 白皮书第 7.5.1 项，旨在明确当委托人对受托人申请支付的款项有异议时的处理流程。

【条款释义】

在咨询服务合同履行过程中，难免会出现委托人对受托人申请支付的款项复核后有异议，为了保护各方当事人的合法权益，本条款就对有异议部分款项的处理及流程进行了规定。

委托人审查受托人提交的支付申请书后，若有异议，应通过书面形式在收到支付申请书后 7 天内向受托人发出异议通知，异议通知需重点说明有异议部分款项的数额以及提出异议的理由，必要时应提供相应支撑材料，以便和受托人进行后续沟通复核。对于有异议部分，双方经沟通后不能达成一致的，对有异议部分的款项双方均有权按本合同第 13 条［争议解决］约定程序处理。

对于没有异议部分的款项应按合同约定的期限及时支付，委托人不得以对部分款项有异议为由，拒绝全部款项的支付。针对有异议的部分，双方若沟通后达成一致意见，对于仍应支付给受托人的款项则应严格按照本合同第 6.2 款［支付程序和方式］约定的支付时间、程序进行支付。

【使用指引】

合同当事人在使用本条款约定时应注意以下事项：

第一，受托人编制支付申请书及相关文件时，应做到客观、准确、依据充分，不应有虚假工作量等不真实不准确情形，便于及时得到委托人的确认批复，避免因自身原因导致支付申请发生争议，致使不能及时收取相关咨询服务费用。

第二，委托人应注意认真审查受托人单方编制提交的支付申请书，并在合同约定的异议期限内向受托人发出书面的异议通知，避免异议权利的丧失，而面临视为其默认并承担受托人可能虚高的支付申请。

【法条索引】

2017 年版 FIDIC 白皮书第 7.5.1 项　在不损害客户利益和遵守第 7.2.3 项［付款时间］的情况下，如果客户对咨询工程师（单位）提交的发票中的任何事项或部分事项质疑，认为其不符合协议书规定的应付款，客户应在咨询工程师（单位）发票开具之日起七（7）天内，发出拒绝付款的通知，并说明理由，但不得延迟支付发票的剩余部分。第 7.2.2 项［付款时间］应适用于最终确定应付给咨询工程师（单位）的所有存在争议的金额。

【案例分析】

【案例】东莞市增全电动科技有限公司（以下简称增全公司）与苏州志和工程咨询管理有限公司（以下简称志和公司）服务合同纠纷

二审：广东省东莞市中级人民法院（2021）粤 19 民终 6880 号

【各方观点】

东莞市增全电动科技有限公司：志和公司主张的该阶段服务费应是其在编制工程预算期间的费用，因其不具备相应资质，其出具的报价汇总表应当为无效文件，不具有参考意义，增全公司不应向其支付该期间的服务费。志和公司收取服务费的基础应当是其向增全公司提供服务且提供的服务符合合同及法律规定，志和公司主张在 2020 年 4 月 8 日完成了预算编制工作，且确认双方的工作进度一直停留在工程造价编制阶段，其主张服务费应计算至 2020 年 4 月 30 日亦缺乏事实依据。

苏州志和工程咨询管理有限公司：双方合同主要是对工程的规划设计、发包、施工、验收等阶段提供咨询服务，双方在一审中确认并一审认定：按照双方合同，志和公司按照合同约定进行了各阶段工作内容，而不是增全公司所认为的仅是提供工程造价服务，工程报价汇总表金额仅是报价且仅供增全公司进行参考，便于增全公司节约资金、合理选择建材、便于对投标单位的筛选及技术分析等。增全公司将合同其中该项报价参考的服务认为就是合同的主要内容是错误的，志和公司完全履行了合同约定各阶段的内容。

【裁判要点】

法院裁判认为，本案志和公司依合同约定，请求增全公司支付服务费，该服务费是已经完成的工作内容的对价，在增全公司没有证据证明志和公司违约的情况下，应当对志和公司的诉讼请求予以支持。另外，根据双方财务工作人员的微信聊天记录，双方曾经就该 36 万余元的服务费，约定由志和公司向增全公司开具发票，增全公司于 2020 年 3 月 24 日确认其收到发票后，并未立即对支付志和公司的该费用提出异议，而是在 2020 年 4 月才提出异议，结合双方履约的事实，原审法院确定由增全公司向志和公司支付 337467 元服务费，合法有据，并无不当之处。

【案例评析】

在本案纠纷中，由于客户方未立即对咨询单位的费用支付申请提出异议，法院认定其开具了相应的发票且长期未提出异议，同时也无证据证明咨询单位存在违约情形，则客户方的异议不应被支持，仍应按照合同约定支付费用。

从该起案件可知，委托人应注意认真审查受托人单方编制提交的支付申请书，并在合同约定的异议期限内及时向受托人发出书面的异议通知。同步保留书面告知证明材料，避免异议权利的丧失，以及因超过异议期限被认定为默认并承担受托人可能虚高的支付申请的法律后果。

6.4　结算和审核

6.4.1　委托人与受托人应按合同约定及时进行服务费用和其他费用的结算及合同尾款支付。

【条款目的】

本条款源于 2017 年版 FIDIC 白皮书第 7.2.1 项，旨在督促咨询服务合同各方在完成咨询服务后及时进行服务费用结算和支付。

【条款释义】

当咨询服务合同约定的服务内容完成后，受托人应根据合同约定就服务费用、服务开支、奖励费用等费用编制支付申请书，并附上充分的结算资料和支撑文件，及时提交委托人进入结算审核流程。委托人应依据受托人提交的支付申请书、证明材料，在合同约定的时限内进行审核结算。委托人应根据合同约定完成合同尾款的支付，不得以审计、财评等合同没有约定的程序或条件为由，拒绝或拖延咨询服务合同的尾款支付。

【使用指引】

合同当事人在使用本条款约定时应注意以下事项：

第一，受托人应加强搜集证据意识和结算能力，满足合同约定的结算和支付时限、条件的，受托人应及时向委托人提出结算支付主张，并将主张过程以书面文件形式进行固定，以便于在委托人拖延结算支付时维护自身合法权益。

第二，双方应在专用合同条款中约定委托人对受托人结算文件审核的期限和支付期限，2017 年版 FIDIC 白皮书第 7.2.1 项约定的 28 天结算支付期限，可供当事人参考。

第三，委托人应及时依据合同约定的结算支付条款审核受托人的结算文件，尤其是若合同约定逾期结算视为认可的，应注意避免因逾期被视为受托人的服务费用结算文件已被认可。

【法条索引】

《民法典》第五百七十九条　当事人一方未支付价款、报酬、租金、利息，或者不履行其他金钱债务的，对方可以请求其支付。

《民法典》第九百二十八条第一款　受托人完成委托事务的，委托人应当按照约定向其支付报酬。

2017 年版 FIDIC 白皮书第 7.2.1 项　除非附录 3［报酬和付款］另有规定，否则应在咨询工程师（单位）发票开具之日起二十八（28）天内向咨询工程师（单位）支付应付款额。

6.4.2　对于按照服务时间计取的服务费用及按照实际发生计取的服务开支，受托人应保存能够明确有关服务时间和服务开支的完整记录，并根据委托人的合理要求提供上述记录。

【条款目的】

本条款源于 2017 年版 FIDIC 白皮书第 7.6.1 项，旨在提示受托人妥善保存与"按实结算"费用相关的完整记录，以供委托人查核。

【条款释义】

全过程咨询服务费用的计价方式并没有法律明确规定，市场上也未形成统一的计价标准，除了固定总价外，部分专项服务内容的费用可能会约定按照实际服务时间计取，服务开支往往会采取据实发生的方式进行结算。因此，本条款规定，对于合同约定按照服务时间计取的服务费用及按照实际发生计取的服务开支，受托人应加强履约服务过程管理，收集保存能够证明有关服务时间和服务开支的完整记录和相应支撑文件。当这些费用进行结算和支付时，委托人要求提供其相应记录和支撑文件的，受托人应配合及时提供，推进相关"按实结算"的服务费用和服务开支的结算和支付。

【使用指引】

合同当事人在使用本条款约定时应注意以下事项：

第一，针对按照服务时间计取的服务费用及按照实际发生计取的服务开支，委托人有权要求受托人提供服务时间、服务开支相关的记录并复核。

第二，委托人在核实受托人提供记录的真实性、完整性、有效性后，针对核实不通过的相关记录，委托人应以书面形式明确告知受托人对该部分服务费用或服务开支不予认可并说明相关理由和依据。

第三，受托人在提供服务过程中，服务时间、服务开支相关的记录应该每月定期进行完整记录，并保管相关证明材料。

【法条索引】

《中华人民共和国民事诉讼法（以下简称民事诉讼法）》第六十七条　当事人对自己提出的主张，有责任提供证据。

《关于适用〈中华人民共和国民事诉讼法〉的解释》第九十条　当事人对自己提出的诉讼请求所依据的事实或者反驳对方诉讼请求所依据的事实，应当提供证据加以证明，但法律另有规定的除外。在作出判决前，当事人未能提供证据或者证据不足以证明其事实主张的，由负有举证证明责任的当事人承担不利的后果。

2017 年版 FIDIC 白皮书第 7.6.1 项　除协议书规定了一次性付款外，咨询工程师（单位）应保留最新记录，明确说明相关时间和费用，并应在客户合理要求时提供给客户。

【案例分析】

【案例 1】日照交通规划设计院有限公司（以下简称日照设计院）与日照银海物流有限公司（以下简称银海物流公司）服务合同纠纷

二审：山东省日照市中级人民法院（2022）鲁 11 民终 22 号

【案情摘要】

2020 年 12 月 28 日，山东华标招标有限公司日照分公司（甲方、转让人）与银海物流公司（乙方、受让人）签订债权转让合同一份。2020 年 12 月 30

日，银海物流公司向日照设计院出具债权转让通知书并邮寄送达至日照设计院，该债权转让通知书主要内容载明：日照设计院：根据有关法律、法规的规定，以及我公司与债权人山东华标招标有限公司日照分公司的债权转让合同，山东华标招标有限公司日照分公司对你方所拥有的潮石路拓宽改造市政工程，日照厦门路（山钢段公路工程）雨水、排水管网工程，日照市临港路改建工程雨水、污水管网工程，疏港大道（沿海公路至G204段）大修雨水、污水管网工程，沈海高速公路鲁苏省界主线收费站外墙保温、刷漆等工程，沈海高速公路鲁苏省界主线收费站办公楼室内维修改造工程，岚山区钢铁配套园区道路排水、绿化工程的工程造价咨询的费用，依法转让给我公司，与此转让债权相关的其他权利也一并转让。请贵公司自接到该债权转让通知书后向我公司行使全部义务。

【裁判要点】

法院裁判认为，一审考虑到山东华标招标有限公司日照分公司并未出具正式版报告及实际工作量，酌定造价咨询服务费按照评估报告记载的市场价格标准的50％计算，认定日照设计院应支付造价咨询服务费386061.9元及相应利息并无不当。

【案例评析】

本案中，因咨询单位未提供书面报告证明其实际工作量，法院仅判决酌定合同造价咨询服务费按照评估报告记载的市场价格标准的50％计算。

从该起案件可知，受托人在提供服务过程中，服务时间、服务工作量等相关的记录应该每月定期进行完整记录，并保管相关证明材料。

【案例2】海南华硕项目管理有限公司（以下简称华硕公司）与张家界兰辰项目管理有限公司（以下简称兰辰公司）服务合同纠纷

二审：湖南省张家界市中级人民法院（2022）湘08民终48号

【案情摘要】

2020年8月10日，华硕公司与案外人桑植中合长城文化产业发展有限公司就桑植县红色教育培训暨研学基地建设一期项目工程的全过程工程咨询服务签订《合同协议书》。2020年11月2日，华硕公司的工作人员通过"智联"招聘网站发布造价招聘信息，兰辰公司看到信息后与华硕公司就造价咨询项目合作问题进行磋商，双方因服务费用等合同主要条款未达成合意，最终未签订协议。但在拟签订协议磋商过程中，兰辰公司经华硕公司工作人员同意，于2020年11月6日，指派工作人员龙俊、赵飞到华硕公司与案外人桑植中合长城文化产业发展有限公司签订《合同协议书》的建设项目"桑植县红色教育培训暨研学基地建设一期项目工程"施工现场参与工程造价咨询服务相关工作，并在华硕公司项目部盖章确认的《工作联系单》《工程形象进度确认单》上对其所完成的工作成果进行签字确认。2021年4月16日，兰辰公司接到华硕公司要求其退场的通知。

【裁判要点】

法院裁判认为，关于兰辰公司是否实际开展了造价咨询服务工作……其三，兰辰公司就其已实际开展造价咨询服务工作提供了《工作联系单》和《工程形象进度确认单》，华硕公司也认可其在《工作联系单》和《工程形象进度确认单》上签章确认。综上，根据民事证据的高度盖然性标准，本案足以认定兰辰公司基本完成联系单和确认单所记载的造价咨询服务工作，理应获得相应报酬。华硕公司接受了兰辰公司的相关服务，亦应支付相应的服务报酬。

【案例评析】

本案中，双方就咨询单位是否实际开展了造价咨询服务工作产生争议，由于咨询单位就其已实际开展造价咨询服务工作提供了《工作联系单》和《工程形象进度确认单》，客户方也认可并签章确认，故本案证据足以认定咨询单位基本完成造价咨询服务工作。

从该起案件可知，委托人应要求受托人提供服务时间、服务开支相关的记录，同时委托人应核实记录的真实性、完整性、有效性，核实不通过的记录，应明确书面告知受托人对该部分服务费用、服务开支不予认可；核实通过的予以书面确认后应予支付。

6.4.3 在咨询服务期限内和咨询服务完成或终止后的一年内，委托人可向受托人提前不少于14天发出通知，要求由委托人或其指定的第三方审核受托人提出的与咨询服务相关的服务时间和服务开支记录。审核应在正常的营业时间、保存记录的办公场所开展，受托人应给予合理配合，审核费用应由委托人承担。委托人不得以审核为由拖延支付和结算服务费用。

【条款目的】

本条款源于2017年版FIDIC白皮书第7.6.2项，旨在规定委托人对受托人咨询服务时间和服务开支的审核及过程中双方的权利义务。

【条款释义】

委托人有权自行或指定第三方审核受托人提交的与咨询服务相关的服务时间和服务开支记录，但需要注意的是审核受托人的咨询服务时间和服务开支记录虽然是委托人的权利，但是为了保持交易秩序稳定和提高交易效率，委托人的权利应在一定期限内行使，不能无限期保留。因此，本条款借鉴2017年版FIDIC白皮书规定委托人应在咨询服务期限内和咨询服务完成或终止后的一年内向受托人提出要求，同时为了给受托人必要准备时间，委托人在行使审核权时应提前不少于14天向受托人发出审核通知。

为了提高审核效率，减少审核成本及提供审核所需记录和资料的便利，基于相互协助的原则，委托人的审核应在正常的营业时间、保存记录的办公场所开展，受托人应提供委托人审核所需条件的合理配合。

除双方另有约定的，对受托人咨询服务时间和开支记录的审核所需费用由委托人自行承担。同时，委托人行使权利同时不得损害受托人依据合同享有的结算和支付的权利，不得以审核为由拖延或拒绝结算或支付受托人的服务费用。

【使用指引】

合同当事人在使用本条款约定时应注意以下事项：

第一，受托人可以借鉴建设工程施工合同中关于"发包人对承包人提交的结算材料逾期不回复即视为认可结算"的制度，在咨询服务合同中约定："委托人在收到支付申请书等材料后，应在不超过 X 天内审核完毕，审核期满后，委托方没有做出审核结论也没有提出异议的，视为认可受托人的服务费用结算文件。"此项措施可有效避免委托人以审核为由无限期拖延支付。

第二，委托人应加强结算管理，在本条款或专用合同条款约定期限内提出审核要求，避免超过审核期限后受托人不予配合，导致产生审核不清时对己身不利的风险。

第三，委托人应注意审核过程中保留书面审核结果，尤其是对受托人提交的记录有异议的，需将该部分款项审核不通过的理由书面告知给受托人。同时，委托人要注意合同中约定的审核期限，在审核期限内及时审核并将审核结果反馈给受托人，避免因迟迟不告知受托人而面临视为认可受托人单方制作的服务费用结算的风险。

【法条索引】

《关于审理建设工程施工合同纠纷案件适用法律问题的解释（一）》第二

十一条　当事人约定，发包人收到竣工结算文件后，在约定期限内不予答复，视为认可竣工结算文件的，按照约定处理。承包人请求按照竣工结算文件结算工程价款的，人民法院应予支持。

2017年版FIDIC白皮书第7.6.2项　除协议书规定了一次性付款外，客户在服务完成或终止后不迟于一年，可提前至少十四（14天）向咨询工程师（单位）发出通知，要求由其指定的具有专业资格的会计师组成的独立而知名的公司，对咨询工程师（单位）申明的任何时间和费用记录进行审计。审计应在正常工作时间内到保存记录的办公室进行，咨询工程师（单位）应向审计员提供一切合理的协助。任何此类审计费用均应由客户承担。

【案例分析】

【案例1】江苏南通二建集团有限公司（以下简称南通二建）与大庆油田房地产开发有限责任公司（以下简称大庆油田房开公司）等建设工程施工合同纠纷

二审：最高人民法院（2021）最高法民终706号

【案情摘要】

大庆油田房开公司作为发包单位，将城市乡村区块开发项目创业城工程中部分工程分成五部分对外发包，依法履行招标投标程序后，其与南通二建签订了五份《建设工程施工合同》（以下简称《合同》）。2011年5月1日，双方签订第一份《建设工程施工合同》。《合同》约定，工程内容为创业城六标段土建、水、暖、电，工期自2011年5月1日至2012年10月30日，合同价款暂定13344万元，以工程结算为准。《合同》通用合同条款第64.1款约定，双方应按计价管理办法规定的时限办理竣工结算。在办理竣工结算期间，按《合同》第59条规定的支付不停止。《合同》第64.2款约定，承包人应在提交竣工报告的同时，向造价工程师递交由承包人签署的竣工结算报告，并附上完整的结算资料，同时抄送发包人和监理工程师各一份。在未取得延期的情况下，承包人未按本条款规定的时间递交竣工结算报告的，造价工程师可根据自己掌握的情况编制竣工结算文件，在报经发包人批准后作为竣工结算和支付的依据，承包人应予以认可。案涉各部分工程自2011年5月1日至2012年10月12日开始陆续施工。

【各方观点】

江苏南通二建集团有限公司：按照案涉《建设工程施工合同》通用合同条款第64.1款的约定及计价管理办法的规定，大庆油田房开公司未在50天内审核其单方提交的竣工结算文件时即视为大庆油田房开公司予以认可，并应以此作为双方结算数额。

大庆油田房地产开发有限责任公司：首先，案涉《建设工程施工合同》是黑龙江省住房和城乡建设厅制定的格式合同。专用合同条款第 64.1 款约定只是形式上对格式合同的简单套用，不能简单地推论出双方当事人具有"发包人收到竣工结算文件一定期限内不予答复，则视为认可承包人提交的竣工结算文件"的一致明确意思表示。双方签订《建设工程施工合同》后，又签订《变更协议》并约定结算方式以"实际结算为准"，结算程序和时限进行的变更对双方具有约束力。案涉工程竣工后，南通二建陆续将结算材料直接报送至第三方审计机构，且在结算委托审查表上进行签章确认，应视为其实际认可并同意将案涉工程的结算事项交由第三方审计机构进行，是通过自身行为变更原结算程序。

一审黑龙江省高级人民法院：适用此条款规定前提是双方应在专用合同条款中约定"发包人对承包人报送的竣工结算文件在一定期限内不答复便视为认可"等明确的意思表示内容、明确的结算时间、答复日期，发包人具有在约定的期限内不予答复的情形。本案中，双方以黑龙江省住房和城乡建设厅制定的建设工程施工合同格式文本为基础签订合同，通用合同条款约定按计价管理办法规定的时限办理竣工结算，专用合同条款约定结算的程序和时限按通用合同条款办理，而在工程完工后，南通二建将结算资料直接报送第三方审计，并与大庆油田房开公司、审计单位共同在结算委托审查表中签字确认，可视为双方在实践中变更了合同约定的原结算程序，以大庆油田房开公司委托第三方审计作为结算方式。

【裁判要点】

经查，《关于如何理解和适用〈最高人民法院关于审理建设工程施工合同纠纷案件适用法律问题的解释〉第二十条的复函》指出："适用该司法解释第二十条的前提条件是当事人之间约定了发包人收到竣工结算文件后，在约定期限内不予答复，则视为认可竣工结算文件。承包人提交的竣工结算文件可以作为工程款结算的依据。建设部制定的建设工程施工合同格式文本中的通用合同条款第 33 条第 3 款的规定，不能简单地推论出，双方当事人具有发包人收到竣工结算文件一定期限内不予答复，则视为认可承包人提交的竣工结算文件的一致意思表示，承包人提交的竣工结算文件不能作为工程款结算的依据"。本案中，南通二建提出前述上诉主张的合同依据为案涉《建设工程施工合同》格式文本中的通用合同条款。根据上述规定，人民法院不能简单地以该格式文本的约定推定双方已就如发包人对竣工结算文件逾期不答复即视为认可的结算方式达成了合意。据此，大庆油田房开公司对南通二建提交的竣工结算文件未作出答复，不能视为其认可该结算文件。一审判决认定南通二建提交的竣工结算文件不能作为案涉工程款的结算依据，事实和法律依据充分，并无不当。

【案例评析】

本案是发承包双方就竣工结算文件是否被认可产生争议，承包方主张依据合同约定发包方在 50 天审核期限届满后逾期不答复即视为认可。而法院查明认为，双方未就"如发包人对竣工结算文件逾期不答复即视为认可结算方式"达成了合意，故发包人对承包人提交的竣工结算文件未作出答复，不能视为其认可该结算文件。

从该起案件可知，全过程工程咨询单位可借鉴传统施工领域的做法，并注意需要在合同明确约定委托人对服务费用结算审核的期限和逾期视为认可受托人的服务费用结算文件。

【案例 2】日照中骏贸易集团热电有限公司（以下简称中骏公司）与滕州建工建设集团有限公司（以下简称滕州公司）建设工程施工合同纠纷

再审：最高人民法院（2021）最高法民申 2174 号

【各方观点】

日照中骏贸易集团热电有限公司：滕州公司单方出具的工程结算书，与工程真实造价不符，不能作为结算依据，应当由法院委托鉴定机构对涉案工程造价进行司法鉴定。原审判决将中骏公司未认可的工程结算书作为认定涉案工程价款的依据，不符合合同约定。并且涉案施工合同约定，只有在工程竣工验收合格的情况下，中骏公司收到滕州公司提交的结算报告书 6 个月内未审核完毕，方可视为认可结算报告，但涉案工程至今未竣工验收，滕州公司单方出具的工程结算书不能因为超过 6 个月而被视为中骏公司对此予以认可。

【裁判要点】

本案中，涉案施工合同约定中骏公司应在接到滕州公司结算报告书后 6 个月内审核完毕，否则视同中骏公司认可结算报告。滕州公司提交了基础分项工程质量评估报告及主体结构分项工程质量验收记录，能够证明涉案工程已经验收合格，中骏公司未提交证据予以否定，其主张涉案工程未经竣工验收合格，缺乏事实依据，不予采信。中骏公司现场负责人柴本国、赵亚已于 2018 年 12 月 25 日签收了滕州公司提交的工程结算书，但中骏公司始终未予审核，根据合同约定及法律规定，应视为其认可该工程结算书。

第 7 条 变更和服务费用调整

7.1 变更情形

除专用合同条款另有约定外，合同履行过程中发生下列情形的，应按合同约定进行服务变更：

(1) 因非受托人原因导致项目的内容、规模、功能、条件、投资额发生变化的；

(2) 委托人提供的资料及根据合同应提供的设备、设施和人员发生变化的；

(3) 委托人改变咨询服务范围、内容、方式的；

(4) 委托人改变咨询服务的履行顺序和服务期限的；

(5) 基准日期后，因项目所在地及提供咨询服务所在地的法律法规发生变动、强制性标准的颁布和修改而引起服务费用和（或）服务期限改变的；

(6) 委托人或委托人的承包商、供应商、其他咨询方等使咨询服务受到障碍或延长的；

(7) 专用合同条款约定的其他服务变更情形。

上述服务变更不应实质性地改变咨询服务合同性质。

【条款目的】

本条款是关于咨询服务合同履行过程中服务变更情形的规定，旨在明确服务实施过程中哪些指示或者事件可以构成服务变更。

【条款释义】

首先，变更情形不仅限于本条款规定的情形，应当将本条款与专用合同条款中的内容联系在一起。依据合同各组成文件的优先级顺序，专用合同条款中可对变更情形作特别约定，但通常是对本条款中所规定情形之外的其他变更情形的补充。

其次，变更情形需要发生在合同履行期间内，即根据本合同第 5.1 款 ［服务开始和完成］所确定的开始和完成的时间。

186

再次，本条中对可能构成服务变更的情形进行了列举：

（1）工程项目在执行过程中可能在内容、规模等方面发生变化，如《建设工程施工合同》通用合同条款第 10.1 款中列明的施工合同的变更情形包括：

增加或减少合同中任何工作，或追加额外的工作；

取消合同中任何工作，但转由他人实施的工作除外；

改变合同中任何工作的质量标准或其他特性；

改变工程的基线、标高、位置和尺寸；

改变工程的时间安排或实施顺序。

以上施工合同变更的情形，体现在咨询服务合同中表现为项目内容、规模、条件、投资额的变化，属于非因受托人原因发生的咨询服务合同变更的情形。

（2）咨询服务合同中约定的应由委托人提供的资料，委托人应对其真实性、准确性、合法性、完整性负责。由委托人提供的资料、设备、设施和人员等是受托人制定咨询服务方案时的编制基础，如果咨询服务合同履行期间，以上条件发生改变则原定咨询服务方案相应也需要调整。

（3）全过程咨询服务合同第 3 条规定了受托人的一般义务，此外附件 1 ［服务范围］中可以对咨询服务范围进行约定，内容包括：工作内容、成果文件、标准和要求、相关管理和配合服务等，约定的内容应当具体而明确。服务合同履行过程中，委托人对合同中约定的内容予以改变，则应当以变更事项对待。

（4）工程项目全过程咨询服务中，工程建设各个阶段的不同对咨询服务人员的专业要求不同。如果作为受托人的工程咨询企业同时有多个咨询服务项目并行实施，需要依据咨询服务的履行顺序与期限安排部署相应的人力资源以便合理确定咨询项目总负责人、专项咨询负责人，因此不论是履行顺序或是期限的改变均会影响受托人的工作部署，可能属于变更情形。

（5）"基准日期后，因项目所在地及提供咨询服务所在地的法律法规发生变动、强制性标准的颁布和修改而引起服务费用和（或）服务期限改变的；"法律法规和强制性标准是受托人提供咨询服务所必须遵照执行的文件，因此这些文件的变动会导致受托人提供咨询服务依据的改变。结合本合同第 1.1.23 项［基准日期］、第 1.3 款［法律法规］、第 1.4 款［标准规范］等条款的规定。投标截止前 28 天或合同签订前 28 天为基准日期，在此日期之后法律法规以及强制性标准的新增和修改，构成合同变更情形。另外，法律法规和强制性标准变化需要给项目带来实际影响，要求引起服务费用和期限的改变。在 2017 年版 FIDIC 白皮书第 1.5 款［法律改变］中规定服务范围、规模、性质或类型受到法律改变的影响均构成服务变更。在实践过程中当事人可结合上述规定从服务范围、规模、性质、类型等方面入手，分析法律改变是否影响服务费用、服务期限。

（6）"委托人或委托人的承包商、供应商、其他咨询方等使咨询服务受到障碍或延长的；"全过程咨询服务所对应的服务周期和服务范围因每个项目具体需求不同而形式各异，这也决定咨询服务合同的履行情况受制于委托人与其他相关方所签合同的履行效果。在承包商原因导致项目延期、供应商供货延迟、其他咨询方提供的咨询成果有误等情况下受托人的咨询服务均会受到影响。因此，由其他相关方原因导致咨询服务合同受到的障碍或延长，应当由委托人处理，相应的服务费用和服务期限的改变，委托人应当承担责任。但值得注意的是，如果以上相关方由受托人管理，受托人则应当承担相应的管理责任，如果受托人对于其他相关方的延期有过错，则应当承担相应的过错责任，进而可能也无法获得费用和期限的补偿。

（7）"专用合同条款约定的其他服务变更情形"。以上介绍的 6 种合同变更情形是通用合同条款中针对咨询服务合同变更情形的普遍性规定，在此基础之上具体到每个咨询服务合同的特殊性可以对变更情形在专用合同条款中予以补充和调整。

最后，服务变更不应实质性地改变咨询服务合同性质。《民法典》第四百六十四条第一款规定：合同是民事主体之间设立、变更、终止民事法律关系的协议。全过程工程咨询合同中的服务内容可能包括工程勘察设计管理、工程勘察设计服务、工程造价咨询、工程招标采购咨询、施工项目管理、工程监理服务等。从合同服务的内容看，如果单独签订的勘察、设计合同属于建设工程合同，造价咨询或其他咨询服务属于技术咨询合同范畴，而施工项目管理服务等可能无法直接在典型合同中找到匹配的类型可适用民法典合同编通则中的规定。因此，从全过程工程咨询合同所包括的服务范围来看其合同性质可能会出现多种形式，根据具体服务内容的不同可能会是单独的一种合同性质或者多种合同性质并存。因此在适用本合同第 7.1 款［变更情形］时，需要注意新增加的服务内容是否会导致实质性改变原合同性质。如原咨询服务合同的内容仅包括勘察设计和监理，但在履行过程中委托人要求新增技术咨询服务的内容，此时则不应适用本合同中关于变更的相关规定，而应当由双方另行协商一致签订补充协议。此外，本条款中虽然只要求服务变更不得实质性改变服务合同性质，但如果服务范围发生实质性改变也不应当再适用服务变更的条款，如原本只为一个项目供全过程工程咨询服务，而后委托人又要求同时为别的项目提供服务，此时因合同履行的基础范围已经实质性地发生了变化，双方也应当另外签署协议。否则应视为另外的服务事项或法律关系。

【使用指引】

本条款在实践中应用时，允许结合服务项目具体情况，由双方当事人在专用合同条款中作出特别约定，这可能会体现在两个方面：

第一，双方补充约定其他构成变更或视为变更的情形。

第二，双方对通用合同条款某种情形约定不构成变更，由受托人承担相应风险。

这种情况下，委托人和受托人应遵从有约从约原则。

【法条索引】

《民法典》第四百六十四条第一款　合同是民事主体之间设立、变更、终止民事法律关系的协议

《民法典》第五百四十三条　当事人协商一致，可以变更合同。

《民法典》第七百八十八条　建设工程合同是承包人进行工程建设，发包人支付价款的合同。

建设工程合同包括工程勘察、设计、施工合同。

《民法典》第八百四十三条　技术合同是当事人就技术开发、转让、许可、咨询或者服务订立的确立相互之间权利和义务的合同。

《民法典》第九百二十二条　受托人应当按照委托人的指示处理委托事务。需要变更委托人指示的，应当经委托人同意；因情况紧急，难以和委托人取得联系的，受托人应当妥善处理委托事务，但是事后应当将该情况及时报告委托人。

【案例分析】

【案例】威海市中心医院与山东裕达建设工程咨询有限公司（以下简称裕达公司）建设工程监理合同纠纷

二审：威海市中级人民法院（2022）鲁10民终1751号

【案情摘要】

2014年11月27日，裕达公司经招标投标，中标威海市中心医院综合病房大楼工程监理项目。2014年11月28日，威海市中心医院作为委托人与监理人裕达公司签订了《建设工程监理合同》，合同约定：本合同期限延长或减少或工作内容增加或减少时，工作酬金不作调整。合同签订后，裕达公司开始对工程监理项目进行监理服务。2016年4月19日，综合病房大楼主体工程竣工。案涉综合病房大楼建筑安装工程完工后，威海市中心医院又审批了综合病房大

楼净化工程，裕达公司自始至终为该病房净化工程监理工作提供服务，并在竣工验收报告上签字、盖章。由于威海市中心医院与裕达公司未签订净化工程监理合同，在病房大楼全部工程竣工并交付使用后，双方对病房大楼净化工程项目的监理费支付未达成一致，裕达公司诉至法院。关于威海市中心医院应否向裕达公司支付综合病房大楼净化项目工程监理费是本案争执的焦点。

【各方观点】

威海市中心医院：案涉监理合同有关合同期限延长或减少或工作内容增加或减少时，工作酬金不作调整的约定，裕达公司完成的净化工程监理工作符合期限延长、工作内容增加范畴，不应另行支付监理费。

裕华公司：净化工程是在土建安装工程完工后另审批的工程项目，监理合同中仅是双方就土建安装工程范围内工期延长、工作内容增加酬金不调整的合意。

一审法院：从净化工程项目招标投标的时间看，净化装饰装修工程是在综合病房大楼建筑安装工程完工之后中标；从两次招标投标的工程项目内容看，2014 年 11 月 27 日中标的项目为综合病房大楼的建筑安装工程，2017 年 6 月 30 日中标的项目为综合病房大楼净化工程及主楼、附楼的装饰装修工程；从两个工程项目的总面积和投资额看，综合病房大楼建筑安装项目建筑面积为 117634.3m²，投资额为 3 亿，而净化工程及主、附楼装饰装修项目建筑面积为 19750m²，投资额为 8000 万元。结合裕达公司提交的一系列证据综合分析，可以认定 2017 年 8 月 1 日开工的综合病房大楼净化工程与建筑安装工程分属两个不同标段，双方签订的《建设工程监理合同》在 2017 年 8 月 1 日前已履行完毕，净化工程及主、附楼装饰装修并未包括在《建设工程监理合同》的范围内，虽然威海市中心医院对净化工程及主、附楼装饰装修的监理项目未进行公开招标，双方也未再签订书面监理合同，但裕达公司实际履行了该项目工程的监理工作至竣工验收，可以认定双方之间存在监理合同关系，综上，裕达公司请求威海市中心医院支付净化工程及主、附楼装饰装修项目的监理费，有事实依据与法律依据，予以支持。

二审法院：在双方对上述合同条款理解存在差异的情况下，考虑到土建安装工程与净化工程施工内容不同、施工主体不同、施工招标投标时间不同、净化工程施工在土建安装工程完工后中标等情形，净化工程不应属于案涉监理合同签订时双方已经预见的合同期限延长、工作内容增加范围，一审判令威海市中心医院另行支付该净化工程监理费，并无不当。

【裁判要点】

考虑到土建安装工程与净化工程施工内容不同、施工主体不同、施工招标投标时间不同、净化工程施工在土建安装工程完工后中标等情形，净化工程不应属于案涉监理合同签订时双方已经预见的合同期限延长、工作内容增加范围。

【案例分析】

本案是关于因为工程内容的变化导致监理范围发生实质性变化后是否应依据之前签订的监理合同确定监理费的纠纷案件。本案中发包人所发包的工程最初为大楼建筑安装工程，而后又发包净化装饰装修工程，但发包人仅与监理单位就建筑安装工程签订了监理合同。两审法院从建筑安装工程与净化装饰装修工程的施工内容、施工主体、施工招标投标时间等方面分析后认定前后两个工程属于两个不同标段，监理单位在净化工程项目中所实施的监理工作，不应受到针对建筑安装工程签订的《建设工程监理合同》中条款的约束。此外，监理单位在没有签订监理合同的情况下履行了监理工作，针对监理费的计取则根据鉴定机构市场调查的情况确定监理工程费用。本案中法院的审理思路可为理解本合同第 7.1 款中最后一款所述的"实质性地改变咨询服务合同性质"提供思路。

7.2　变更程序

7.2.1 咨询服务完成前，委托人可通过签发服务变更通知发起对咨询服务的变更。委托人也可先要求受托人就即将采取的服务变更拟定建议书。委托人接受服务变更建议书后，应签发服务变更通知以确认该服务变更。

【条款目的】

本条款旨在明确发起变更的程序，其途径分为"自上而下""自下而上"两种。

【条款释义】

随着国内建筑业改革借鉴国际工程成熟经验，尤其是国内企业走出国门较常使用的 FIDIC 合同体系，国际工程合同更多强调流程管理，有利于提高合同履行效率，减少争议。变更流程也是建设项目工程合同、服务合同关注的重点，由此本条款借鉴国际项目管理经验，规定了全过程咨询服务合同的变更流程。首先，变更程序发起的时间应是在咨询服务完成前，咨询服务完成的时间可能是合同中约定的期限内，如果咨询服务合同的履行期限经当事人双方协商一致延长了，延长期间仍然属于咨询服务期间，委托人在延长期间可以根据该条款发出服务变更通知。

其次，变更可以是"自上而下"，即由委托人直接签发书面服务变更通知书；也可以是"自下而上"，先要求受托人提交服务变更建议书，委托人经审查认可受托人的建议书，确认服务变更具有可操作性的情况下，再下发服务变更通知。

【使用指引】

合同当事人在使用本条款时应注意以下内容：

首先，任何服务变更的权限在委托人，不管是"自上而下"还是"自下而上"的程序，均需要依据委托人发出的服务变更通知为依据。在 2006 年版 FIDIC 白皮书第 4.3.1 项中规定：咨询服务合同可以经合同任意一方的申请，由双方达成书面协议后变更。此后在 2017 年版 FIDIC 白皮书中调整为服务变更需要由委托人发出服务变更通知。

其次，为避免双方对是否存在服务变更有争议，委托人签发的服务变更通知应当是书面形式。如果过程中委托人口头发出指令，受托人应当要求委托人及时将指令转换为书面形式。

再次，如果委托人要求受托人提供服务变更建议书，本条款中没有明确受托人建议书中应当包括的内容。2017 年，FIDIC 出版的《电气与机械工程合同条件》（以下简称 2017 年版 FIDIC 黄皮书）第 13.3 款中规定，承包人收到业主变更指令后应当提交的相关材料包括：承包商拟实施变更工作所需的资源和方法；实施变更工作对工程计划的调整；实施变更工作后合同价款的调整。借鉴上述思路，在咨询服务合同中，受托人制作的建议书也可从所需资源和方法、对服务期限的影响、对价款的影响三个方面进行考虑。

【法条索引】

《民法典》第九百二十二条　受托人应当按照委托人的指示处理委托事务。需要变更委托人指示的，应当经委托人同意；因情况紧急，难以和委托人取得联系的，受托人应当妥善处理委托事务，但是事后应当将该情况及时报告委托人。

【案例分析】

【案例】湖北三峡建设项目管理股份有限公司（以下简称三峡公司）与来凤县人民政府建设工程监理合同纠纷

二审：湖北省高级人民法院（2017）鄂民终 270 号

【案情摘要】

2009 年 2 月 18 日，来凤县人民政府与三峡公司（监理单位）签订了《建设工程委托监理合同》，双方在第一部分建设工程委托监理合同中约定：工程名称：来凤县瓦尔高高级中学，工程规模：49800m²，总投资：4000 万元；在第三部分专用条件第三十九条约定："委托人同意以下的计算方法、支付时间与金额，支付监理单位的报酬，并按合同（监理单位）指定账号支付。本工程校园内的所有建设内容的监理报酬按捌拾万元（80 万元）包干支付，如果实际工程量增加且在 4500 万元以下（含 4500 万元），则同样按 80 万元包干支付。若所监理的实际工程量增加到 4500 万元以上，则 4500 万元以上的增加部分监理报酬按增加工程量的 2% 支付"。工程完工后三峡公司移交了监理材料，来凤县人民政府向三峡公司支付了 80 万元监理费。2013 年 4 月 10 日，三峡公司向来凤县人民政府致函，按照合同投资 4500 万元，现已超过投资金额约 5300 万元，共计 9800 万元，要求来凤县人民政府、瓦尔高高级中学按照监理合同第三十九条的约定支付增加工程部分的监理报酬 106 万元。

【各方观点】

一审法院：在本案的诉讼中，三峡公司未提交其作为项目监理机构应及时整理、分类汇总监理文件资料，按规定组卷，形成监理档案。建设工程监理工作完成后，无论监理单位是否与业主在委托监理合同中约定，监理单位一般应提交包括设计变更、工程变更材料，监理指令性文件，各种签证资料等档案资料。三峡公司起诉要求来凤县人民政府支付增加工程量部分的监理报酬，其应提交确实充分的证据证明增加工程量部分准确的应付工程款数额，而三峡公司未提交监理档案，仅提交了一份来凤县瓦尔高高级中学的《证明》拟证明涉案工程的工程价款数额，经审查该《证明》未写明准确金额，也没有经办人的签名，不能证明增加工程量部分应付工程款数额。因此，三峡公司提供的证据不足以证明其事实主张，应由负有举证证明责任的当事人三峡公司承担不利的后果。对三峡公司起诉要求来凤县人民政府支付增加工程部分的监理报酬的诉讼请求，不予支持。

二审法院：现三峡公司主张来凤县人民政府还应向其支付监理报酬 106 万元，即应对实际工程量增加至 9800 万元承担举证责任。三峡公司向一审法院提交了 2012 年 12 月 26 日来凤县瓦尔高高级中学出具的《证明》，该《证明》内容为"由湖北省三峡建设项目管理有限公司于 2011 年 8 月 30 日已完成甲方（来凤县瓦尔高高级中学）签订的合同内建设工程项目。完成建设工程项目总投资约 9800 万元，监理资料已查，齐全无异，已由我校方签收。"虽然该《证明》陈述了工程项目总投资 9800 万元，但总投资与工程量并不等同，而且来凤县瓦尔高高级中学出具《证明》的行为，也不代表来凤县人民政府对实际工程量进行了自认，尚不能以此证明涉案工程的实际工程量。

【裁判要点】

三峡公司（监理单位）主张增加工程量部分的监理报酬应当提供证据，在不能证明增加工程量部分应付工程款数额的情况下，监理单位承担不利后果。

【案例评析】

本案是工程增加部分的监理报酬是否应当支付的争议问题。本案监理合同中以工程量4500万为限，4500万元以下监理费用不调整，4500万元以上部分监理费则按照超出部分的2%收取。本案条款的约定本身清晰，合同履行过程中因工程量增加超出4500万元，但委托人并未签发服务变更通知，监理单位也没有相关工程量增加的证据，最终监理单位因证据不足而承担了不利后果。在合同变更情景下，受托人对变更提供服务的前提是委托人签发了变更通知，即确认服务变更的事实。即使在服务合同中已有关于超出部分如何计价的约定，在服务合同履行过程中证据的固定更是受托人需要予以充分重视的核心问题，证据形式可能包括：建议书、联系单、会议纪要、监理实施方案等形式。

7.2.2　受托人认为委托人发出的指示或其他事件构成服务变更的，应在合理可行的情况下尽快将该事件对服务进度计划、相关服务费用的影响通知委托人。除专用合同条款另有约定外，委托人应在收到通知14天内签发服务变更通知或取消该指示，或作出该指示或事件不会导致服务变更的解释。受托人可在收到进一步的通知后7天内根据第13条［争议解决］将该事件作为争议提交，否则受托人应遵守委托人的进一步通知。委托人逾期签发服务变更通知、进一步通知或其他意见的，视为委托人认可该指示或事件构成服务变更。

【条款目的】

本条款旨在明确就委托人发出的指示或其他事件，双方当事人对是否构成变更的沟通和确认程序。

【条款释义】

咨询服务合同履行实践过程中，对于合同的变更除了本合同第7.2.1项规定的"自上而下""自下而上"两种程序外，还大量存在一种情况，委托人发出的指示或某事件出现时，委托人并未明确其构成变更，但从受托人角度判断认为构成变更的，这个时候就涉及双方就是否构成变更进行确认，所以本条款规定了相应的流程：

受托人应在合理可行的情况下尽快将该事件对服务进度计划、相关服务费用的影响通知委托人；委托人在收到受托人的影响通知后应当在 14 天内审查并反馈意见，该意见可能是确认并签发服务变更通知或取消该指示或作出该指示或事件不构成变更的解释，为维护交易秩序，避免对咨询服务合同履行进度的影响，本条款同时规定，如果委托人延迟履行审查工作并逾期不反馈意见超过合同中约定的 14 天或专用合同条款期限的，在此情形下则视为委托人认可该指示或事件构成服务变更；受托人对委托人的意见有异议的，可在收到进一步的通知后 7 天内根据第 13 条［争议解决］程序作为争议处理提交。

【使用指引】

本条款涉及各方的流程管理，是需要委托人和受托人特别注意的：

第一，当受托人认为委托人的指示或事件构成变更的，应尽早及时将自己意见及对服务进度计划、相关服务费用的影响通知委托人，避免先执行指令，待后期结算等阶段再提出，对自身权利造成损害；

第二，委托人在收到受托人的通知后应当及时审查并提出反馈意见，避免未及时回复被视为认可该指示或事件构成服务变更。但作者理解，视为认可该指示或事件构成变更，并不意味着同时视为委托人对于受托人关于服务期限和费用的影响也予以了认可。具体如何取费仍应依据本合同第 7.3.2 项规定的取费标准确定，合同约定的取费标准不适用于该服务变更的，由双方协商确定新的取费标准。

第三，在有委托人进一步指示但双方无法就是否构成变更及价款调整和变更影响达成一致的情况下，受托人仍然需要遵照委托人的指示执行，根据本合同第 7.3.4 项的规定，受托人不能以双方未能就影响达成一致为由而拒绝委托人指示。

【案例分析】

【案例】江苏地亚建筑有限公司（以下简称地亚公司）与建湖县实验小学（以下简称实验小学）建设工程监理合同纠纷

再审：江苏省高级人民法院（2019）苏民申 3514 号

【案情摘要】

2012 年 7 月，地亚公司参加了实验小学关于学校北校区及幼儿园新建工程监理服务的投标。2012 年 7 月 24 日，实验小学向地亚公司发出了中标通知书。2012 年 7 月 26 日，地亚公司、实验小学签订了《建设工程委托监理合同》，合同约定，总投资约 3500 万元，监理费 27.9 万元，桩基础工程结束后，发包人支付监理合同价款的 10%，工程竣工验收达到相应标准后按有关条款规定支付至应付监理费的 90%，监理费保留金在保修期满后支付。合同还约定，正常的监理工作、附加工作和额外工作的报酬，按照专用合同条款中约定的方法计算，并按约定的时间和数额支付。地亚公司所监理的工程于 2013 年 8 月 3 日至 2014 年 7 月 25 日分项逐步竣工验收。工程结束后，实际建筑价款为 8429.611967 万元，增加工程价款 4929.611967 万元。实验小学被告按监理合同预计的 3500 万元工程造价给付了 27.9 万元监理费，对超出的工程价款部分未给付监理费。

【各方观点】

地亚公司：按监理合同约定，工程总投资为 3500 万元，但施工过程中工程量超出了双方的约定，根据相关规定，被告应当支付增量部分的监理费，被告仅支付了合同约定的监理费，对增量部分的监理费未予支付。

实验小学（二审上诉请求）：双方签订的建设工程委托监理合同中，没有约定工程造价超过 3500 万元如何处理的条款，即合同中并未约定以工程造价来计付监理费。地亚公司要得到附加额外的监理费的前提是增加了工作内容，而事实上实验小学发包的工程建筑面积并没有增加，且工作量的增加与监理工作内容增加无必然联系，地亚公司也没有举证证明面积超过中标约定的 3 万 m² 而带来监理工作量的增加。

一审法院：涉案工程已竣工验收，地亚公司已按照合同的约定和实验小学增加的工程量要求完成了委托监理的义务，实验小学应当按照约定支付合同暂定的监理费和增加的工程量部分的监理费，按照暂定的工程价款和监理费计算的比例，实验小学应承担支付的监理费为 67.1960 万元（取整数），实验小学已支付暂定的监理费 27.9 万元，对超出的工程量未支付监理费，应当承担支付责任。

二审法院：由于地亚公司并无证据证明在实际施工中产生附加工作和额外工作，所以地亚公司仅以工程实际总造价与监理合同约定的造价存在差异，而要求实验小学按实际总造价对比监理合同中约定的暂定工程价款和监理费计算的比例，向其支付额外的监理费用，缺乏事实依据和法律依据，其请求不应予以支持。

再审法院：根据涉案工程监理服务招标文件及监理合同，地亚公司提供的监理服务系针对实验小学北校区及幼儿园新建工程应当以工程施工图纸为准。而实验小学发布的监理服务招标系总价报价，招标投标时施工图纸并未明确，地亚公司明知此情况而仍然进行投标报价签订了监理合同，且在监理合同中亦仅载明总价计价，未进一步明确具体的监理费计算方法。因此，应当视为地亚公司系在明知施工图纸未出的情况下对自身权利作出了处分，明确接受了实验小学提出的固定价格条件。现地亚公司以建设工程总造价发生了变化为由要求实验小学加付监理费用，与双方之间的合同以及先前作出的具体行为不符，该主张不能成立。同时，地亚公司与实验小学在二审中均认可在工程实际施工中未发生大的工作量变动，地亚公司亦未提供具体证据证明其实际提供的监理服务较之原合同的约定发生了明显增加。因此，在实验小学已支付了合同约定的监理费用的情况下，二审判决不支持地亚公司要求加付监理费的诉讼请求，并无不当。地亚公司的申请再审理由不能成立。

【案例评析】

本案是实际工程造价远超监理合同订立时预期的工程造价，监理费是否应当增加的争议。本案中，监理费的计取标准并非直接与工程造价挂钩。因此，工程造价的增加并不能必然得到监理费应当增加的结论。监理单位申请增加监理费需要证明其提供的监理服务因委托人的指示或工程内容的变化而增多。本案中监理单位在没有施工图的前提下签订监理合同，工程造价从预期的 3500 万增加到实际的 8429 万多，过程中也没有留存相关服务变更的证据，导致在服务结束后申请增加监理费的主张最终没有得到法院的支持。结合该起案件的启示，全过程咨询单位在提供咨询服务过程中，如果认为咨询服务合同有发生变更的情形，应当根据本合同第 7.2.2 项，向委托人发出通知，并注意留存相关额外工作记录。

7.2.3　委托人签发服务变更通知后，受托人应受到该通知的约束，除非受托人向委托人发出以下有证据支持的通知：

（1）受托人不具备实施服务变更的技术和资源；

（2）受托人认为服务变更将实质性地改变咨询服务的程度或性质；

（3）委托人签发的服务变更通知存在违反法律法规或强制性标准的情形。

【条款目的】

本条款规定了受托人收到委托人变更通知后有权提出变更异议的情形。

【条款释义】

通常委托人发出的变更通知，受托人应当遵照执行，但如果存在本条款规定的情形，则受托人可以向委托人发出通知提出异议，并提供相应证据支持。

（1）委托人签发的服务变更通知中的内容可能超出受托人可以提供的技术和资源，导致委托人不具备实施变更部分服务的客观能力与条件。

（2）委托人的服务变更通知已经涉及对咨询服务内容或范围的实质性变更，将构成原合同以外的咨询服务项目。如本合同第7.1款［变更情形］所规定的"服务变更不应实质性地改变咨询服务合同性质"，如果涉及合同实质性的变更，双方应当重新签署服务协议。

（3）受托人提供的咨询服务应当以满足法律法规和强制性标准为前提条件，咨询服务合同中的约定不能与法律法规和强制性标准相抵触，委托人不得提出违反法律法规或强制性标准的要求，受托人也不应遵守和执行此类要求或指示。根据的是本合同第3.1.3项"受托人在履行合同义务时，应严格按照法律法规、强制性国家标准及合同约定，谨慎、勤勉地履行职责，维护委托人的合法利益，保证服务成果质量。"

【使用指引】

首先，受托人提供的全过程咨询服务范围可能包括勘察设计、监理等服务内容，根据《建筑法》第十三条规定："从事建筑活动的建筑施工企业、勘察单位、设计单位和工程监理单位，按照其拥有的注册资本、专业技术人员、技术装备和已完成的建筑工程业绩等资质条件，划分为不同的资质等级，经资质审查合格，取得相应等级的资质证书后，方可在其资质等级许可的范围内从事建筑活动。"因此受托人收到服务变更通知后，应当根据自身资质条件以及咨询服务合同的基本情况作出能否履行变更指示的判断。如果不具备履行服务变更的资质条件或其他客观情况应当通知委托人并说明理由。

其次，如果服务变更不涉及资质条件的限制，受托人需要根据变更的内容评判其是否具备实施变更工作的专业资源和技术能力。如果委托人的服务变更超出招标投标阶段发包人所要求的内容，受托人可能不具备相应的实施能力，无法组建能够满足咨询服务需要的咨询服务机构，也需要及时将情况通知委托人。

最后，根据本合同第1.4款［标准规范］，咨询服务的开展应符合国家标准、行业标准、项目所在地的地方性标准，以及相应的规范、规程等。委托人对项目的标准、功能要求高于或严于现行国家、行业、团体或地方标准的，应在专用合同条款中予以明确。符合法律法规和强制性规范是受托人提供咨询服务工作的基础，委托人的变更通知如果低于强制性规定，受托人应当通知委托人。但如果委托人仅是就合同中严于现行标准的约定进行变更而并未低于国家强制性标准，则受托人不能以此为理由拒绝实施变更，但不排除受托人可以依据本条款第（1）（2）目提出变更异议。

另外，需要特别提示受托人在提出本条款异议的情形时，应结合不同异议情形同时提供相应证据材料支撑。

【法条索引】

《民法典》第九百三十二条　受托人应当按照委托人的指示处理委托事务。需要变更委托人指示的，应当经委托人同意；因情况紧急，难以和委托人取得联系的，受托人应当妥善处理委托事务，但是事后应当将该情况及时报告委托人。

《建筑法》第十三条　从事建筑活动的建筑施工企业、勘察单位、设计单位和工程监理单位，按照其拥有的注册资本、专业技术人员、技术装备和已完成的建筑工程业绩等资质条件，划分为不同的资质等级，经资质审查合格，取得相应等级的资质证书后，方可在其资质等级许可的范围内从事建筑活动。

《建筑法》第三十一条　实行监理的建筑工程，由建设单位委托具有相应资质条件的工程监理单位监理。建设单位与其委托的工程监理单位应当订立书面委托监理合同。

【案例分析】

【案例】深圳市正国优建筑设计咨询有限公司（以下简称正国优公司）与安徽中汇国银德源置业有限公司（以下简称中汇国银公司）建设工程设计合同纠纷

二审：安徽省高级人民法院（2018）皖民终451号

【案情摘要】

2015年8月7日正国优公司（乙方）与中汇国银公司（甲方）签订《建设工程设计优化合同》，该合同约定：设计优化内容包括地下室停车位等建筑方案优化，降低钢材、混凝土等结构优化设计，水电安装、暖通、消防等专业优化，新材料、新工艺、新技术应用，在工期、质量、安全文明、成本等方面取得综合效益，指出并纠正图纸中各专业矛盾及违反标准、规范等存在的错漏之处。

2015年8月31日，正国优公司向中汇国银公司出具一份《"中国国际珠宝城"项目方案阶段设计优化咨询初步报告书》。

2015年10月11日，中汇国银公司、正国优公司及同济大学设计院召开会议，经过三方讨论形成《珠宝城项目A、B地块车库方案设计会议纪要》，明确该会议纪要形成的方案为"初步核对确认方案，后期需细化，完善后最终确认相关数据"。

2016年1月18日，中汇国银公司、正国优公司会同同济大学建筑设计研究院（集团）有限公司（以下简称同济大学设计院）、安徽安德建筑设计有限公司、安徽省施工图审查有限公司相关专家召开会议，形成《华玺珠宝城B地块优化设计专家会议纪要》，中汇国银公司、正国优公司参会人员及安徽省施工图审查有限公司相关专家在会议纪要上签字，其中中汇国银公司注明"深圳正国优进一步优化方案应与同济大学设计院对接、沟通，统一认识"。

之后，双方因优化费用结算问题产生争议。

【各方观点】

正国优公司：案涉合同为服务合同而非建设工程设计合同；正国优公司提供的是表现形式为文字与图纸相结合的智力成果。中汇国银公司占有和使用正国优公司的智力成果后，不履行付款义务不应支持。

中汇国银公司：本案的合同属于建设工程设计合同并非房地产咨询合同或技术服务合同。正国优公司没有相应的设计资质，也没有相应的设计咨询资质，本案的合同违反了法律行政法规的效力性强制性规定，应当认定为无效合同；正国优公司提出的优化意见，没有得到中汇国银公司或者说案涉工程设计单位的认可，也没有被采纳或者落实到位。根据通过施工图审查的最终版的图纸和合同规定，中汇国银公司无须支付优化费用。

一审法院：正国优公司承担的相关建筑方案设计以及结构优化设计等义务是在建设工程活动中具有设计性质的工作内容，完全符合法律规定的建设工程设计合同的法律特征。优化设计或者设计优化在性质上仍是设计。正国优公司以《合同法》第三百五十六条关于技术服务合同的规定来主张案涉合同性质或本案案由为技术服务合同，显然不符合法律上对技术服务合同不包括建设工程设计合同的外延限制。综上，一审法院确定案涉合同性质为建设工程设计合同。

正国优公司不具有可以从事案涉建筑工程设计经营的资质，案涉《建设工程优化设计合同》为无效合同。

对双方过错责任之两相综合权衡，公正考虑，更加注重从源头上规范和引导民事主体依法活动，防止此类情形之发生，可确定中汇国银公司对案涉无效合同的产生和不适法履行具有更大过错，负有主要责任。参照《建设工程优化设计合同》中"合同履约期内，任何一方要求终止或解除合同时，须向另一方支付违约金20万元"之约定（该违约金数额在一定程度上也体现了对可能造成财产损失的预期与弥补），酌定由中汇国银公司赔偿正国优公司损失20万元，对正国优公司的其他诉讼请求则不予支持。

二审法院：本案中，尽管双方当事人签订的合同名称是《建设工程设计优化合同》，但从合同约定的设计优化内容来看，包括建筑方案优化，结构优化设计，水电安装、暖通、消防等专业优化，管线布置优化以及新材料、新工艺、新技术应用等，优化内容已超出一般意义上的咨询服务范围，应当由具备专业设计资质的单位承揽。从案涉合同第 2.3 款约定看，若设计院不能及时改图、出图，则由正国优公司改图、出图，由原设计院审签盖章，这表明正国优公司的工作实质上有替代设计院的工作内容，而非仅仅是对已有设计的优化建议，故案涉合同实质上是建设工程设计合同。正国优公司在本案中并未能提供其已依法取得建设行政主管部门颁发的资质证书等相关证据，故其与中汇国银公司签订的《建设工程设计优化合同》及补充协议违反了法律、行政法规的强制性规定，应认定为无效。

案涉合同经过招标投标程序签订，中汇国银公司作为招标要约邀请人，设置投标人条件不当，导致没有相应设计资质的正国优公司投标并进而中标、签订合同、履行合同义务，因此应对合同无效承担主要过错责任。正国优公司明知自己没有相应设计资质，而与中汇国银公司签订包含设计内容的合同，也有一定过错。一审法院参照案涉合同约定，酌定中汇国银公司赔偿正国优公司损失 20 万元，但相较于正国优公司付出的劳动，尚不足以弥补其合理损失，本院予以调整。

【案例评析】

本案是没有设计资质的企业能否承接设计优化工作，以及如果合同无效的后果如何处理的问题。本案中汇国银公司针对设计优化工作进行发包，但并未设置相应设计资质条件，正国优公司没有相应设计资质而中标后，法院认定合同因违反《建筑法》《建设工程勘察设计管理条例》而无效，合同无效的责任由中汇国银公司承担主要过错责任，正国优公司也有一定过错。合同无效的后果根据《合同法》第五十八条（现《民法典》第一百五十七条）的规定，取得的财产应予返还，不能返还或者没有必要返还的折价补偿，法院根据正国优公司在投标文件中申报的人员情况予以了适当补偿。

本案正国优公司认为自己提供的仅是技术服务，而法院经审理后认为其所承揽的设计优化工作应属建设工程设计合同，因正国优公司没有设计资质而被法院认定不具备提供相应服务的技术能力，故合同无效。在提供咨询服务过程中发包人指令是否涉及合同变更，变更工作是否要求相应资质条件，应是全过程咨询企业予以关注的重点问题。

7.3　价格调整和变更影响

7.3.1　服务变更可能影响其他部分的咨询服务、服务进度计划和服务期限或增加受托人工作量的，委托人和受托人应对此服务变更引起的服务费用调整和计算方式，包括对其他部分的咨询服务影响、服务进度计划和服务完成日期的影响，以及增加的服务工作量达成一致。

【条款目的】

本条款规定了在服务变更的情况下委托人与受托人应对由此引起的服务费用和期限的变化进行协商达成一致。

【条款释义】

全过程咨询服务合同中可能涉及勘察、设计、监理、造价咨询等多项内容，其中服务变更除了增加受托人工作量和影响服务进度外，可能会给其他部分的咨询服务、整体服务进度计划和期限产生连锁影响，双方应及时对此进行沟通和协商，减少争议和对咨询服务合同履行及项目建设周期的影响。由此本条款规定，服务变更可能影响其他部分的咨询服务、服务进度计划和服务期限或增加受托人工作量的，委托人和受托人应对此服务变更引起的服务费用调整和计算方式，对其他部分的咨询服务影响、服务进度计划和服务完成日期的影响，以及增加的服务工作量进行协商达成一致。

【使用指引】

全过程咨询的服务内容由委托人和受托人根据项目的实际要求确定，可以涵盖的服务内容可能包括：工程报批报建服务、工程勘察设计管理、工程勘察设计服务、工程造价咨询、工程招标采购咨询、项目管理、项目咨询、工程监理服务等。因全过程咨询服务中各项工作之间的紧密联系，如果其中某项工作发生变更，可能对其他并行的或有关联关系的工作产生影响。因此，受托人在收到委托人变更指令后，除对变更部分的工作予以分析外，还应当分析是否会对其他部分的咨询服务、服务进度计划和服务期限产生影响。

【法条索引】

《民法典》第五百四十三条 当事人协商一致，可以变更合同。

《民法典》第五百四十四条 当事人对合同变更的内容约定不明确的，推定为未变更。

7.3.2 服务变更引起的服务费用调整应根据合同约定的取费标准确定。合同约定的取费标准不适用于该服务变更的，双方应协商确定新的取费标准。

【条款目的】

本条款旨在规定服务变更的取费标准的确定。

【条款释义】

借鉴工程合同及 2017 版 FIDIC 白皮书通常变更按照合同相同项目费用、参照同类项目费用、无相同和同类时另行协商的基本原则，当服务变更引起的服务费用调整也应首先依据合同约定相应或相关联的取费标准来确定变更的费用，即坚持有约从约原则，但如果合同中没有约定或者合同约定取费标准不能适用于该变更的，则由双方另行协商确定新的取费标准或变更服务费用。

【使用指引】

在咨询服务合同中双方应当对合同价的计取方式作出明确约定，全过程咨询服务所涉及内容较多，不同的服务内容计价方式有较大差异，可以借鉴相应指导文件，结合实践和项目情况分别进行约定，本合同第 4 条中提供了签约合同价具体构成及合同计取方式的表格。此外，第 6.1.1 项中规定：委托人与受托人应在合同中明确约定服务费用的组成和计取方式，包括变更和调整的计取方式，考虑到不同服务内容的计价方式和标准差异，由此不同服务内容的变更所涉及服务费用调整也应不同，要分别进行约定，可以采取附件方式明确取费标准。

《关于进一步放开建设项目专业服务价格的通知》执行后，建设项目前期工作咨询费、工程勘察设计费、招标代理费、工程监理费、环境影响咨询费等均实行市场调节价。因此，就全过程工程咨询所提供的服务，应由合同当事人双方约定合理价格。考虑到相关服务均已实行市场计价，受托人和委托人更应高度重视咨询服务合同的计价方式和标准及变更费用确定的约定，以免产生争议时，因原来的政府指导收费标准已不具备适应性，导致如何计价和结算产生较大争议，诉至法院或仲裁时，也因约定不清，导致发生诉讼或仲裁风险。

【法条索引】

《关于进一步放开建设项目专业服务价格的通知》：

一、在已放开非政府投资及非政府委托的建设项目专业服务价格的基础上，全面放开以下实行政府指导价管理的建设项目专业服务价格，实行市场调节价。

（一）建设项目前期工作咨询费，指工程咨询机构接受委托，提供建设项目专题研究、编制和评估项目建议书或者可行性研究报告，以及其他与建设项目前期工作有关的咨询等服务收取的费用。

（二）工程勘察设计费，包括工程勘察收费和工程设计收费。工程勘察收费，指工程勘察机构接受委托，提供收集已有资料、现场踏勘、制定勘察纲要，进行测绘、勘探、取样、试验、测试、检测、监测等勘察作业，以及编制工程勘察文件和岩土工程设计文件等服务收取的费用；工程设计收费，指工程设计机构接受委托，提供编制建设项目初步设计文件、施工图设计文件、非标准设备设计文件、施工图预算文件、竣工图文件等服务收取的费用。

（三）招标代理费，指招标代理机构接受委托，提供代理工程、货物、服务招标，编制招标文件、审查投标人资格，组织投标人踏勘现场并答疑，组织开标、评标、定标，以及提供招标前期咨询、协调合同的签订等服务收取的费用。

（四）工程监理费，指工程监理机构接受委托，提供建设工程施工阶段的质量、进度、费用控制管理和安全生产监督管理、合同、信息等方面协调管理等服务收取的费用。

（五）环境影响咨询费，指环境影响咨询机构接受委托，提供编制环境影响报告书、环境影响报告表和对环境影响报告书、环境影响报告表进行技术评估等服务收取的费用。

二、上述5项服务价格实行市场调节价后，经营者应严格遵守《中华人民共和国价格法》《关于商品和服务实行明码标价的规定》等法律法规规定，告知委托人有关服务项目、服务内容、服务质量，以及服务价格等，并在相关服务合同中约定。经营者提供的服务，应当符合国家和行业有关标准规范，满足合同约定的服务内容和质量等要求。不得违反标准规范规定或合同约定，通过降低服务质量、减少服务内容等手段进行恶性竞争，扰乱正常市场秩序。

【案例分析】

【案例】南宁市鑫帅建设监理有限责任公司（以下简称鑫帅公司）与广西壮族自治区疾病预防控制中心（以下简称疾控中心）建设工程监理合同纠纷

　　再审：广西壮族自治区高级人民法院（2019）桂民再315号

【案情摘要】

2007年3月15日，鑫帅公司与疾控中心签订了一份《建设工程委托监理合同》，约定疾控中心委托鑫帅公司监理其建设的广西壮族自治区疾病控制中心高级知识分子拆迁调剂楼工程。合同约定自2007年开工之日（3月20日）开始实施，工期720天（日历天），至承包合同日历天数完成止（2009年2月10日）施工结算监理取费标准为工程总投资的1.56%，最终以工程结算总投资为准进行调整，调增的监理酬金业主同意在工程结算后的一个月内支付完毕。业主同意监理期满后，若工程未完工，需要监理单位继续监理时，再由双方就相关事宜具体协商，并按以下方法支付附加工作酬金：酬金＝工程日数×监理合同任务日平均酬金额，如不需要继续监理时，业主同意在一个月内按监理合同一次性支付完毕。签订合同后，该工程实际开工时间为2008年5月16日，实际竣工时间为2011年1月24日。鑫帅公司如约履行了合同约定的监理义务。2009年11月3日，鑫帅公司发函给疾控中心称"我公司受贵中心委托监理工程于2009年9月16日完成了约定的正常监理工作时间，根据《监理委托合同》自2009年9月17日起至竣工验收之日止监理工作属附加工作，请贵中心给予确认。"疾控中心在该函上签字"原监理合同签订于2007年3月15日，工期为720天，因施工延期至当年9月16日，监理单位进场，现已到期，同意延期至竣工验收止"。至2011年4月20日鑫帅公司撤离监理现场。该工程原预算总投资额为2942.30万元，后增加工程量实际总投资为3635.90万元。2011年1月24日通过竣工验收。2012年1月20日，广东华联建设项目管理咨询有限公司南宁分公司做出《工程总决算书》以及《工程结算造价汇总和监理收费审核表》中对监理费审计为567201.95元，其中包含了变更增加工程的监理费用。鑫帅公司对该笔费用签字予以确认。

【各方观点】

广西壮族自治区人民检察院：本案监理合同约定过两个监理工作期，即正常的监理工作期和附加的监理工作期，同时就这两个监理工作期分别约定了不同的取费方式。二审判决简单地以工程量增加、监理业务时间相应延长为由，将因工程量增加导致的正常工作监理酬金的增加与附加工作监理酬金相混淆，并以此认定疾控中心已经履行了支付附加工作监理酬金的义务，没有相应的证据证明，与事实不符。

鑫帅公司：根据《监理委托合同》自2009年9月17日起至竣工验收之日止监理工作属附加工作，疾控中心应当支付附加工作监理酬金370387.50元。

疾控中心：疾控中心与鑫帅公司对案外人广东华联建设项目管理咨询有限公司南宁分公司于2012年1月20日作出的工程总决算书中"监理费人民币为567201.95元"的事实予以盖章、签字确认，疾控中心亦根据该"监理收费审核表"确定的监理费为567201.95元，先后支付了全部监理费567201.95元。本案不存在疾控中心尚欠鑫帅公司监理费的事实。

再审法院：工程监理是法律规定工程建设项目必须进行的强制性工作内容。监理费亦是工程建设费用的主要组成部分，虽然双方签订的《建设工程委托监理合同》约定，疾控中心向鑫帅公司给付的监理费用包含计取方式不相同的合同工期内的监理费和工期延时的监理费，但是，广东华联建设项目管理咨询有限公司南宁分公司于 2012 年 1 月 20 日对案涉工程作出《工程总决算书》和《工程结算造价汇总和监理收费审核表》，即是对整个工程建设费用包括监理费的决算，其中载明含变更增加工程在内的监理费用为 567201.95 元，鑫帅公司对此并未提出异议，并签字确认，视为同意工程总决算对监理费的最终确定，即放弃了按双方原监理合同关于监理费计算方式的约定。之后双方也按总决算确定的监理费金额进行支付和收取。鑫帅公司在工程总决算并支付完毕之后，又提出按原监理合同约定增加工期延时监理费用，实质是在工程总决算之后又增加费用，有违工程建设费用决算管理制度，亦违反了双方在工程决算时对监理费用审核结算的意思表示，本院不予支持。

【案例评析】

本案是监理合同中双方已经约定了延期期间的监理取费计算方法，但在最终针对监理费进行决算时达成了另外一份协议从而产生了应当以谁为准的争议。本案经历了包括检察院抗诉在内的多次审理，但各级法院的审判观点均是一致认为合同当事人针对监理费决算时达成的《工程决算书》是对监理合同中约定的延期期间监理取费计算方式的变更。

从该起案件可知，对于包括服务变更在内的监理费用结算，虽然监理合同中可能有约定的计算方式，但是如果后续双方另行达成其他结算，则应当以后达成的结算协议为准。合同收尾阶段的结算是监理单位应当引起充分重视的关键环节，对于结算协议的签署应当经过审慎充分的审查，在结算阶段对服务价款有争议的，可以先就没有争议的部分签署结算协议，有争议的部分在结算协议中注明由双方另行协商或通过争议解决程序确定。

7.3.3 服务变更引起的服务费用调整和其对服务进度计划的影响，需经委托人书面同意和确认。委托人同意服务费用调整和服务变更的影响后，应向受托人发出指令，要求开始执行服务变更。

【条款目的】

本条款旨在明确委托人应就服务变更引起的服务费用和进度计划调整书面确认后发出执行服务变更的指令。

【条款释义】

国内工程总承包合同示范文本和全过程咨询合同示范文本，都在大量借鉴 FIDIC 合同体系的流程管理，在全过程咨询合同的变更事项上，更加重视程序管理，进而充分保护各方合同权利义务。在本合同第 7.2 款变更程序基础上，本条款进一步明确受托人就委托人的服务变更指示，提出的对服务费用调整和服务进度计划的影响后，委托人经审查确认的应当发出书面同意文件，并应向受托人发出要求执行服务变更指令。实践过程中，委托人既可以先行确认受托人对服务费用调整和进度计划影响的报告，再发出执行变更指令，也可以合并为一道程序，发出确认意思表示同时指令执行变更。本条款的规定是建立在双方就变更费用和进度计划调整达成一致后，才能开始执行服务变更，但要注意本合同第 7.3.4 项特别情形的先予执行变更的约定。

【使用指引】

服务变更所引起的费用和期限的调整是对合同中约定的改变，因此对于变更部分需要合同双方达成明确一致意见。具体程序是：委托人下发变更指示—受托人提交调整建议书—委托人审批建议书并对费用和期限的调整进行确认。

为避免双方就服务变更所涉及费用调整的进度计划引起后期的争议，原则上应当在就变更所涉及费用和进度调整达成一致后，受托人提供变更的服务，但当出现本合同第 7.3.4 项规定的"受托人收到服务变更通知 14 天后，双方未能确认服务变更的所有影响并达成一致；在服务变更工作开始前，双方无法确认服务变更的所有影响并达成一致。"情形时，受托人应按委托人指令执行变更服务。

【法条索引】

《民法典》第九百二十二条　受托人应当按照委托人的指示处理委托事务。需要变更委托人指示的，应当经委托人同意；因情况紧急，难以和委托人取得联系的，受托人应当妥善处理委托事务，但是事后应当将该情况及时报告委托人。

《民法典》第九百二十八条　受托人完成委托事务的，委托人应当按照约定向其支付报酬。

因不可归责于受托人的事由，委托合同解除或者委托事务不能完成的，委托人应当向受托人支付相应的报酬。当事人另有约定的，按照其约定。

【案例分析】

【案例】江苏建科工程咨询有限公司（以下简称建科公司）与南京新城科技园建设发展有限责任公司（以下简称新城建设公司）建设工程监理合同纠纷

二审：南京市中级人民法院（2018）苏 01 民终 5320 号

【案情摘要】

2010 年 10 月 8 日，建科公司与新城建设公司就南京新城科技园国际研发总部园工程签订《建设工程监理合同》，合同第一部分第一条约定项目总投资约 14 亿元，监理酬金中标费率为 1.1366%，中标监理费为 1591.36 万元；第五条约定合同实施期限为 2010 年 10 月 8 日至 2013 年 10 月 7 日。合同第二部分第一条约定了工程监理的正常工作、附加工作、额外工作定义；第二十五条约定：如果因工程建设进度的推迟或延误而超过书面约定的日期，双方应进一步约定相应延长的合同期；第三十一条约定：由于委托人或承包人的原因使监理工作受到阻碍或延误，以致发生了附加工作或延长了持续时间，则监理人应当将此情况与可能产生的影响及时通知委托人，完成监理业务的时间相应延长，并得到附加工作的报酬；第三十二条约定：在委托监理合同签订后，实际情况发生变化，使得监理人不能全部或部分执行监理业务时，监理人应当立即通知委托人。该监理业务的完成时间应予延长。第四十条约定：如由于委托人或承包人的阻碍或延误而使监理单位发生附加工作，应支付附加工作报酬：报酬＝附加工作日数×合同报酬÷监理服务日，附加工作酬金于该工作发生后，根据同期进度款结算支付。

2013 年 10 月 14 日，因《建设工程监理合同》约定的合同期限于 2013 年 10 月 7 日届满，建科公司向新城建设公司发出《监理工程师联系单》，要求新城建设公司尽快与其就附加监理工作签订补充协议。经庭审中双方当事人确认，双方后续未能签订补充协议。2016 年 8 月 26 日，案涉工程竣工验收合格。2016 年 8 月 29 日，新城建设公司向建科公司发出《建设单位工程联系单》，要求建科公司继续对案涉项目竣工验收后的下沉式广场及汽车和自行车坡道的零星收尾工程进行监理管理。所有零星工程应在 2017 年 2 月底前完成并办理交付手续，此后不再要求监理提供施工阶段的监理服务。结合现场实际情况，2016 年月底前监理人员不超过 7 人，10 月 1 日至 12 月底不超过 5 人，2017 年 1 月以后不超过 4 人，2017 年 2 月底，建科公司监理人员全部撤场。

【各方观点】

建科公司：工程延期属于委托人和施工方责任，增加持续时间而增加的监理工作新城建设公司应当支付附加工作报酬。

新城建设公司：本案工程延期后建科公司应与新城建设公司签订补充协议延长监理合同期计算附加工作报酬，即便建科公司主张附加工作，也应根据本条款与新城建设公司签订补充协议，但双方并未就附加工作签订补充协议，故建科公司无权主张附加工作报酬。

一审法院：在建科公司持续为新城建设公司提供施工监理服务的过程中，因委托人或承包人原因使监理工作受到阻碍或延误，致使该持续提供监理服务的期间延长，此延长期间的监理工作为附加监理工作。但建科公司主张的附加监理工作期间应扣除在案涉工程施工期间内，因特殊自然原因导致的不能施工的期间及因政府行为导致的暂停施工期间。此类期间经事实部分认定，共计93天。《建设单位工程联系单》中明确载明系对下沉式广场和自行车坡道提供零星监理工作，此项监理工作内容比照工程竣工验收合格前的监理工作内容显著减少，同时该联系单中明确要求建科公司逐步减少监理人员至4人，而在主体施工及装饰施工阶段建科公司提供监理人员为15人左右。因此自2016年8月29日至2017年2月28日，共计184天的期间内，建科公司的监理工作报酬应结合其提供监理工作显著减少的事实相应降低，一审法院酌定此期间内建科公司的附加工作报酬按工程竣工前附加工作报酬的15％计算。建科公司提供的施工监理服务自2011年2月13日至2017年2月28日，共2218天。《建设工程监理合同》中约定的合同期自2010年10月8日至2013年10月8日止，监理周期1096天，监理费1591.36万元；非委托人和承包人原因所致工期延长期间93天。剩余1029天为附加监理工作期间，其中843天按照监理合同第三部分第四十条约定的计算公式（附加工作报酬＝附加工作日数×合同报酬/监理服务日）计算，计12240114元，其中2016年8月27日至2017年2月28日的186天按附加监理工作报酬的15％计算，计405100元，总计12645214元。

二审法院：监理合同约定的合同期限为2010年10月8日至2013年10月7日，而工程实际竣工于2016年8月26日，远晚于合同约定期限。在工程施工期间，监理机构均需派驻相关人员在现场服务，其实际上必然会发生一定的支出。故在此情况下，建科公司实际监理服务期限的延长应视为附加监理工作，应获得相应报酬。新城公司主张仅应以工程造价乘以固定费率的方法计算监理费用，监理费用的计算与合同期限及工程工期均无关联，及工期延误存在诸多客观原因，与监理人未妥善尽责亦有关联；但根据《监理月报》记载，工期延长多系发包人、承包人原因造成，涉案工程亦获得了省示范项目监理部等荣誉。新城公司亦未充分举证工期延长系因监理人原因导致，故新城公司认为监理服务延长期间的工作不应计算工作报酬，与事实与约定相悖，本院不予采信。但考虑到新城公司已按照暂定工程造价支付监理费用，案涉工程服务内容范围已经确认，故结合本案中建科公司提供服务的时间、工程开竣工日期、因政府行为必须发生的停工期间、建科公司在工程开工日之前及竣工后提供的服务工作、建科公司前期更换总监工程师、监理工作整体质量等因素，本院酌定，新城公司除应依约支付15913600元监理服务费用之外，还应支付附加监理服务费用 8000000 元。

【案例评析】

本案是监理期间延长且委托人指令服务变更的监理费结算纠纷。监理服务期间经历了工程缓建、停工等事项。工程缓建、停工期间，工作界面较正常施工期减少，相应监理单位所需投入的资源也少，委托人单位应当及时向受托人发出指令，调整监理资源并及时对监理费计取标准进行调整。本案中，由于过程中缺少指令，双方也没有对补充协议达成一致，进而发生纠纷诉至法院，而最终监理费的计取也交由法院酌情裁量。抛去工程实施过程中各方可能存在的管理问题不谈，纠纷出现的重要原因之一在于工程出现停工、缓建等事项后，委托人没有及时发出指令就施工情况的变化对监理工作的进行作出安排，监理期限以及费用的调整双方也并未达成一致，进而导致监理单位无法对工作调整作出良好部署。在监理单位提供了在延期期间完成了监理工作的证据后，法院认为监理单位完成了附加工作，有权获得附加工作报酬，但由于双方没有就服务费用调整达成一致，一审法院确定附加工作报酬为 12645214 元，二审法院酌定为 8000000 元，差距不可谓不大。由此可见如果在过程中双方无法就费用调整达成一致，后期将会带来较大的结算或索赔风险。

7.3.4　下列情形下，委托人可直接向受托人发出开始执行服务变更的指令：

（1）受托人收到服务变更通知 14 天后，双方未能确认服务变更的所有影响并达成一致；

（2）在服务变更工作开始前，双方无法确认服务变更的所有影响并达成一致。

在此情形下，受托人应基于其付出的时间，根据合同约定的取费标准获得补偿。取费标准不适用于该服务变更的，委托人应按照合理的费率或价格对受托人进行补偿，直至双方就服务变更引起的服务费用调整和影响达成一致。

【条款目的】

本条款旨在明确当双方无法就服务变更所有影响达成一致情况下，受托人应先行遵照委托人的指令开展工作，以保障项目的顺利进行。

【条款释义】

虽然原则上委托人发出开始执行服务变更的指令需要合同双方就变更的影响达成一致，但考虑到建设项目推进过程中涉及咨询服务合同以外众多干系人利益，甚至涉及公共利益、国家利益，为了避免因为委托人和受托人就服务变更对费用调整和进度影响产生僵局，或者受托人借变更机会试图取得不当利益等损害项目建设利益的情况，本条款规定了先行执行服务变更的两种例外情形。第一种是受托人在收到委托人变更通知后，在 14 天之内双方无法就所有影响达成一致；第二种是在服务变更工作开始前双方无法就所有影响达成一致。在前述两种情况下，为保障项目的顺利执行，避免对投资目的造成重大影响，委托人可以直接发出执行变更工作的通知，此时受托人不应以本合同第 7.3.1 项、第 7.3.2 项、第 7.3.3 项规定为由拒绝执行委托人的变更指令。但本条款的规定，也并不意味着委托人可以项目利益为由，无视受托人的基本利益和合法权益，本条款同时规定在没有就服务变更的所有影响达成一致情况下就先行提供服务，受托人有权基于其付出的时间，根据合同约定的取费标准获得补偿。取费标准不适用于该服务变更的，委托人应按照合理的费率或价格对受托人进行补偿，直至双方就服务变更引起的服务费用调整和影响达成一致。

【使用指引】

本条款是借鉴了 2017 版 FIDIC 白皮书中的规定，实际操作过程中，合同双方在谈价过程中由于其各自立场的不同，在短时间内可能无法就取费问题达成一致，而工程进度却不能因此而停滞。在 2017 年版 FIDIC 黄皮书和银皮书中也有相应规则，在工程项目合同中，要求承包人收到发包人的指令后即使变更价格未谈定也应当执行变更工作，工程全过程咨询服务于工程项目，本合同中采用了与工程施工合同一致的思路可以达到工程建设与全过程咨询的协调配合，有利于顾全项目推进执行的大局。

提示受托人在出现本条款规定的情况下，因需先执行委托人的变更指令，受托人应更为加强对于变更及所涉及费用、进度等产生影响的相应证据资料的收集，以便后续和委托人就变更的服务费用和进度继续沟通，以及为可能发生的争议解决程序所需。

【法条索引】

《民法典》第五百一十条　合同生效后，当事人就质量、价款或者报酬、履行地点等内容没有约定或者约定不明确的，可以协议补充；不能达成补充协议的，按照合同相关条款或者交易习惯确定。

【案例分析】

【案例 1】三亚马兰花假日饭店有限公司（以下简称马兰花公司）与海南君诚工程监理有限公司（以下简称君诚监理公司）建设工程监理合同纠纷案件

再审：海南省高级人民法院（2019）琼民申 2184 号

【案情摘要】

2012 年 8 月 25 日，君诚监理公司与马兰花公司签订建设工程监理合同，在合同的第一部分协议书中约定工程名称为三亚马兰花假日饭店（宁夏干部疗养基地），签约酬金为 406 万元（最终结算以审计部门审计投资造价为基价计算）。建设期限自 2012 年 9 月 1 日始，至 2013 年 10 月 5 日止。合同第二部分通用条件中约定：1.1.8："附加工作"是指本合同约定的正常工作以外监理人的工作。1.1.13："附加工作酬金"是指监理人完成附加工作，委托人应给付监理人的金额。6.6.2：除不可抗力外，因非监理人原因导致监理人履行合同期限延长、内容增加时，监理人应当将此情况与可能产生的影响及时通知委托人。增加的监理工作时间、工作内容应视为附加工作。合同第 5.2 款中约定：甲方应支付合同项目的监理费为 406 万元（最终结算以审计部门审计投资造价为基价计算）。如投资结算超过工程概算投资额，超出部分的监理费计算方法为：超出部分的监理费＝（审计部门审计投资造价-工程概算价）×1.5%。合同第 6.2.2 项约定：除不可抗力外，非因监理人原因导致本合同期限延长时，附加工作酬金按下列方法确定：附加工作酬金＝本合同期限延长时间（天）×正常工作酬金÷协议书约定的监理与相关服务期限（天）。合同签订后，双方于 2012 年 9 月 1 日进场开工，2016 年 1 月 15 日工程竣工验收。施工过程中，涉案工程于 2013 年 12 月 22 日停工，2014 年 6 月 5 日复工。在君诚监理公司提起本案诉讼前，马兰花公司已支付 3517900 元。在诉讼过程中，马兰花公司支付了 542100 元，马兰花公司向君诚监理公司支付涉案监理费总计 406 万元。

【各方观点】

君诚监理公司：监理合同的期限为 2012 年 9 月 2 日到 2013 年 10 月 5 日，因此 2013 年 10 月 6 日到 2016 年 1 月 16 日为合同延长期限的期间，合同中约定了非因监理人的原因导致监理工期延长时附加酬金的计算方式，马兰花公司应当支付附加工作酬金。

马兰花公司：监理合同约定的监理期限为 400 天与实际工程施工期间严重不符，根本不具有履行性，即事实上根本履行不能。应当对工程期限对应的监理期间进行鉴定。

一审法院：关于附加工作酬金的支付问题。双方合同通用条件部分的第 6.2.2 项中有相应约定，涉案工程于 2012 年 9 月 1 日进场开工，2016 年 1 月 15 日工程竣工验收，而合同约定的监理期限为 2012 年 9 月 1 日至 2013 年 10 月 5 日止，所以应认定 2013 年 10 月 6 日至 2016 年 1 月 15 日为延长合同期限的期间，总计 831 天。涉案合同项目的施工过程中，涉案工程于 2013 年 12 月 22 日停工，2014 年 6 月 5 日复工，总计停工 165 天。按正常的工作秩序，工程停工期间的监理工作不应当正常进行，故停工期间 165 天应予扣除，扣减后延长合同期限的时间为 666 天。依据合同第三部分专用条件第 6.6.2 项约定，则本案应支付的附加工作酬金为 666 天×406 万元÷400 天＝6759900 元。本案中双方已在合同商议确定监理的范围及工期为 400 天，马兰花公司在诉讼中申请对该案涉及的监理范围及内容的期限再行鉴定，一审法院亦不予采纳。

二审法院：马兰花公司上诉主张案涉《建设工程委托监理合同》中关于监理期限约定与事实不符且不具有履行性，但未提供充分的证据予以证明，对该上诉主张本院不予支持。一审法院根据双方合同约定确定案涉工程的监理期限并驳回马兰花公司对案涉工程监理范围及内容期限的鉴定申请，并无不当。

再审法院：双方签订的《建设工程委托监理合同》约定，监理期限为 400 日历天，监理费总额为 406 万元。所约定的监理费显然与建设工程项目诸要素，包括监理合同约定的监理天数即监理期限有关。马兰花公司认为 400 日历天属履行不能的约定，却没有举证证明，马兰花公司应承担举证不能的不利后果。马兰花公司要求对监理期限进行鉴定的主张与合同约定不符，且于法无据，也与其主张的 400 日历天与监理费无关存在矛盾，二审判决不予支持正确。马兰花公司主张君诚公司没有依照监理合同的约定内容履行监理义务，导致监理期限延长，但没有提交充分证据予以证明，对其主张本院不予支持。根据监理合同的约定，附加监理费与增加的监理范围、内容及监理期限挂钩，二审判决根据君诚公司增加的监理期限即监理日历天数认定马兰花公司应当支付的附加监理费用，有事实和合同依据，本院予以维持，马兰花公司申请再审理由不能成立。

【案例评析】

本案是监理单位实际提供监理服务的期限远长于合同中约定的期限，所产生的附加工作酬金应否支付的问题。本案中，合同约定的监理期限为 400 天，扣除工程停工期间延长的监理期间为 666 天，过程中委托人与受托人没有就延期而导致的监理附加酬金达成一致，但监理单位实际提供了监理服务，则法院根据合同约定的取费标准计算并支持了监理单位附加工作酬金的主张，并拒绝了委托人对监理期限进行鉴定的申请。

【案例 2】 四川飞红工程管理咨询有限公司（以下简称飞红公司）与雅安发展投资有限责任公司（以下简称雅投公司）建设工程监理合同纠纷

再审：四川省高级人民法院（2018）川民申 1005 号

【案情摘要】

雅投公司作为委托人与飞红公司签订了一份《建设工程委托监理合同》，双方就香港特区政府援助雅安第二批项目监理事宜达成协议。该合同第三部分第三十九条载明"委托人同意按以下的计算方法、支付时间与金额，支付监理人的报酬：（1）监理服务费：结算价按政府对建设项目结算审计的直接工程造价为投资额，按《建设工程监理与相关服务收费管理规定》，并以投标报价时所确定的下浮20％比率计取监理费，暂定监理费为579400元。支付方式：签订合同，承包人项目管理班子进场后付暂定监理费的10％；完成工程总量50％后付暂定监理费的40％；工程竣工验收后付暂定监理费的30％；工程评审、审计后付总监理费的10％，余款在保修期后一月内付清"。监理服务期365个日历天，以监理人员进场之日开始计算。合同第二部分标准条件第三十一条载明"由于委托人或承包人的原因使监理工作受到阻碍或延误，以至于发生了附加工作或延长了持续时间，则监理人应当将此情况与可能产生的影响及时通知委托人。完成监理业务的时间相应延长，并得到附加工作的报酬。"第二部分第三十七条载明"当委托人认为监理人无正当理由而又未履行监理义务时，可向监理人发出其未履行义务的通知，若委托人发出通知后21日内没有收到答复，可在第一个通知发出后35日内发出终止委托监理合同的通知，合同即终止。监理人承担违约责任。"2012年11月14日，该项目竣工验收合格。实际监理服务期为685天，超过双方约定的监理服务期达320天。

【各方观点】

飞红公司：工程招标文件性质仅为要约邀请，与监理合同约定内容矛盾的应以监理合同为准，并且，双方当事人在本案中均未提交投标文件，该投标文件并无包干监理费的描述，而监理合同第二部分"标准条件"第三十九条载明的"正常的监理工作、附加工作和额外工作的报酬，按照监理合同专用条件中第四十条的方法计算，并按约定的时间和数额支付"，合同"专用条件"中无第四十条的约定，只是表明双方没有明确约定附加工作监理费的标准，而按照该监理合同标准条件第三十一条的规定，飞红公司有权获得附加工作期间的报酬。飞红公司实际监理服务期大大超过合理的延误期限，产生了大量的附加监理工作，雅投公司应按约定的正常监理费用标准支付附加工作费用。

雅投公司：根据双方约定涉案的监理费实行包干价为579400元，不论时间减少和延长，均不得增加费用。

一审法院：附加监理费是否应当得到支持。一审庭审中，雅投公司对飞红公司提出实际监理服务期共计685天而超过双方约定的监理服务期限达320

天，雅投公司对此不持异议。本案中，飞红公司未举证证明在案涉工程延误后，其依约履行了将延误情况与可能产生的影响按合同标准条件第三十九条及时通知雅投公司的义务，且已经完成了延误期间的具体监理工作，故附加监理费不应当得到支持。

二审法院：关于雅投公司是否应当支付工程延期产生的附加工作监理费用问题，由于投标文件已明确载明为包干监理费，虽在《建设工程委托监理合同》第二部分标准条件第三十九条载明了"正常的监理工作、附加工作和额外工作的报酬，按照监理合同专用条件中第四十条的方法计算，并按约定的时间和数额支付"，但在专用条件中并无第四十条的约定。综上应认定本案所涉及监理费应为包干监理费用，不存在工程延期产生的附加工作监理费，故飞红公司上诉请求雅投公司支付工程延期产生的附加工作监理费的理由不能成立，本院不予采纳。

再审法院：案涉项目《招标文件》中第3.2.2条载明"监理费结算价按国家发展和改革委员会、建设部发改价格〔2007〕670号文之附件《建设工程监理与相关服务收费管理规定》，以工程施工竣工审定的结算价为基准乘以投标报价的固定费率计取包干监理费（无论工期提前或延后，监理费不作调整。投标人在投标报价时应予以考虑）"，双方签订的《建设工程委托监理合同》第一部分第三条亦明确载明招标文件为合同的组成部分。因此，案涉项目《招标文件》中第3.2.2款内容对双方均有法律约束力。《建设工程委托监理合同》第二部分标准条件第三十九条虽载明"正常的监理工作、附加工作和额外工作的报酬，按照监理合同专用条件中第四十条的方法计算，并按约定的时间和数额支付"，但在专用条件中并无第四十条的约定。结合前述《招标文件》中第3.2.2款内容，应当认定飞红公司应当收取的案涉工程监理费用不应计取延期产生的附加工作监理费。

7.3.5　除专用合同条款另有约定外，受托人完成咨询服务所应遵守的法律法规规定，以及国家、行业、团体和地方的规范和标准，均应视为在基准日期适用的版本。基准日期之后，前述版本发生重大变化，或有新的法律法规，以及国家、行业、团体和地方的规范和标准实施的，受托人应向委托人提出遵守新规定的建议，对强制性规定或标准应遵照执行。因委托人采纳受托人的建议或遵守基准日期后新的强制性规定或标准，导致服务开支增加和（或）服务期限延长的，由委托人承担责任。

【条款目的】

本条款旨在规定基础日期后法律法规以及国家、行业、团体和地方的规范和标准变动而产生的开支增加和服务期限延长由委托人承担。

【条款释义】

委托人与受托人咨询服务合同的订立需要基于法律法规以及国家和行业的相关政策、标准。但法律法规和标准规范并非一成不变，会受到市场、行业发展情况等因素的影响而调整。本合同在本条款中针对合同期限内的法律法规和标准规范的变化影响咨询服务履行应如何调整价款和期限进行了规定。其以"基准日期"为节点划分，在基准日期之后的变动考虑调整费用和期限，在此之前的变化则不予调整。本合同第 1.1.23 项对"基准日期"进行了定义："通过招标方式确定受托人的，以投标截止日前 28 天的日期为基准日期；通过其他方式确定受托人的，以合同签订前 28 天的日期为基准日期"。具体而言：

本条款涉及的法律法规规定，以及国家、行业、团体和地方的规范和标准范围相对比较宽泛，根据《中华人民共和国立法法》，我国法律法规包括：法律、行政法规、地方性法规、自治条例和单行条例、国务院部门规章和地方政府规章，此外还有规范性文件，而新法律法规、规范标准等的发布和变化均可能会对执行的咨询服务合同产生影响，为了便于界定因此变化产生的费用和进度影响的负担，本条款规定在双方没有特别约定的情况下，这些法律法规、标准规范等均应是指基准日适用的版本，而非包括其之后的修订版本；当这些版本发生变化或国家发布新的法律法规、规范标准时，考虑到咨询服务合同受托人作为专业咨询机构相对委托人更易于判断其对咨询服务合同和项目建设的影响，本条款规定受托人应基于诚实信用原则向委托人提出遵守新规定的建议；对其中涉及强制性规定或标准的，委托人应遵照执行发出变更指令；对于非强制性规定或标准的，由委托人决定是否执行新的规定或版本；委托人决定采用新的规定、标准或版本的，导致的服务开支增加应由委托人承担，受托人的服务期限应顺延。

【使用指引】

本条款使用时需要提示各方当事人注意的是，允许双方当事人在专用合同条款中作出特别约定，主要体现在两个方面：一是，可以约定合同适用的法律法规或规范标准包括基准日后可能发生的修订及新版本或国家颁布的新的法律法规或规范标准，将这部分法律法规适用风险提前锁定；二是，本条款约定了受托人提示的义务，主要是基于相对委托人，受托人更为专业更了解相关法律法规、规范和标准对项目建设和咨询服务合同的影响，所以双方可在专用合同条款中约定受托人未基于诚信原因履行通知义务时的违约责任，或者不能就扩大的费用支出或进度延误要求委托人予以负担。

【法条索引】

《民法典》第一百四十三条　具备下列条件的民事法律行为有效：

（一）行为人具有相应的民事行为能力；

（二）意思表示真实；

（三）不违反法律、行政法规的强制性规定，不违背公序良俗。

《民法典》第一百五十三条　违反法律、行政法规的强制性规定的民事法律行为无效。但是，该强制性规定不导致该民事法律行为无效的除外。

违背公序良俗的民事法律行为无效。

【案例分析】

【案例】甘肃吉田项目管理有限公司（以下简称甘肃吉田公司）与甘肃电投永明安装检修工程有限责任公司（以下简称永明检修公司）建设工程监理合同纠纷

再审：甘肃省高级人民法院（2022）甘民申 549 号

【案情摘要】

2011 年 8 月，永明检修公司与吉田管理公司签订了监理技术服务合同，合同约定吉田管理公司将甘肃金昌市热电联产（2×330MW）工程建设监理技术服务委托给永明检修公司，价款为 548.8 万元，服务期自 2011 年 7 月 18 日至工程竣工投产后结束；吉田管理公司收到业主方支付监理款后向永明检修公司付款。合同签订后永明检修公司依合同约定提供了监理技术服务。吉田管理公司支付部分技术服务费用，剩余 29.328 万元吉田管理公司未付。

2016 年 11 月 1 日，吉田管理公司、永明检修公司与甘肃电投金昌发电有限责任公司（以下简称金昌发电公司）召开税务争议问题协调会议，形成会议纪要如下：（1）吉田公司中标的"金昌发电公司一厂热网首站增容改造及供热一级管网建安施工监理项目"检修公司提供人力资源支持，用于补偿上述税金问题。其余税金问题用同样方式解决。（2）吉田公司在 2016 年 12 月 20 日前，向金昌发电公司出具以下合同的全部税务发票（金昌发电公司与吉田管理公司《金昌热电联产（2×330MW）工程建设监理合同》，合同金额 686 万元）；向永明检修公司支付以下合同的余款（双方税务争议的 32.928 万元除外）（永明检修公司与吉田管理公司《金昌市热电联产（2×330MW）工程建设监理技术服务合同》，合同金额 548.8 万元）。参加会议的工作人员在《会议纪要》中均签字。

【各方观点】

二审法院：依法成立的合同对合同当事人具有法律约束力，当事人应当依法履行各自的义务。永明检修公司与吉田管理公司签订建设工程监理合同，永明检修公司提供监理技术服务，吉田管理公司应当支付欠下的技术服务费。双方形成的《会议纪要》是由吉田管理公司与永明检修公司签订的关于解决吉田管理公司因政策发生变化无法抵扣税金问题的协议，是因国家税收政策发生变化而给吉田管理公司造成损失 32.928 万元，双方约定由永明检修公司提供人力资源支持方式予以弥补其损失数额。《会议纪要》第 2 条明确约定"吉田管理公司向永明检修公司支付以下合同的余款（双方税务争议的 32.928 万元除外）（永明检修公司与吉田管理公司《金昌市热电联产（2×330MW）工程建设监理技术服务合同》，合同金额 548.8 万元）"。因此，《会议纪要》中的税务争议款 32.928 万元并不是吉田管理公司欠下的涉案合同中的技术服务费。现吉田管理公司以《会议纪要》的约定抗辩永明检修公司未提供人力资源支持，其拒付剩余合同余款与《会议纪要》约定不符。吉田管理公司应当支付永明检修公司欠下的监理技术服务费。

吉田管理公司申请再审称，申请人与被申请人签订的监理合同价款为 548.8 万元，后双方因 32.928 万元税金问题发生争议，申请人暂未付 32.928 万元监理服务费。2016 年 11 月 1 日，双方对此进行协商并形成《会议纪要》，约定被申请人给申请人提供人力资源支持，用于补偿上述税金问题。申请人向被申请人支付合同余款，双方税务争议的 32.928 万元除外。即被申请人须以提供人力资源支持的方式补偿申请人 32.928 万元，只有被申请人提供了人力资源支持后申请人才支付相应款项。

【裁判要点】

《会议纪要》对双方争议产生的原因及解决方式约定明确，由甘肃吉田公司支付全部合同金额 548.8 万元，但因税务政策变化给其造成的损失由永明检修公司通过提供人力资源支持的方式予以补偿。对于先由甘肃吉田公司支付剩余合同价款还是先由永明检修公司提供人力资源支持，《会议纪要》未明确约定，故甘肃吉田公司主张应先由永明检修公司提供人力资源服务后，再支付余款的理由无事实和法律依据，其再审理由均不能成立。

【案例评析】

本案是监理合同执行期间因税务政策发生变化，合同双方达成《会议纪要》后对后续如何履行所产生的争议。本案中吉田管理公司作为委托人，永明检修公司作为受托人签订监理合同，在合同执行期间因税务政策的调整导致吉田管理公司会产生额外费用，因此双方签订《会议纪要》就永明检修公司提供人力资源支持的方式补偿委托人吉田管理公司的税务损失达成一致。但《会议纪要》中并未明确是应当先支付税务争议款项还是先提供人力资源支持，双方产生争议。二审法院认为税务争议款不是技术服务费，认为根据《会议纪要》的约定吉田管理公司应当支付该笔款项。再审法院认为合同中对此并未作出明确约定，对吉田管理公司的再审理由不予支持。本案双方本已经过协商并达成了《会议纪要》，但双方约定不明确导致后期执行的过程中产生争议。案涉《会议纪要》是对原合同履行情况发生改变后的补充协议，其应当在新情况的背景下对协议的后续履行、结算等具体问题作出明确的约定方才可以真正达到协议本身预设的目的。

第8条 知识产权

8.1 知识产权归属和许可

8.1.1 委托人创造、开发和拥有的知识产权均属于委托人，但委托人应向受托人授予受托人提供咨询服务而合理必需的，使用委托人知识产权的免许可费、可转许可的普通许可。

【条款目的】

本条款旨在明确委托人的知识产权及受托人因提供咨询服务而享有的对委托人知识产权的使用许可。

【条款释义】

知识产权，是"基于创造成果和工商标记依法产生的权利的统称"。最主要的三种知识产权是著作权、专利权和商标权，其中专利权与商标权也被统称为工业产权。知识产权的英文为"intellectual property"，可以理解为"对知识的财产权"，其前提是知识具备成为法律上的财产的条件。知识产权为权利人专有，除权利人同意或法律规定外，权利人以外第三人不得享有或者使用该项权利，否则为侵害他人的知识产权。

首先，在全过程咨询服务过程中，委托人提供给受托人的图纸、委托人为实施工程自行编制或委托编制的技术规范以及反映委托人要求的或其他类似性质的文件，属于委托人作品，著作权归属于委托人。

但应注意的是，本条款所指"知识产权"，不仅指著作权，其外延涵盖包括著作权在内的一切知识产权。根据民法典规定，民事主体依法享有的知识产权种类包括：（一）作品；（二）发明、实用新型、外观设计；（三）商标；（四）地理标志；（五）商业秘密；（六）集成电路布图设计；（七）植物新品种；（八）法律规定的其他客体。

其次，知识产权许可是在不改变知识产权权属的情况下，经过知识产权人的同意，授权他人在一定期限、范围内使用知识产权的法律行为。具体而言，根据授权许可的范围不同，可以分为独占许可、排他许可和普通许可。

本条款约定的知识产权许可为"普通许可"。普通许可是指在约定的时间、地域内，不仅被许可人可以按照约定的方式使用知识产权，知识产权人自己也可以使用，还可以继续许可给其他人使用。普通许可相对于独占许可和排他许可而言，其"对抗效力"最弱。

独占许可是指在约定的时间、地域内，知识产权只能由被许可人一人按照约定的方式使用，知识产权人本人依约定不能使用，也不得再许可给他人使用。独占许可的专有性较强，独占许可的被许可人在合同约定范围内甚至可以对抗知识产权人本人的使用。

排他许可是指在约定时间、地域内，被许可人可以按照约定的方式使用知识产权，知识产权人本人也可以使用但是不能够再另行许可给他人使用。排他许可的授权范围介于独占许可和普通许可之间，排他许可不能限制知识产权人本人的使用，但是可以要求知识产权人在合同约定的范围内不再另行许可给第三人使用。

当事人对许可方式没有约定或者约定不明确的，认定为普通许可。许可合同约定被许可人可以再许可他人行使知识产权的，认定该再许可为普通实施许可，但当事人另有约定的除外。

再次，本条款约定的知识产权许可为免费许可。知识产权属于民事权利中的财产权，一般而言，被许可人需要支付一定费用才能使用他人的知识产权，当事人之间另有约定的除外。

同时也应注意到，本条款所约定的免费范围仅限于"提供咨询服务所合理必需"。若受托人在该范围之外使用相关知识产权，并非为了委托人的利益或委托人的项目利益，则应另外取得授权并按约定支付相应许可费。

最后，本条款所指的可转许可，应严格限制在为委托人提供咨询服务过程中所必需的合理范围。

【使用指引】

受托人可向委托人提供咨询服务所合理必需的资料清单，以便于委托方根据清单提供知识产权许可。考虑到咨询服务合同所涉及的项目管理、勘察设计、监理等服务通常都属于知识成果范围，其成果编制需要的基础文件也多带有一定的知识产权属性，虽然有本条款的基本规定，但为了避免产生争议，尤其是知识产权使用过程产生的对第三方权益的影响，受托人应积极协调委托人出具因提供咨询服务而需使用委托人知识产权的许可使用文件或协议，并明确因履行咨询服务合同所需要的转许可情形和范围。

【法条索引】

《民法典》第一百二十三条　民事主体依法享有知识产权。知识产权是权利人依法就下列客体享有的专有的权利：

（一）作品；

（二）发明、实用新型、外观设计；

（三）商标；

（四）地理标志；

（五）商业秘密；

（六）集成电路布图设计；

（七）植物新品种；

（八）法律规定的其他客体。

《民法典》第六百条 出卖具有知识产权的标的物的，除法律另有规定或者当事人另有约定外，该标的物的知识产权不属于买受人。

《民法典》第八百四十四条 订立技术合同，应当有利于知识产权的保护和科学技术的进步，促进科学技术成果的研发、转化、应用和推广。

【案例分析】

【案例】 河北山人雕塑有限公司（以下简称山人雕塑公司）与河北中鼎园林雕塑有限公司（以下简称中鼎雕塑公司）著作权权属、侵权纠纷

二审：贵州省高级人民法院（2019）黔民终 449 号

【案情摘要】

2017 年 12 月，在案外人杨云的介绍下，山人雕塑公司与众和诚农开公司商谈有意合作三合镇烈士陵园的"刀靶大捷"浮雕工程。

2017 年 12 月 29 日，众和诚农开公司园林部经理杨建飞发送邮件给杨云，告知关于设计刀靶战役大捷的雕塑主题事宜，并附名为《三合·刀靶图纸》的附件，杨云于同日将该邮件转发给山人雕塑公司员工范晓雨。

2018 年 1 月初，范晓雨完成设计图后，与杨建飞同三合镇人民政府就浮雕项目的设计及报价进行商谈。

2018 年 2 月 6 日、7 日、8 日，山人雕塑公司通过微信向杨建飞告知雕塑的参数、材质及报价信息。

2018 年 3 月 5 日，慧隆建工遵义分公司（甲方）与中鼎雕塑公司（乙方）签订《雕塑设计制作安装合同书》，双方就三合镇烈士陵园主墓区的雕塑设计制作安装工程在工程内容、工艺要求、合同工期、合同价款等方面进行了约定。该合同第 7.2.1 项约定"乙方应按照合同约定完成所有雕塑的设计、制作、安装运输至竣工验收的全部工作"。第 7.2.2 项约定"若因本合同设计的相关专利、版权、知识产权等相关事宜与第三人发生纠纷及一切责任，均由乙方承担"。

2018 年 5 月，山人雕塑公司发现位于三合镇刀靶烈士陵园的浮雕侵害其著作权，遂诉至法院。

【各方观点】

山人雕塑公司向一审法院起诉请求：（1）依法判令三合镇人民政府、众和诚农开公司、慧隆建工公司、慧隆建工遵义分公司、中鼎雕塑公司立即拆除位于三合镇烈士陵园的侵权"刀靶大捷"浮雕；（2）依法判令上述五被告在《遵义日报》上刊登道歉信，众和诚农开公司在其公司网站主页醒目位置刊登道歉信（持续时间不少于 30 日）进行公开赔礼道歉、消除影响；（3）诉讼费及相关费用 70000 元由上述五被告承担。

中鼎雕塑公司主张，三合镇人民政府和慧隆建工遵义分公司也是合作作者。但合作作者应当有共同创作的愿望和意识，还应当实际参与创作活动，作出独创性的贡献。本案中，三合镇人民政府主要是提出需求和修改意见，该行为属于思想范畴，是对雕塑设计的思想性要求，本身并不能够直接产生美术作品。而山人雕塑公司的设计系通过自己的智力劳动，将三合镇人民政府的思想范畴的设计要求通过绘画方式进行了具体的表达，该表达体现了山人雕塑公司对三合镇人民政府设计要求的个性化理解及结果，即由山人雕塑公司进行了独创性的表达，其行为属于独立创作。且中鼎雕塑公司并未提供证据证明三合镇人民政府和慧隆建工遵义分公司参与涉案雕塑设计的创作活动，故难以认定三合镇人民政府和慧隆建工遵义分公司是共同创作的合作作者。因此，三合镇人民政府和慧隆建工遵义分公司不是涉案雕塑设计的合作作者，不享有著作权。

一审法院认为，关于侵权者的认定问题。被控侵权作品是由中鼎雕塑公司负责设计并施工，其应当是侵权者，根据《中华人民共和国侵权责任法》（以下简称侵权责任法）相关规定，中鼎雕塑公司应承担相应的侵权责任。三合镇人民政府是工程项目的发包方，并未承担对侵权雕塑的设计，其不应当承担侵权责任。众和诚农开公司、慧隆建工公司、慧隆建工遵义分公司亦不是被控侵权作品的设计者和施工单位，其也不应当承担侵权责任。

【裁判要点】

根据在案证据查明涉案权利作品的提供路径是：由山人雕塑公司提供给遵义众和诚农业开发有限公司（以下简称众和诚农开公司），众和诚农开公司提供给三合镇人民政府和贵州慧隆建设工程有限公司遵义分公司（以下简称慧隆建工遵义分公司），慧隆建工遵义分公司提供给中鼎雕塑公司，该权利作品经中鼎雕塑公司稍作修改并最终经业主方三合镇人民政府同意后，由中鼎雕塑公司负责制作、运输、安装立体侵权雕塑。《侵权责任法》第八条规定："二人以上共同实施侵权行为，造成他人损害的，应当承担连带责任"。构成该条所述的共同侵权行为，需要满足主体的复数性、共同实施侵权行为、造成受害人损害、侵权行为与损害后果之间具有因果关系等要件。

本案中，除中鼎雕塑公司实施直接侵权以外，在案证据足以证明三合镇人民政府、众和诚农开公司、贵州慧隆建设工程有限公司（以下简称慧隆建工公司）、慧隆建工遵义分公司都曾接触过权利作品的设计图，其主观上明知或应知权利作品的来源且事先与直接侵权人具有共同意思联络，客观上实施的未经权利人许可擅自提供权利作品的帮助行为与山人雕塑公司的损害后果间亦具有法律上的因果关系，侵害了山人雕塑公司对涉案作品享有的著作权。故三合镇人民政府、众和诚农开公司、慧隆建工公司、慧隆建工遵义分公司的行为已经构成《侵权责任法》第八条规定的共同侵权行为，依法应当承担连带责任。

【案例评析】

由于本案的委托人（三合镇人民政府）等单位都曾接触过权利作品的设计图，但并未取得该设计的知识产权许可，未经权利人许可擅自提供权利作品的帮助行为与受托人（中鼎雕塑公司）的损害后果间亦具有法律上的因果关系，侵害了山人雕塑公司对涉案作品享有的著作权。故三合镇人民政府、众和诚农开公司、慧隆建工公司、慧隆建工遵义分公司的行为已经构成《侵权责任法》第八条规定的共同侵权行为，依法应当承担连带责任。

由此可见，如委托人未取得并向受托人授予必要的知识产权许可，则有可能造成受托人直接侵权，委托人也存在承担连带侵权责任的风险。

8.1.2 受托人独立于合同而创造、开发和拥有的知识产权均属于受托人。除专用合同条款另有约定外，受托人为提供咨询服务而创造或开发的知识产权，包括但不限于受托人编制的各类书面文件，均属于受托人。但受托人应向委托人授予委托人利用咨询服务或项目而合理必需的，使用受托人知识产权的相关许可。除专用合同条款另有约定外，许可费用视为包含在服务费用中，不再另行计取。受托人转让为提供咨询服务而创造或开发的知识产权的，委托人享有以同等条款优先受让的权利。

【条款目的】

本条款旨在明确受托人知识产权及委托人利用咨询服务或项目而对受托人知识产权合理必需的使用许可，同时当受托人转让提供咨询服务而创造或开发的知识产权时委托人享有优先受让权。

【条款释义】

首先，受托人独立于合同而创造、开发和拥有的知识产权均属于受托人。受托人在为委托人提供咨询服务过程中所编制的文件，其法律属性与委托作品相似。根据法律规定，在合同未作特别约定或者没有订立合同情况下，著作权属于编制人即受托人。但是，该类著作权约定属于受托人，也存在影响委托人合理使用的可能，这是由于委托人在工程项目投入使用的过程中，不可避免地会使用咨询过程中受托人所编制的各类工程资料文件，鉴于此，本条款约定受托人给予委托人利用咨询服务或项目而使用受托人知识产权的必要的许可，同时在没有特别约定的情况下，许可费用视为包含在委托人支付的服务费用中，不再另行计取。

其次，对于受让人在提供咨询服务创造或开发的知识产权，委托人享有同等条件优先受让的权利，同等条件通常考虑转让价格、价款履行方式及期限等因素。

【使用指引】

委托人与受托人可在专用合同条款中对本合同履行过程中新创知识产权的归属作出特别约定，比如当委托人支付受托人相应咨询服务成果费用后，知识产权归属于委托人。

委托人与受托人可在专用合同条款中就委托人在利用全过程咨询合同成果时，使用受托人知识产权所需支付的费用。如不约定，则相关许可费视为已包含在服务费中。

本条款赋予受托人自行向第三人转让知识产权的权利，委托人享受的同等条件的优先受让权。但应注意，受托人向第三人转让知识产权有可能会导致委托人的相关商业秘密和技术秘密的泄露。对于此类涉密知识产权应在专用合同条款中加以相应限制。

【法条索引】

《著作权法》第三条　本法所称的作品，是指文学、艺术和科学领域内具有独创性并能以一定形式表现的智力成果，包括：

（一）文字作品；

（二）口述作品；

（三）音乐、戏剧、曲艺、舞蹈、杂技艺术作品；

（四）美术、建筑作品；

（五）摄影作品；

（六）视听作品；

（七）工程设计图、产品设计图、地图、示意图等图形作品和模型作品；

（八）计算机软件；

（九）符合作品特征的其他智力成果。

《著作权法》第九条 著作权人包括：

（一）作者；

（二）其他依照本法享有著作权的自然人、法人或者非法人组织。

《著作权法》第十条 著作权包括下列人身权和财产权：

（一）发表权，即决定作品是否公之于众的权利；

（二）署名权，即表明作者身份，在作品上署名的权利；

（三）修改权，即修改或者授权他人修改作品的权利；

（四）保护作品完整权，即保护作品不受歪曲、篡改的权利；

（五）复制权，即以印刷、复印、拓印、录音、录像、翻录、翻拍、数字化等方式将作品制作一份或者多份的权利；

（六）发行权，即以出售或者赠与方式向公众提供作品的原件或者复制件的权利；

（七）出租权，即有偿许可他人临时使用视听作品、计算机软件的原件或者复制件的权利，计算机软件不是出租的主要标的的除外；

（八）展览权，即公开陈列美术作品、摄影作品的原件或者复制件的权利；

（九）表演权，即公开表演作品，以及用各种手段公开播送作品的表演的权利；

（十）放映权，即通过放映机、幻灯机等技术设备公开再现美术、摄影、视听作品等的权利；

（十一）广播权，即以有线或者无线方式公开传播或者转播作品，以及通过扩音器或者其他传送符号、声音、图像的类似工具向公众传播广播的作品的权利，但不包括本款第十二项规定的权利；

（十二）信息网络传播权，即以有线或者无线方式向公众提供，使公众可以在其选定的时间和地点获得作品的权利；

（十三）摄制权，即以摄制视听作品的方法将作品固定在载体上的权利；

（十四）改编权，即改变作品，创作出具有独创性的新作品的权利；

（十五）翻译权，即将作品从一种语言文字转换成另一种语言文字的权利；

（十六）汇编权，即将作品或者作品的片段通过选择或者编排，汇集成新作品的权利；

（十七）应当由著作权人享有的其他权利。

著作权人可以许可他人行使前款第五项至第十七项规定的权利，并依照约定或者本法有关规定获得报酬。

著作权人可以全部或者部分转让本条第一款第五项至第十七项规定的权利，并依照约定或者本法有关规定获得报酬。

《著作权法》第十一条　著作权属于作者，本法另有规定的除外。创作作品的自然人是作者。

由法人或者非法人组织主持，代表法人或者非法人组织意志创作，并由法人或者非法人组织承担责任的作品，法人或者非法人组织视为作者。

《著作权法》第十九条　受委托创作的作品，著作权的归属由委托人和受托人通过合同约定。合同未作明确约定或者没有订立合同的，著作权属于受托人。

【案例分析】

【案例】深圳市建筑设计研究总院有限公司（以下简称深圳设计院）与荆门中辰置业发展有限公司（以下简称中辰公司）、湖北省建筑科学研究设计院有限公司（以下简称湖北设计院）侵害建筑工程设计图图形作品著作权纠纷案

二审：湖北省高级人民法院（2017）鄂民终64号

【案情摘要】

2010年5月11日，中辰公司就尚品金恺城住宅小区工程设计与深圳设计院签署委托设计合同一份，合同约定的设计阶段及内容为施工图阶段。2010年5月25日，深圳设计院将设计完成的尚品金恺城一期建筑单体方案设计图发送给中辰公司。2010年7月23日，深圳设计院向中辰公司交付涉案建筑施工设计图。2010年9月1日，审图机构建湖北省建鄂勘察设计审查咨询有限公司（以下简称鄂审图公司）经复审后为该图出具了审图合格证书，确认深圳设计院交付的尚品金恺城一期设计图（以下简称粤图）合格。

2010年9月7日，中辰公司以锚杆设计既增加投资又影响工期为由致函深圳设计院，要求深圳设计院对锚杆等设计内容进行调整和修改。同年9月13日，深圳设计院以中辰公司修改意见不符合相关建筑法规为由复函拒绝其修改意见。

2010年9月10日，中辰公司委托湖北设计院就前述尚品金恺城一期工程项目进行设计。同年10月20日，湖北设计院完成了该项目的委托设计，并向中辰公司交付其设计图纸（以下简称鄂图），鄂图包括建筑单体设计方案图和建筑施工方案图两个部分。

2011年5月23日，中辰公司通知解除与深圳设计院签订的委托设计合同。随后，双方因合同解除问题在荆门仲裁委员会进行仲裁，后荆门仲裁委员会以

涉案工程项目未经招标违反国家强制性规定为由，认定深圳设计院和中辰公司签署的委托设计合同无效。

2013年11月20日，深圳设计院从荆门市城建档案馆获取了湖北设计院设计的涉案项目施工图，委托北京智慧知识产权司法鉴定中心对鄂图与粤图是否具有同一性进行司法鉴定。鉴定报告确认：署名为深圳设计院的粤图设计与署名为湖北设计院的鄂图设计中的建筑施工图、给水排水施工图、暖通施工图基本相同。

【各方观点】

原告深圳市建筑设计研究总院有限公司诉称：深圳设计院按照与被告荆门中辰置业发展有限公司签订的委托设计合同约定，向中辰公司交付了尚品金恺城一期建筑施工图及尚品金恺城一期建筑单体方案设计（以下简称粤图），粤图图纸经审定合格后，中辰公司向深圳设计院提出"取消基础锚杆"等非法要求，遭到拒绝。中辰公司即另行委托被告湖北设计院就涉案项目施工图进行设计。湖北设计院设计完成的鄂图系在深圳设计院设计完成的粤图基础上复制、修改而成，并将设计图署名更改为湖北设计院。两被告共同剽窃、抄袭粤图作品的行为构成共同侵权，应承担共同侵权的民事责任。

二审法院生效裁判认为：经比对，鄂图与粤图构成实质性相似，中辰公司和湖北设计院在事后补签的设计合同中明确约定了"修改原设计，取消基础锚杆，优化结构，完善建筑"的合同条款，据此可以认定湖北设计院在设计鄂图时接触并使用了粤图作品。根据著作权侵权判定的"接触＋实质性相似"规则，中辰公司和湖北设计院共同侵犯了深圳设计院对粤图作品依法享有的著作权。

湖北设计院接受中辰公司委托，在他人享有著作权的图形作品的基础上进行修改和复制后交付委托方使用，中辰公司又将更改原图形作品署名的图纸提交审图公司审定及建管部门备案，中辰公司和湖北设计院的上述侵权行为明显是有意联络的共同侵权行为，应当承担连带赔偿责任。

【案例评析】

关于设计人与委托方构成共同侵权还是帮助侵权的问题，首先涉及共同侵权行为与帮助侵权行为的区分。《中华人民共和国侵权责任法》（以下简称《侵权责任法》）第八条规定："二人以上共同实施侵权行为，造成他人损害的，应当承担连带责任"。侵权责任法第九条第一款规定："教唆、帮助他人实施侵权行为的，应当与行为人承担连带责任"。有司法观点认为，帮助行为与共同侵权行为的区别是："帮助人没有独立实施加害行为的意图，若帮助人有此意图并实施了行为，则应将帮助行为认定为共同侵权行为。"

由此可见，受托人享有设计成果的知识产权，受托人给予委托人知识产权许可的免费授权一般仅限于"利用咨询服务或项目而合理必需的"。而本案中，委托人对知识产权许可的使用已大大超出该合理范围，并与第三人一起共同实施了侵权行为，应当承担相应的连带责任。

8.2　知识产权保证

受托人和委托人保证，己方是拥有所提供的服务成果或资料的知识产权权利人，或已获得知识产权权利人的相关许可。受托人或委托人因使用对方提供的服务成果或资料而导致侵犯第三方的知识产权或其他权利的，提供方须与该第三方交涉并承担由此而引起的一切法律责任，并应在法律法规允许的情况下自担费用，确保合法的权利人将相关权利转让或授予委托人或受托人。

【条款目的】

本条款明确了在全过程咨询服务合同履行的过程中，因受托人或委托人的原因，导致侵犯第三方知识产权时的处理原则。

【条款释义】

首先，本条款明确了委托人或受托人享有"所提供的服务成果或资料的知识产权"的权利人或被许可人的保证义务。因此，无论对于受托人或委托人，对于相对方所提供的服务成果或资料均应进行知识产权审查，以确保相对方为该成果知识产权的权利人或已获得第三方知识产权人的相关许可。

其次，如若一方在依据本条款前述规定合法使用相对方的知识产权，导致侵犯第三方知识产权时，提供方需承担的一切法律责任并积极与第三方交涉处理。在履行合同过程中，提供方应遵守法律规定及合同约定，合法利用第三方知识产权。如造成侵犯他人专利或其他知识产权的，应由提供方承担法律责任，包括民事责任、行政责任和刑事责任。

最后，在承担一切法律责任后，提供方还应承担合法取得相关的知识产权许可的费用，以便守约方能继续合法使用其所提供的服务成果或资料等。

【使用指引】

委托人或受托人在合同履行过程中，应提前检查给对方的文件或资料等是否已获得相应的授权或许可。对于未获得许可的知识产权，应及时取得知识产权权利人的许可，以避免后续纠纷。

当涉及侵犯第三方知识产权时，相应成果或资料的提供方应积极处理，并承担相应费用，使用该成果或资料的委托人或受托人应给予必要的协助和配合，避免损失的扩大。

【法条索引】

《著作权法》第二十六条 使用他人作品应当同著作权人订立许可使用合同，本法规定可以不经许可的除外。

许可使用合同包括下列主要内容：

（一）许可使用的权利种类；

（二）许可使用的权利是专有使用权或者非专有使用权；

（三）许可使用的地域范围、期间；

（四）付酬标准和办法；

（五）违约责任；

（六）双方认为需要约定的其他内容。

《著作权法》第二十七条 转让本法第十条第一款第五项至第十七项规定的权利，应当订立书面合同。

权利转让合同包括下列主要内容：

（一）作品的名称；

（二）转让的权利种类、地域范围；

（三）转让价金；

（四）交付转让价金的日期和方式；

（五）违约责任；

（六）双方认为需要约定的其他内容。

《专利法》

第十二条 任何单位或者个人实施他人专利的，应当与专利权人订立实施许可合同，向专利权人支付专利使用费。被许可人无权允许合同规定以外的任何单位或者个人实施该专利。

《专利法》第六十五条 未经专利权人许可，实施其专利，即侵犯其专利权，引起纠纷的，由当事人协商解决；不愿协商或者协商不成的，专利权人或者利害关系人可以向人民法院起诉，也可以请求管理专利工作的部门处理。管理专利工作的部门处理时，认定侵权行为成立的，可以责令侵权人立即停止侵权行为，当事人不服的，可以自收到处理通知之日起十五日内依照《中华人民共和国行政诉讼法》向人民法院起诉；侵权人期满不起诉又不停止侵权行为的，管理专利工作的部门可以申请人民法院强制执行。进行处理的管理专利工作的部门应当事人的请求，可以就侵犯专利权的赔偿数额进行调解；调解不成的，当事人可以依照《中华人民共和国民事诉讼法》向人民法院起诉。

《专利法》第七十一条　侵犯专利权的赔偿数额按照权利人因被侵权所受到的实际损失或者侵权人因侵权所获得的利益确定；权利人的损失或者侵权人获得的利益难以确定的，参照该专利许可使用费的倍数合理确定。对故意侵犯专利权，情节严重的，可以在按照上述方法确定数额的一倍以上五倍以下确定赔偿数额。

权利人的损失、侵权人获得的利益和专利许可使用费均难以确定的，人民法院可以根据专利权的类型、侵权行为的性质和情节等因素，确定给予三万元以上五百万元以下的赔偿。

赔偿数额还应当包括权利人为制止侵权行为所支付的合理开支。

人民法院为确定赔偿数额，在权利人已经尽力举证，而与侵权行为相关的账簿、资料主要由侵权人掌握的情况下，可以责令侵权人提供与侵权行为相关的账簿、资料；侵权人不提供或者提供虚假的账簿、资料的，人民法院可以参考权利人的主张和提供的证据判定赔偿数额。

《专利法》第七十二条　专利权人或者利害关系人有证据证明他人正在实施或者即将实施侵犯专利权、妨碍其实现权利的行为，如不及时制止将会使其合法权益受到难以弥补的损害的，可以在起诉前依法向人民法院申请采取财产保全、责令作出一定行为或者禁止作出一定行为的措施。

【案例分析】

【案例】宋锦钢诉宋守淮、湛江市第三建筑工程公司、廉江市华坤房地产开发有限公司侵害发明专利权纠纷案

二审：广东省广州市中级人民法院（2012）穗中法民三初字第 295 号

【案情摘要】

"混凝土桩的施工方法"发明专利权人与宋锦钢签订专利排他实施许可合同，约定宋锦钢获得了本案专利在广东省湛江市的排他实施许可权；许可费采用入门费加提成的方式，入门费 80000 元，提成是根据每个桩基工程实际结算总产值的 3% 计算。宋守淮明知上述合同的内容，仍然私自与专利权人联系，获得在湛江市"碧桂园"高档住宅楼地基的载体桩基础工程中使用本案专利的特别授权许可，并在上述涉案工程中付诸实施。

廉江市华坤房地产开发有限公司（以下简称华坤公司）是涉案工程发包人，湛江市第三建筑工程公司（以下简称湛江三建）是名义承包人，宋守淮是以湛江三建名义完成涉案工程施工的实际施工人。2009 年 12 月 22 日，华坤公司与宋守淮进行工程结算，确认涉案工程完成桩数 1244 根，2000 元/根，总

价 2488000 元，双方按此结算。宋守淮在完工后没有请求检测部门对该工程进行合格评定和检测，双方一直没有完成竣工验收手续；华坤公司于 2010 年 5 月 17 日委托检测部门对工程进行检测。

【各方观点】

宋锦钢认为上述三者共同侵犯其专利权，向法院提起诉讼。各方当事人确认涉案住宅楼工程已经施工完毕。宋锦钢主张应以《载体桩基础工程施工合同》约定的 2480 元/根，而非《工程结算书》的 2000 元/根，以及每根桩基成本 500～600 元计算侵权获利；宋守淮主张没有利润，华坤公司主张每根桩基成本约 1620 元。但当事人均未就其主张提交证据证明每根桩基的成本价格。

法院生效裁判认为：本案为侵害发明专利权纠纷，二审的争议焦点是：(1) 宋锦钢是否具备一审原告主体资格。(2) 宋守淮是否有权在工程中实施本案专利，其行为是否构成侵权。(3) 若宋守淮构成侵权，湛江三建、华坤公司是否构成共同侵权。(4) 宋锦钢的起诉是否超过诉讼时效。(5) 原审判决判定的赔偿责任及其数额是否合法恰当。

第一，根据专利权人与宋锦钢签订的《独家代理合同》中的约定，合同中所称的独家许可是指许可方许可代理方在合同约定的期限、地区、技术领域内实施该专利技术，除许可方外其他任何单位或个人未经授权都不得实施该专利技术。专利许可范围是在广东省湛江市，如许可方在上述范围多许可一家，向代理方赔偿人民币 8 万元，并立即取消本合同以外的任何许可。因此，根据《关于审理技术合同纠纷案件适用法律若干问题的解释》第二十五条第一款第（二）项、第二款的规定，专利权人与宋锦钢签订的《独家代理合同》性质属于专利排他实施许可合同，宋锦钢获得了本案专利在广东省湛江市的排他实施许可权。除专利权人外，任何第三方要在该区域实施本案专利必须获得宋锦钢的授权许可。同时，根据合同约定，在广东省湛江市发生专利侵权行为，由宋锦钢提起诉讼制止侵权并主张赔偿。因此，宋锦钢以其享有的专利排他实施许可权，可以作为本案一审原告提起诉讼，宋守淮、湛江三建的该项上诉理由于法无据，本院不予采纳。

第二，宋守淮作为《独家代理合同》中宋锦钢一方的联系人，其明知该合同的内容以及宋锦钢享有本案专利的排他实施许可权。但是宋守淮仍然私自与专利权人联系，双方达成口头协议，内容为专利权人于 2009 年 6 月 22 日出具许可宋守淮在湛江市涉案工程中使用本案专利的特别授权，双方后于 2011 年 10 月 28 日将上述口头协议补充形成书面合同《桩基内部施工协议》。宋守淮明知宋锦钢享有专利排他实施许可权，却在没有取得宋锦钢授权许可的前提下，与专利权人签订专利普通实施许可合同，具有恶意。专利权人在明知宋锦钢享有本案专利排他实施许可权的情况下，违反与宋锦钢的合同约定，与宋守淮再签订专利普通实施许可合同，损害了宋锦钢的专利排他实施许可权。根据《合同法》第五十二条第（二）项的规定，该合同应认定无效，宋守淮不能取得本案专利普通实施许可权。宋守淮未经许可在被诉侵权工程中使用本案专利，构成侵权行为，应承担相应的民事责任。

第三，关于湛江三建是否构成侵权的问题，根据华坤公司与湛江三建签订的《载体桩基础工程施工合同》，华坤公司是工程发包人，湛江三建是工程承包人，双方约定地基处理采用本案专利技术。宋守淮与湛江三建公司又签订《工程项目责任协议》，宋守淮成为以湛江三建名义完成上述工程施工的实际施工人，湛江三建则成为名义承包人。根据《合同法》第二百七十二条第三款、《关于审理建设工程施工合同纠纷案件适用法律问题的解释》第四条的规定，湛江三建提供资质给宋守淮挂靠的行为属于法律禁止的行为，其行为本身具有过错。而且，湛江三建作为名义承包人，在承建工程的过程中对外与宋守淮一起，均负有不得侵犯他人专利权的义务。故湛江三建与宋守淮构成共同侵权，应承担连带赔偿责任。至于湛江三建与宋守淮签订的《工程项目责任协议》，属于规定其双方权利义务的双方协议，不能作为湛江三建免于对外承担侵权责任的依据。

关于华坤公司是否构成侵权的问题，华坤公司明确知道宋锦钢享有在湛江地区独家实施本案专利的权利，同时又了解专利权人关于"宋守淮系本案专利技术应用项目推广人""被诉侵权工程系本案专利技术推广示范项目"的意思表示。面对授权内容相互矛盾和有冲突的情况，华坤公司没有向专利权人核实其对宋锦钢的授权许可内容是否有变更，更没有核实宋守淮是否确实获得宋锦钢的授权。华坤公司的行为不符合一个谨慎、理性的经营者的行为标准，其未尽合理注意义务，主观上具有过错。华坤公司与承包人在工程中约定使用本案专利，导致侵权行为和损害结果发生，根据《侵权责任法》第九条的规定，已构成帮助侵权行为，应当与承包人湛江三建和宋守淮承担连带赔偿责任。至于华坤公司与湛江三建签订的《载体桩基础工程施工合同》，属于规定其双方权利义务的双方协议，不能作为华坤公司免于对外承担侵权责任的依据。

第四，关于诉讼时效的问题。《关于审理专利纠纷案件适用法律问题的若干规定》第二十三条规定："侵犯专利权的诉讼时间为两年，自专利权人或者利害关系人知道或者应当知道侵权行为之日起计算。权利人超过二年起诉的，如果侵权行为在起诉时仍在继续，在该项专利权有效期内，人民法院应当判决被告停止侵权行为，侵权损害赔偿数额应当自权利人向人民法院起诉之日起向前推算二年计算"。根据该条规定，即使专利权人或利害关系人在侵权开始时已经知道侵权事实，只要侵权行为一直持续，诉讼时效也应当自侵权停止之日起计算，但侵权赔偿数额则应当自权利人向人民法院起诉之日起向前推算二年计算。

本案中，现有证据证明宋锦钢自 2009 年 1 月起就知道被诉侵权工程将使用本案专利。退一步而言，即使宋锦钢在工程施工前已了解将在涉案工程中实施专利的事实，但由于涉案工程使用专利方法构成侵权是一个持续的过程，根据前述司法解释的规定，本案的诉讼时效也应当自侵权行为停止之日起计算。由于被诉侵权工程至今仍在使用本案专利技术，因此诉讼时效起算的条件尚未满足。综上，宋守淮、湛江三建和华坤公司以上述理由主张本案已过诉讼时效，依据不足，原审法院对此认定准确，本院予以维持。

第五，关于责任问题。针对"载体桩"单体工程的本案专利技术，仅仅使用在整个商住楼工程的一部分，若对该部分施工成果予以拆除，将造成社会资源的极大浪费，且影响社会公众使用整个商住楼。因此，从平衡专利权人利益与社会公众利益立场出发，本案不宜判决在被诉侵权工程中停止使用专利技术，但宋守淮、湛江三建和华坤公司就其侵权行为应承担赔偿损失的连带责任。关于赔偿数额问题，华坤公司与宋守淮已在《工程决算书》中确认实施专利方法完成的桩数为 1244 根，2000 元/根，总价 2488000 元，但具体利润并未予以载明。虽然在一审庭审中，华坤公司陈述了每根桩的成本是 1620 元左右，但由于掌握获利证据的宋守淮、湛江三建、华坤公司均没有提交证据，因此侵权获利无法证明。鉴于宋锦钢因侵权受到的实际损失和侵权获利的具体数额难以查明，根据《专利法》第六十五条的规定，侵权赔偿数额可以参照专利许可使用费的倍数合理确定。根据《关于审理专利纠纷案件适用法律问题的若干规定》第二十一条的规定，确定赔偿数额，有专利许可使用费可以参照的，人民法院可以根据专利权的类别、侵权人侵权的性质和情节、专利许可使用费的数额以及该专利许可的性质、范围、时间等因素，参照该专利许可使用费的 1～3 倍合理确定赔偿数额。本案中，专利权人向宋锦钢授权许可时收取的使用费是 8 万元加提成的方式，提成数额是桩基工程实际结算总产值的 3％；以本案的结算工程款进行计算，使用费合计 15.5 万元左右。综合考虑本案专利权的类别、侵权人明显存在侵权恶意、专利许可使用费的数额以及专利许可的性质、范围和时间等因素，法院认为参考专利许可使用费 3 倍以及宋锦钢为制止侵权应支付的合理开支，原审法院酌定的 50 万元赔偿数额合理恰当，应予维持。

【裁判要点】

本案是一起建筑工程承包合同履行中侵害方法发明专利的案件，主要包括以下三个裁判要点：（1）建筑工程承包合同的承包人在施工中侵害方法发明专利时，若出于发包人的授意，则发包人与承包人存在共同故意，构成共同侵权，应当共同承担侵权产品（涉案建筑工程）制造者的侵权责任；若非出于发包人的授意，但发包人主观上对于承包人自行使用方法发明专利制造侵权产品存在明知的情形，却没有及时制止，应当构成间接侵权。（2）在建筑工程承包合同履行中侵害知识产权的，如果侵权建筑已经完工，拆除侵权工程会造成当事人之间的重大利益失衡，依照《关于当前经济形势下知识产权审判服务大局若干问题的意见》的规定，法院可以判决以合理赔偿替代停止侵权责任。（3）在计算侵权赔偿时，应当充分考虑知识产权对侵权获利的贡献率。在涉及建筑工程侵害专利权纠纷中，计算侵权损失或获利应当以最小可结算单位而非整栋建筑的施工利润作为依据，并参照专利许可使用费的倍数合理确定赔偿数额。

【案例评析】

专利权人在明知宋锦钢享有本案专利排他实施许可权的情况下，违反与宋锦钢的合同约定，与宋守淮再签订专利普通实施许可合同，损害了宋锦钢的专利排他实施许可权，该合同应认定无效。宋守淮不能取得本案专利普通实施许可权。宋守淮未经许可在被诉侵权工程中使用本案专利，构成侵权行为，应承担相应的民事责任。华坤公司与承包人在工程中约定使用本案专利，导致侵权行为和损害结果发生，根据《侵权责任法》第九条的规定，已构成帮助侵权行为，应当与承包人湛江三建和宋守淮承担连带赔偿责任。

由此可见，虽然该条款约定侵权时，"提供方须与该第三方交涉并承担由此而引起的一切法律责任"，但该侵权行为仍有可能导致对合同相对方不利的判决，除非合同相对方能够提供己方并未帮助和共同实施侵权的证据。本条款的知识产权保证可以避免知识产权许可的善意使用方构成帮助或共同侵权。

8.3　知识产权许可的撤销

8.3.1　委托人根据第 12.2 款［由委托人解除合同］约定或者受托人根据第 12.3 款［由受托人解除合同］约定正当地终止合同的，有权撤销其所授予的知识产权许可，但双方另有约定的除外。

【条款目的】

本条款明确了委托人与受托人解除合同时，对于已授予的知识产权许可的撤销权。

【条款释义】

首先，本条款约定的撤销其已授予的知识产权许可，适用于依据本合同第12.2款和第12.3款所列举的几种合同解除情形正当地终止合同。根据本合同第12.2款［由委托人解除合同］主要包括以下情形：未经委托人同意，受托人将咨询服务全部或部分交由第三方实施的；受托人未履行其义务或履行义务不符合合同约定，委托人向受托人发出通知，列明违约情况和补救要求，受托人在此通知发出后28天内未能对违约进行补救的；不可抗力导致咨询服务暂停超过182天的；受托人违反法律法规或强制性标准的；受托人宣告破产或无力偿还债务的；专用合同条款约定的其他合同解除情形。根据本合同第12.3款［由受托人解除合同］主要包括以下情形：咨询服务已根据第5.4.1项暂停超过182天；咨询服务已根据第5.4.2项第（1）目和第（3）目暂停超过42天；咨询服务因不可抗力已根据第5.4.2项第（2）目暂停超过182天；委托人违反法律法规的；委托人宣告破产或无力偿还债务；专用合同条款约定的其他合同解除情形。

其次，本条款中"有权撤销其授予的知识产权许可"的权利人，限定在按照约定正当终止合同的一方，即依据本合同第12.2款或第12.3款发出解除合同的一方当事人，被解除合同的一方，不享有其所授予的知识产权许可的撤销权。

再次，本条款仅是赋予正当解除合同一方撤销所授予的知识产权许可的权利，而非必然撤销，由权利人选择是否行使，同时双方也可在专用合同条款中作出特别约定，限制或排除此情况下委托人或受托人的撤销权。

【使用指引】

使用本条款时委托人和受托人注意知识产权许可的撤销权，不因违约解除而享有，根据《民法典》五百八十条规定在出现合同履行不能时违约方也可以请求解除合同，但是不影响违约责任的承担，此时提出合同解除的一方不享有本条款规定撤销知识产权许可的权利。

本条款赋予当事人撤销知识产权许可的权利，实践中双方可以在专用合同条款中对权利行使进行限制或排除，尤其实践中委托人基于项目建设利益，为了避免知识产权撤销后对项目建设和使用造成重大影响，可以在专用合同条款中排除或限制受托人依据本合同第12.3款解除合同时对知识产权撤销许可的权利。

【法条索引】

《民法典》第五百八十条　当事人一方不履行非金钱债务或者履行非金钱债务不符合约定的，对方可以请求履行，但是有下列情形之一的除外：

（一）法律上或者事实上不能履行；

（二）债务的标的不适于强制履行或者履行费用过高；

（三）债权人在合理期限内未请求履行。

有前款规定的除外情形之一，致使不能实现合同目的的，人民法院或者仲裁机构可以根据当事人的请求终止合同权利义务关系，但是不影响违约责任的承担。

《民法典》第五百六十三条　有下列情形之一的，当事人可以解除合同：

（一）因不可抗力致使不能实现合同目的；

（二）在履行期限届满前，当事人一方明确表示或者以自己的行为表明不履行主要债务；

（三）当事人一方迟延履行主要债务，经催告后在合理期限内仍未履行；

（四）当事人一方迟延履行债务或者有其他违约行为致使不能实现合同目的；

（五）法律规定的其他情形。

以持续履行的债务为内容的不定期合同，当事人可以随时解除合同，但是应当在合理期限之前通知对方。

《民法典》第五百六十六条　合同解除后，尚未履行的，终止履行；已经履行的，根据履行情况和合同性质，当事人可以请求恢复原状或者采取其他补救措施，并有权请求赔偿损失。

合同因违约解除的，解除权人可以请求违约方承担违约责任，但是当事人另有约定的除外。

主合同解除后，担保人对债务人应当承担的民事责任仍应当承担担保责任，但是担保合同另有约定的除外。

【案例分析】

【案例】古迪控股（香港）有限公司（以下简称古迪公司）与万达儿童文化发展有限公司（以下简称万达公司）著作权许可使用合同纠纷案

二审：北京知识产权法院（2020）京 73 民终 699 号

【案情摘要】

2017 年 12 月，万达公司（甲方）与古迪公司（乙方）签署了涉案协议。

2018 年 1 月 15 日至 2018 年 1 月 22 日期间，古迪公司分三次向万达公司支付共 32 万元，其中 30 万元为首笔保底许可使用费，2 万元为中央市场营销基金。2018 年 3 月 1 日，万达公司与古迪公司在万达公司处进行协商。根据该会议录音，万达公司表示其发现古迪公司未经许可委托第三方加工以及参加成都糖酒会的行为违反涉案协议的约定。2018 年 4 月 23 日，万达公司向古迪公司发送解约函，显示"鉴于贵司已严重违反涉案协议的约定，我司根据涉案协议第 10 条的约定，通知如下：（1）自贵司收到本函之日，涉案协议解除，贵司不得继续使用涉案协议中设计的授权标的；（2）请贵司于 2018 年 5 月 1 日前补足尚未支付的保底许可使用费，金额为 34 万元；（3）请贵司于 2018 年 5 月 1 日前支付合同总价款 30% 的违约金，金额为 19.2 万元。"该函件显示于 2018 年 4 月 27 日被签收。

【各方观点】

万达公司主张古迪公司存在三项违约行为：一是古迪公司未提前获得万达公司许可即擅自委托第三方公司生产、销售产品；二是古迪公司未履行应尽的告知义务投入市场，即委托他人生产和销售了使用带有"海底小纵队"知识产权权益的商品；三是古迪公司未按约定购买保险，也没有张贴防伪标贴。

一审法院认为，首先，根据涉案协议约定，未经万达公司书面许可，古迪公司不得将授权标的全部或部分予以转让、转许可、分许可，也不得将授权商品设计、开发、制造、生产全部、部分或单个环节授权其他第三方实施。如古迪公司无法独立完成的，古迪公司应以书面形式将设计、开发、制造和生产环节各个参与主体相关资质证明文件及具体参与内容告知万达公司，并征得万达公司书面同意。根据在案的古迪公司与广东大福锦食品有限公司等各相的合同及万达公司公证取得的产品标签内容等证据，可以认定古迪公司已授权广东大福锦食品有限公司、汕头市恒优食品有限公司、山东统元食品有限公司、北京泰润食品有限公司，生产、销售了带有"海底小纵队"系列知识产权权益的小蛋酥、饼干、含乳饮料等商品。古迪公司未能提交万达公司书面许可的证据，且万达公司予以否认经过许可的情形下，古迪公司的上述许可他人生产的行为已违反涉案协议的约定，属于违约行为。其次，涉案协议约定任何授权商品及其包装、标签、说明书、图卡、图册、海报及广告等必须经万达公司审核书面确认后方可生产及投入市场。根据在案证据，古迪公司在未经万达公司审核确认的情形下，将未经审核通过的小蛋酥、含乳饮料、糖果等多款商品予以生产并销售，亦违反了涉案协议的约定，属于违约行为。第三，涉案协议还约定了古迪公司应于涉案协议签订之日起 60 日内在万达公司指定保险机构购买投保产品质量责任险，且销售的商品需张贴防伪标贴，古迪公司认可其未投保产品质量责任险及未张贴防伪标贴，该行为亦违反涉案协议的约定，属于违约行为。

对于古迪公司关于其与广东大福锦食品有限公司等各相关方属于经销关系而非知识产权许可关系的抗辩，根据在案产品标签载明的生产商的信息及委托加工合同等，古迪公司的上述抗辩缺乏事实及法律依据，一审法院不予支持，此为其一。其二，对于古迪公司关于万达公司逾期审核阶段性成果应视为同意的理由，根据古迪公司与万达公司于 2018 年 3 月 1 日的会议录音及相关邮件，古迪公司已同意停止相关行为、等待万达公司审核的情形下，古迪公司借此实施未经许可生产、销售涉案商品的违约行为缺乏合理的理由，古迪公司主张未予以审核即视为同意的主张亦缺乏合同依据。其三，在涉案协议已明确古迪公司授权其他第三方实施制造等行为须报送并经书面许可的情形下，古迪公司以报送的设计稿件中记载第三方公司为由认为其已履行报送义务的抗辩，缺乏合同依据，一审法院不予支持。其四，古迪公司没有为关于未能投保产品质量责任险及未张贴防伪标贴的理由提交任何证据，其相关抗辩缺乏事实及法律依据。因此古迪公司的相关抗辩均缺乏事实及法律依据，一审法院不予支持。

【裁判要点】

本案是一起根据协议约定守约方单方解除知识产权许可的案件，裁判要点在于涉案协议是否解除。本案中，万达公司主张古迪公司未履行应尽的告知义务投入市场，即委托他人生产和销售了使用带有"海底小纵队"知识产权权益的商品，构成违约，并主张依据涉案协议第 5.1 款"任何授权商品及其包装、标签、说明书、图卡、图册、海报及广告等必须经甲方审核书面确认后方可生产及投入市场。未经甲方审核确认就生产及投入市场的，为重大违约行为，甲方有权解除涉案协议，并追究乙方的违约或/和侵权责任"的约定享有解除权。对此，法院认为，判断涉案协议是否解除，首先需要判断万达公司享有约定解除权的条件是否成就，即古迪公司是否存在涉案协议第 5.1 款约定的违约行为；其次，如果万达公司享有约定解除权的条件成就，其是否行使了合同解除权，即合同解除是否通知合同相对方古迪公司。

【案例评析】

本案中，知识产权被许可使用方古迪公司未履行应尽的告知义务投入市场，即委托他人生产和销售了使用带有"海底小纵队"知识产权权益的商品，构成违约，依据涉案协议第 5.1 款的约定知识产权所有人万达公司享有解除权，且万达公司向古迪公司发送解约函。

由此可见，合同的守约方在合同相对方构成违约时，有权解除涉案协议，撤销许可使用的知识产权，并要求违约方承担违约相应责任。

8.3.2　委托人未能履行合同约定的任何付款义务，受托人有权通过提前 28 天发出通知的方式撤销其根据合同授予委托人的任何知识产权许可。

【条款目的】

本条款明确了委托人未能履行付款义务，受托人享有撤销已授予委托人的知识产权许可的权利。

【条款释义】

本条款约定当委托人未能履行合同约定的任何付款义务时，受托人有权撤销其根据合同授予委托人的知识产权许可。但考虑到委托人投资利益及项目建设利益，尤其项目建设将可能涉及公共利益、国家利益，受托人的知识产权许可撤销后将会对项目建设产生较大影响，所以本条款同时要求受托人行使该撤销权应提前 28 天发出书面通知，委托人可在该期限内积极采取补救措施，支付相应款项或就相应款项延期支付与受托人达成一致或就知识产权许可撤销达成新的意思表示，如委托人在该期限内仍未改正或未能与受托人达成一致的，则受托人可以到期撤销其授予委托人的知识产权许可。

此外，委托人应注意延迟付款的其他违约风险。根据《民法典》第五百八十三条规定，当事人一方不履行合同义务或者履行合同义务不符合约定的，在履行义务或者采取补救措施后，对方还有其他损失的，应当赔偿损失。结合本条款约定，委托人延迟付款虽不必然导致被撤销知识产权许可，但对于造成的其他损失仍需承担赔偿责任。

【使用指引】

委托人应及时按约履行付款义务。对于金额较大的合同，委托人或受托人在合同签署时，应合理约定付款节点；受托人在撤销知识产权许可时，应提前 28 日发出书面通知；在提前通知期内，委托人应采取积极措施就延期付款及撤销权和受托人沟通，避免不予理会，导致损失扩大。

【法条索引】

《民法典》第五百零九条　当事人应当按照约定全面履行自己的义务。当事人应当遵循诚信原则，根据合同的性质、目的和交易习惯履行通知、协助、保密等义务。

　　《民法典》第五百七十七条　当事人一方不履行合同义务或者履行合同义务不符合约定的，应当承担继续履行、采取补救措施或者赔偿损失等违约责任。

　　《民法典》第五百七十九条　当事人一方未支付价款、报酬、租金、利息，或者不履行其他金钱债务的，对方可以请求其支付。

　　《民法典》第五百八十三条　当事人一方不履行合同义务或者履行合同义务不符合约定的，在履行义务或者采取补救措施后，对方还有其他损失的，应当赔偿损失。

第 9 条 保 险

9.1 受托人保险

9.1.1 受托人应按照相关法律法规要求和专用合同条款约定，投保委托人认可、履行合同所需要的工程相关保险。

【条款目的】

本条款的设立，旨在明确受托人在全过程咨询合同中的投保责任，通过保险将咨询服务合同中部分风险转嫁，减少风险事件发生时双方的损失和成本，保证全过程咨询项目的顺利实施。

【条款释义】

首先，本条款约定的受托人投保的分为法定和约定，即"相关法律法规要求"和"专用合同条款约定"。因此，受托人应首先依据法律法规要求承担投保责任。如根据《工伤保险条例》的相关规定，中国境内的企业、事业单位、社会团体等组织和有雇工的个体工商户等，均应当为职工缴纳工伤保险，为本单位全部职工或者雇工缴纳工伤保险费。其次，委托人和受托人可在专用合同条款中对受托人应当投保的保险险种及相关事项作出进一步约定，比如勘察设计责任保险、工程监理责任保险等，包括各项保险险种的保险范围、保险期间、保险金额、除外责任等保险相关的事项。

【使用指引】

除了法律法规要求的必须承担投保的险种，双方可在专用合同条款中进一步明确为了确保本项目的履行，受托人所另需购买的必要险种。除专用合同条款对相关保险费另有约定外，受托人投保法律规定和合同约定的保险发生的费用，视为包含在全过程咨询服务合同的服务费用之中。

【法条索引】

《中华人民共和国保险法》（以下简称《保险法》）第十条 保险合同是投

242

保人与保险人约定保险权利义务关系的协议。

投保人是指与保险人订立保险合同，并按照合同约定负有支付保险费义务的人。

保险人是指与投保人订立保险合同，并按照合同约定承担赔偿或者给付保险金责任的保险公司。

《工伤保险条例》第二条　中华人民共和国境内的企业、事业单位、社会团体、民办非企业单位、基金会、律师事务所、会计师事务所等组织和有雇工的个体工商户（以下称用人单位）应当依照本条例规定参加工伤保险，为本单位全部职工或者雇工（以下称职工）缴纳工伤保险费。

《工伤保险条例》第六十二条　用人单位依照本条例规定应当参加工伤保险而未参加的，由社会保险行政部门责令限期参加，补缴应当缴纳的工伤保险费，并自欠缴之日起，按日加收万分之五的滞纳金；逾期仍不缴纳的，处欠缴数额1倍以上3倍以下的罚款。

依照本条例规定应当参加工伤保险而未参加工伤保险的用人单位职工发生工伤的，由该用人单位按照本条例规定的工伤保险待遇项目和标准支付费用。

用人单位参加工伤保险并补缴应当缴纳的工伤保险费、滞纳金后，由工伤保险基金和用人单位依照本条例的规定支付新发生的费用。

【案例分析】

【案例】广元市川越建筑劳务有限公司（以下简称川越公司）与中国水利水电第五工程局有限公司（以下简称水电五局）、长江勘测规划设计研究有限责任公司（以下简称长江公司）建设工程施工合同纠纷案

一审：四川省广元市中级人民法院（2015）广民初字第83号

【案情摘要】

2011年4月5日，川越公司与水电五局签订施工合同，约定：川越公司承建水电五局发包的"嘉陵江亭子口水利枢纽库区广元市元坝区太虎路、广永路A段、黑射路公路复建工程"，工程暂定总造价约39492440元，工期为431天，承包方式为水电五局按照中标价格提取4%管理费后作为川越公司的分包结算价格。

2011年4月7日，工程监理人发出《合同项目开工令》，川越公司依约施工。因长江公司设计变更、施工项目增加、当地村民占地拆迁补偿问题导致村民阻挠施工、建设用地迟延交付、自然灾害等原因，工程发生多次停工、返工、损毁重建等事项，造成川越公司施工困难，施工工期严重延误，工程量增加数额巨大。

2015 年 1 月 9 日，工程验收合格，川越公司将已完工程提前交付使用。川越公司向水电五局提交了工程结算书，双方对施工过程中因暴雨不可抗力发生的水毁损失的承担产生争议。

【各方观点】

2011 年两次水毁损失均由保险公司查勘后定损，分别为 624461.70 元、47167.39 元。2012 年水毁损失经保险公司查勘定损为 486654.03 元。2011 年、2012 年水毁损失，均未超过保险合同约定的 200 万元绝对免赔率而导致保险公司不予赔付。经鉴定机构分类统计，2011 年两次水毁损失 671629.09 元均涉及临时工程，2012 年水毁损失中包含永久工程 436700.67 元、临时工程 73724.14 元、残值 23770.80 元。鉴定意见中对残值已作扣减。根据法院补充鉴定函的要求，鉴定机构未将临时工程计入损失范围，原告对此提出异议。

2013 年发生洪灾致工程遭遇水毁损失的客观事实，各方均无异议，但对于 2013 年水毁工程量存在异议，并分别提交证据予以佐证。

长江公司认为，2013 年水毁损失的原因在于水毁部位本身存在工程质量问题及承包人原因导致的工期延长所致，对 2013 年水毁损失的责任承担提出抗辩意见。据此查明，在 2013 年 8 月 16 日的会议纪要中对于该次水毁损失作出责任界定："根据广元市气象部门的相关报告来看，本次连续大范围的强降雨天气确实历史罕见，交通复建工程各道路、桥梁工程在本次极端天气过程中所出现的多处永久工程及临建设施损毁情况也基本属实。但工程损毁究竟是由于暴雨天气所致还是由于承包人施工质量存在问题造成，需界定清楚。根据现场实地勘察过程中发现，确实存在很多如浆砌石挡墙砂浆不饱满、断面尺寸达不到设计标准，路基回填未进行分层碾压等明显的施工质量问题。承包人自身原因导致的损毁部位，承包人有义务自行处理、恢复，并承担全部费用。总的来看，导致本次复建工程出现的多处损毁，承包人因素所占的比例还是很小的，主要原因还是由于极端天气造成，另外由于外部干扰等各方面因素，工期延长，部分边坡未及时支护、封闭，局部路基外露，面层未及时施工等，也是洪水损失进一步扩大的重要原因。"

对于水毁损失的责任承担主体，各方存在异议，川越公司主张由发包人承担，长江公司认为 2011 年、2012 年水毁损失定损金额未达到免赔额 200 万元导致保险公司不予赔付和 2013 年未购买工程保险的责任均在于承包人，2013 年水毁是由于施工单位延误工期所致，损失应由承包人和施工单位承担。

【裁判要点】

本案系建设工程施工合同纠纷案，各方对于水毁损失的责任承担主体存在异议，川越公司主张由发包人承担，长江公司认为2011年、2012年水毁损失定损金额未达到免赔额200万元导致保险公司不予赔付和2013年未购买工程保险的责任均在于承包人，2013年水毁是由于施工单位延误工期所致，损失应由承包人和施工单位承担。长江公司与水电五局在合同谈判纪要中明确约定，经过调整由承包人购买保险，如果承包人不及时购买，发包人有权以承包人的名义购买，费用由承包人承担。由此，承包人与发包人均属投保义务人，在承包人未及时购买保险的情况下，发包人应当以承包人的名义购买。2011年、2012年水毁损失定损金额未达到免赔额200万元，2013年未投保。三年水毁损失，保险公司未赔付的原因在于未投保或未足额投保，因此均不属保险公司理赔范围。对于案涉工程而言，川越公司、水电五局及长江公司均属投保义务人。在损失未获保险理赔的情况下，各投保义务人应按合同约定对损失承担责任。

【案例评析】

本案中，长江公司与水电五局在合同谈判纪要中明确约定，经过调整由承包人购买保险，如果承包人不及时购买，发包人有权以承包人的名义购买，费用由承包人承担。由此，承包人与发包人均属投保义务人，在承包人未及时购买保险的情况下，发包人应当以承包人的名义购买。承包人未足额投保及过了保险期限未续保，发包人负有监督和及时办理投保的义务，未获保险理赔的损失应由投保义务人承担。对于案涉工程而言，川越公司、水电五局及长江公司均属投保义务人。在损失未获保险理赔的情况下，各投保义务人应按合同约定对损失承担责任。

由此可见，合同各方应严格按照约定承担各自的投保义务，否则需要承担相应的违约责任和损失赔偿责任。此外，如在后续合同履行的过程中，各方以补充协议或会议纪要等形式对投保责任进行重新划分和约定的，各方应及时履行各自投保责任。

9.1.2 除专用合同条款另有约定外，保险费用视为包含在服务费用中，不再另行计取。

【条款目的】

本条款的设立，旨在明确保险费用的承担主体，避免双方对保险费用的支付产生争议。

【条款释义】

根据本条款，受托人依据法律规定和合同约定投保相应保险的保险费用，包含在合同约定的服务费用之中，委托人无须另行支付保险费用。但如果双方当事人在专用合同条款中对保险费负担另外作出约定的，执行双方专用合同条款的约定。

【使用指引】

受托人在投标报价阶段应考虑根据法律规定和招标文件中招标人要求的保险范围，合理评估保险费并体现在服务报价之中，如果招标文件对保险费用另有约定的或招标投标阶段保险费用约定不清的，委托人和受托人可在专用合同条款中对受托人应当投保的保险费用承担进一步约定。

【法条索引】

《保险法》第十四条 保险合同成立后，投保人按照约定交付保险费，保险人按照约定的时间开始承担保险责任。

9.2 保险的其他约定

9.2.1 受托人应当保证工程相关保险在第 11.3 款［责任期限］约定的责任期限内持续有效，合同责任期延长的，受托人应当及时续保，续保费用的承担由双方协商确定。

【条款目的】

本条款的设立，旨在确保受托人投保的相关保险在责任期限内持续有效，发挥保险功能和作用。

【条款释义】

保险期间是保险合同中的一个重要因素，是指保险人和投保人约定的保险合同有效的期限。鉴于保险人仅对保险期限内发生的保险事故承担保险责任，故保险期间的约定对保护被保险人的权利是十分重要的，也是保险目的实现的重要因素。所以本条款首先规定，受托人应保证根据法律规定和合同约定投保的保险在责任期限内持续有效，根据本合同第 11.3 款规定，责任期限自合同生效之日开始，至专用合同条款中约定的期限或法律法规规定的期限终止。工程勘察、设计和监理等影响工程质量的服务内容的责任期限应延长至法律法规规定的相应责任期。其次，工程施工期限较长，且经常会因为设计变更、新增服务、不可抗力等因素导致工期延长，工程建设全过程咨询合同的服务期间也可能相应延长，故保险合同的保险期限也相应需要进行延长，以免因超过保险期限而无法得到保险赔付，无论什么原因导致服务期限延长，受托人均负有续保的责任，但续保的保险费可由双方协商，实践中通常结合期限延长的原因及责任主体来判断续保费用的负担。

【使用指引】

受托人应注意其及时续保的责任，以免因超过保险期限而无法得到保险赔付而造成损失，续保责任和续保费用负担是有区分的，受托人的续保责任不区分导致保险期限延长的原因，但续保费用的负担需要考虑保险期限延长的原因。

【法条索引】

《保险法》第十八条　保险合同应当包括下列事项：

（一）保险人的名称和住所；

（二）投保人、被保险人的姓名或者名称、住所，以及人身保险的受益人的姓名或者名称、住所；

（三）保险标的；

（四）保险责任和责任免除；

（五）保险期间和保险责任开始时间；

（六）保险金额；

（七）保险费以及支付办法；

（八）保险金赔偿或者给付办法；

（九）违约责任和争议处理；

（十）订立合同的年、月、日。

投保人和保险人可以约定与保险有关的其他事项。

【案例分析】

【案例】广安市广安区建筑公司与刘长秀工伤保险待遇纠纷案

二审：四川省广安市中级人民法院（2018）川 16 民终 150 号

【案情摘要】

刘长秀系广安市广安区建筑公司"奎阁锦苑项目"工程工地工人。

2015 年 11 月 5 日，刘长秀在乘坐其夫罗昭政驾驶的摩托车从家中出发至

"奎阁锦苑"项目工地上班途中发生交通事故受伤，交警部门认定罗昭政负事故全部责任，刘长秀不负责任。刘长秀受伤后在广安市人民医院住院治疗82天后出院，共产生治疗费81225.67元。

2016年3月10日，刘长秀委托广安福源司法鉴定所对其伤残等级、护理依赖程度进行评估。2016年3月17日，广安福源司法鉴定所作出鉴定意见评定刘长秀伤残等级为四级、护理依赖程度为大部分护理依赖。刘长秀支付此次鉴定费1300元。

2016年3月20日，广安市人力资源和社会保障局认定刘长秀所受伤害为工伤。刘长秀未参加工伤保险。刘长秀、广安市广安区建筑公司在劳动人事争议仲裁委员会达成的仲裁调解书约定，共同向三家保险公司索赔，刘长秀获赔后，放弃向广安市广安区建筑公司主张工伤赔偿的权利。

【各方观点】

原告刘长秀认为其通过诉讼或仲裁方式向三家保险公司索赔，仅获得中华联合达州支公司保险赔偿款12万元。因被告未续保致超过保险期限，原告未获得百年人寿四川分公司及阳光人寿四川分公司的赔偿。

被告广安区建筑公司认为，原告依据广安区劳动人事争议仲裁委员会调解书要求被告赔偿，理由不当。原告因交通事故受损，应当先由侵权人即原告丈夫罗昭政赔偿。根据工伤保险条例等相关规定，即使被告赔偿，也应该是差额补偿。

法院认为：刘长秀的受伤，经广安市人力资源和社会保障局认定为工伤，广安市广安区建筑公司作为用人单位，应当承担工伤赔偿责任。根据《关于审理工伤保险行政案件若干问题的规定》第八条第三款："职工因第三人的原因导致工伤，社会保险经办机构以职工或者其近亲属已经对第三人提起民事诉讼为由，拒绝支付工伤保险待遇的，人民法院不予支持，但第三人已经支付的医疗费用除外"的规定，刘长秀可以选择要求广安市广安区建筑公司在工伤范围内赔偿，且仅为第三人已经支付的医疗费不能兼得。据此，广安市广安区建筑公司抗辩刘长秀的损失应先由侵权人即罗昭政赔偿后不足的差额部分，才由广安市广安区建筑公司赔偿的理由于法无据，该院不予采信。

【裁判要点】

本案是一起工地人员上班途中发生交通事故后被认定为工伤，被告广安市广安区建筑公司未及时续保导致赔偿的案件。本案裁判要点在于原告刘长秀是基于广安市广安区建筑公司为其承建的"奎阁锦苑"项目工程投保了建设工程团体意外伤害保险及附加意外伤害医疗保险，且能够获得保险赔偿的情形下达成的协议。现刘长秀经过诉讼、仲裁裁决，因广安市广安区建筑公司未及时续保的原因超过保险期间，导致刘长秀不能从阳光人寿保险股份有限公司四川分公司（以下简称阳光人寿四川分公司）和百年人寿保险股份有限公司四川分公司（以下简称百年人寿四川分公司）获得相应的保险赔偿款项，其中建工团体意外伤害保险金额共 18 万元、附加意外医疗保险赔偿 4 万元，应由被告承担。

【案例评析】

本案因被告超过保险期限未续保，导致刘长秀未能从阳光人寿保险股份有限公司四川分公司和百年人寿保险股份有限公司四川分公司获得相应的保险赔偿，进而法院判决广安市广安区建筑公司给予相应的工伤赔偿。

由此可见，投保人应当保证其相关保险在责任期限内持续有效，合同责任期延长的，受托人应当及时续保，否则产生的保险事件未能从保险公司处获得保险赔付时，投保人应承担相应赔偿责任。

9.2.2　受托人应根据委托人要求及时提交已投保的各项保险的凭证和保险单复印件，以证明工程相关保险持续有效。

【条款目的】

本条款的设立，旨在确保委托人能够及时了解本合同有关的保险投保情况，督促受托人保障相关保险处于持续有效状态。

【条款释义】

保险凭证，又称"小保单"，是指保险合同生效成立的证明文件，即简化的保险单。保险凭证上通常不列明保险合同条款，与保险单具有同等效力。在保险凭证中列有条款时，如正式保单内容与其冲突，则以保险凭证为准。

保险单简称"保单"，保险人与投保人签订保险合同的书面证明。保险单的主要内容包括：（1）双方对有关保险标的事项的说明，包括被保险人名称，保险标的名称及其存放地点或所处状态、保险金额、保险期限、保险费等。（2）双方的权利和义务，如承担责任和不予承担的责任等。（3）附注条件，指保险条款或双方约定的其他条件以及保单变更、转让和注销等事项。保险单是签订保险合同的主要表现形式。为简化形式，还可采用具有法律效力的预约保险单，保险凭证或暂保单等形式。

本条款是本合同第 9.2.1 项的进一步规定，根据第 9.2.1 项规定，受托人应当保证其相关保险在责任期限内持续有效，为了避免受托人未依法或按约投保，或咨询服务合同期限延长时受托人未及时续保的，本条款规定当委托人提出要求时，受托人应及时提交已投保的各项保险的凭证和保险单复印件，以证明并保障工程相关保险持续有效。

【使用指引】

实践中也会出现保险到期时因投保人疏忽而未能及时续保的情形，由此本条款的规定，既有助力于加强对咨询人投保责任的监督，也有利于当咨询人疏忽时，委托人可提示咨询人及时投保和续保。委托人和受托人可在专用合同条款中对保险凭证和保险单据复印件的提交时间及方式予以明确。

【法条索引】

《保险法》第十三条　投保人提出保险要求，经保险人同意承保，保险合同成立。保险人应当及时向投保人签发保险单或者其他保险凭证。

保险单或者其他保险凭证应当载明当事人双方约定的合同内容。当事人也可以约定采用其他书面形式载明合同内容。

依法成立的保险合同，自成立时生效。投保人和保险人可以对合同的效力约定附条件或者附期限。

9.2.3　工程相关保险发生变更或提前终止的，受托人应立即就此通知委托人，并另行提供符合要求的保险。除因委托人原因引起保险变更或提前终止外，由此产生的保险费用由受托人承担。

【条款目的】

本条款的设立，旨在明确当工程相关保险发生变更或提前终止时，受托人另行投保的责任及保险费用的承担。

【条款释义】

根据《保险法》的规定，投保人和保险人可以协议变更合同的内容。投保人也可解除合同，保险人不得解除合同。受托人按本合同第9.2.1项的约定承担投保责任，并按第9.2.2项的约定向委托人提交投保凭证和保险单之后，当出现法律规定或保险合同约定情况导致保险事项变更或提前终止的，将导致保险功能失去，对咨询服务合同和工程建设带来损害，而因为委托人并非相关保险投保人，可能并不会及时掌握相关情况。所以本条款规定，当工程相关保险发生变更或提前终止的，受托人应立即就此通知委托人，并应当按照委托人的要求另行提供符合要求的保险，以保证项目建设的利益和各方对风险的管理。对于此情形下，另行投保发生的保险费用，应结合原保险变更或提前终止的原因，由责任方承担相应保险费用。为了避免对另行投保费用承担发生争议，本条款明确除了委托人原因引起保险变更或提前终止外，由此产生的保险费用由受托人承担。

【使用指引】

合同当事人在使用本条款时应注意以下事项：

第一，保险合同发生变更或提前终止的，咨询人应及时通知委托人，并根据委托人要求另行投保相应保险，如果因为咨询人未能及时通知或未能及时投保其他保险，该期间内发生的保险事故，当保险公司不予赔偿时，相应费用和损失应由作为投保人的咨询人承担。

第二，当保险合同变更或提前终止系委托人原因导致的，咨询人应及时收集固定相应证据，并主张由委托人承担另行投保发生的费用。

【法条索引】

《保险法》第十五条　除本法另有规定或者保险合同另有约定外，保险合同成立后，投保人可以解除合同，保险人不得解除合同。

《保险法》第二十条　投保人和保险人可以协商变更合同内容。

变更保险合同的，应当由保险人在保险单或者其他保险凭证上批注或者附贴批单，或者由投保人和保险人订立变更的书面协议。

9.2.4　保险事故发生后，相关保险的投保人和被保险人应按照保险合同约定的条款和期限及时向保险人报告。受托人和委托人应在得知相关保险事故发生后及时通知对方。

【条款目的】

本款的设立，旨在对保险事故发生后各方的通知义务，防止因信息不畅而导致当事人利益受损，也便于当事人按照合同约定向保险人提出保险索赔主张。

【条款释义】

投保人是指与保险人订立保险合同，并按照合同约定负有支付保险费义务的人。被保险人是指其财产或者人身受保险合同保障，享有保险金请求权的人。投保人可以为被保险人。保险人是指与投保人订立保险合同，并按照合同约定承担赔偿或者给付保险金责任的保险公司。

我国《保险法》明确对保险事故发生后的通知义务予以了规定，本条款在这个基础上明确发生保险事故时及时通知属于委托人和受托人的合同义务，当发生保险事故时，投保人和被保险人都有义务按照合同约定的条款和期限向保险人报告，同时考虑到受托人和委托人作为投保人和被保险人，在发生保险事故时，并非一定能及时知晓相应情况，所以本条款同时规定受托人和委托人应在得知相关保险事故发生后及时通知对方，以保证合同当事人及时了解保险事故发生的相关情况。

【使用指引】

发生保险事故后，受托人和被保险人应按照保险合同的约定及时向保险公司报告。受托人和委托人在得知保险事故发生后，则有相互通知的义务。委托人和受托人可在专用合同条款中约定通知的方式和期限等内容。

【法条索引】

《保险法》第二十一条　投保人、被保险人或者受益人知道保险事故发生后，应当及时通知保险人。故意或者因重大过失未及时通知，致使保险事故的性质、原因、损失程度等难以确定的，保险人对无法确定的部分，不承担赔偿或者给付保险金的责任，但保险人通过其他途径已经及时知道或者应当及时知道保险事故发生的除外。

【案例分析】

【案例】清西大道建设工程指挥部与中国人民财产保险股份有限公司清远市分公司（以下简称清远人保公司）财产保险合同纠纷案

二审：清远市清城区人民法院（2016）粤 1802 民初 1084 号

【案情摘要】

清西大道建设工程指挥部是 S354 线清新区太平镇至三坑段一级公路（二期）扩建工程的发包方，第三人为清远市清新区清西道路工程建设有限公司（以下简称清西工程公司）该工程的承包方。清西大道建设工程指挥部与中国人民财产保险股份有限公司清远市分公司（以下简称清远人保公司）于 2013 年 8 月 30 日签订了以建筑工程一切险为主要险别的保险合同，保险期间共 18 个月，自 2013 年 9 月 3 日至 2015 年 3 月 2 日。2014 年 4 月 27 日上午，受害人杨金娣在清远清新区三坑镇清四公路路段安庆村委会营下村路口往三坑镇方向 150m 的公路边被清西公路施工人员邵新向推车掉头时撞倒在地，致杨金娣左小腿及头部受伤。其后，杨金娣立即被送往清远市清新区人民医院诊断，后因病情严重，受害人杨金娣又相继在南方医科大学珠江医院和清远市人民医院诊疗，被害人杨金娣共住院治疗 212 天。2014 年 12 月 3 日，第三人清西工程公司与受害人杨金娣及其近亲属签订一份协议书，由第三人向受害人方赔偿共973000 元，并已实际支付，受害人及其近亲属对此予以确认。根据原、被告所签订的保险合同规定，每人每次事故人身伤亡赔偿限额为 300000 元，故被告应按合同约定赔偿原告 300000 元。为维护原告的合法权益，请求法院判令被告中国人民财产保险股份有限公司清远市分公司向清西大道指挥部赔偿保险金 300000 元。

【各方观点】

清远人保公司认为：原告仅依据公安机关出具的证明主张本案事故属于保险责任的依据不足：第一，根据保险条款关于保险责任的约定，"保险期间内因发生与保险合同所承保工程直接相关的意外事故引起的损失"才属于保险责任，但本案中邵新向的身份并不清楚，邵新向的行为是否与承保工程有关亦不清楚，所以原告的证据仅能证明发生了第三者人身伤亡，但不能证明是承保工程相关的意外事故。我方已把保险条款向原告进行了明确说明，本案事故不属于保险责任范围。第二，事故发生日期是 2014 年 4 月 27 日，但受害人家属的报案日期是 2014 年 5 月 27 日，且公安机关出具的证明仅能说明受害人一方陈述的事故发生经过，并不代表公安机关的侦查结果，我方对此事故的真实性产生合理怀疑。根据法律的规定，事故发生后，被保险人应履行及时通知义务，否则致使事故原因、性质、损失程度等无法确定的，保险人不承担保险责任。第三，本案受害人杨金娣无端出现在公路边而被撞倒，涉案工程属于围蔽路段，杨金娣作为本地人在明知地处工程路段的情况下而进入涉案路段，亦负有一定的责任。

法院认为：原告清西大道指挥部向被告购买了建筑工程一切险，被告向其出具保险单，双方的保险合同依法成立并生效，双方均应依法、依约履行义务。本案保险事故发生后，原告清西大道指挥部作为投保人及被保险人，理应按照保险条款约定履行及时通知的义务。本案事故发生在 2014 年 4 月 27 日，在长达一个月的期间内，原告既不通知公安部门，亦不向被告报险，导致公安部门及被告均无法查实事故发生时的真实情况，也无法对事故发生的原因、性质及造成的损失进行认定。根据我国《保险法》及双方保险合同的规定，投保人、被保险人知道保险事故发生后，应当及时通知保险人。故意或者因重大过失未及时通知，致使保险事故的性质、原因、损失程度等难以确定的，保险人对无法确定的部分，不承担赔偿责任，但保险人通过其他途径已经及时知道或者应当及时知道保险事故发生的除外。原告认为事故发生时受害人的伤情并不严重故没有报警及报险的说法，不能对抗事故发生后被保险人应及时通知保险人的法定义务，故对于原告的诉讼请求，本院依法予以驳回。

【裁判要点】

本案是一起因投保人未按保险条款约定履行及时通知义务而导致保险人拒绝理赔的案件。原告清西大道指挥部向被告购买了建筑工程一切险，被告向其出具保险单，双方的保险合同依法成立并生效，双方均应依法、依约履行义务。本案保险事故发生后，原告清西大道指挥部作为投保人及被保险人，理应按照保险条款约定履行及时通知的义务。本案事故发生后长达两个月的期间内，原告既无通知公安部门，亦无向被告报险，导致公安部门及被告均无法查实事故发生时的真实情况，也无法对事故发生的原因、性质及造成的损失进行认定。根据我国《保险法》及双方保险合同的规定，投保人、被保险人知道保险事故发生后，应当及时通知保险人。故意或者因重大过失未及时通知，致使保险事故的性质、原因、损失程度等难以确定的，保险人对无法确定的部分，不承担赔偿责任。

【案例评析】

本案是一起因违反《保险法》第二十一条所规定的保险事故通知义务而导致投保人索赔失败的典型案例。由此可见，保险事故发生后，相关保险的投保人和被保险人应按照保险合同约定及法律规定及时向保险人报告，受托人和委托人应在得知相关保险事故发生后及时通知对方，避免失去主张保险赔付的权利。

第**10**条 不可抗力

10.1 不可抗力的确认

10.1.1 不可抗力是指合同当事人在签订合同时不能预见、不能避免且不能克服的自然灾害和社会性突发事件，如地震、海啸、瘟疫、骚乱、戒严、暴动、战争和专用合同条款中约定的其他情形。

【条款目的】

本条款旨在明确不可抗力事件的三个构成要件，同时列举部分具体情形。

【条款释义】

首先，不可抗力要求"不能预见""不能避免""不能克服"三个要件同时具备。2017年版FIDIC白皮书中关于不可抗力的对应概念为"例外事件"（Exceptional Event），并规定例外事件构成要素包括：（1）要求是超出一方控制范围的；（2）该方在签订协议书无法合理预防的；（3）发生后，该方无法合理避免或克服的；（4）实质上不可归因于另一方的事件或情况。上述四个要件所指向的内涵含义也基本与我国法律中"不可抗力"的要件一致。本条款所列举的如地震、海啸、瘟疫、骚乱、戒严、暴动、战争等情形均属不可抗力，其余未尽情形可在专用合同条款中约定。但不可抗力的情形的举例无法完全穷尽，因此判断不可抗力事件，还应当着眼于三个构成要件的同时满足。

其次，本条款中所称的不可抗力事件应当与履行义务受阻之间存在因果关系，不可抗力必须是债务履行受阻的必要原因，否则，就不能引起不可抗力规则预定的法律效果。判断一个影响项目执行的事件发生后是否能构成不可抗力，以此为基础，再适用本合同第10.2款不可抗力的通知程序，以及第10.3款不可抗力造成后果的责任分配。

【使用指引】

首先，对于不可抗力事件的识别在满足本条款约定的不能预见、不能避免且不能克服三个条件外，也要求不可抗力事件是与合同履行相关的。如果一个事件的发生并不影响本项目的履行，则不能成为本合同项下当事人之间的不可抗力事件。

其次，不可抗力事件发生地与项目履行地不同，不影响对不可抗力事件的认定。如因新冠疫情封控导致全过程咨询单位的关键服务人员不能按约派往，将可能会出现甲地政策影响乙地项目履行的情况。

再次，情势变更与不可抗力不同，根据《民法典》第五百三十三条的规定，情势变更是当事人在订立合同时无法预见的、不属于商业风险的重大变化，发生的效果是继续履行合同对于当事人一方明显不公平，受影响一方请求人民法院或者仲裁机构变更或者解除合同。而不可抗力的规定是在《民法典》第一百八十条，不可抗力情景下合同无法继续履行，程度明显高于情势变更，此外不可抗力是法定的解除合同条件，也是法定的免责事由。

【法条索引】

《民法典》第一百八十条　因不可抗力不能履行民事义务的，不承担民事责任。法律另有规定的，依照其规定。

不可抗力是不能预见、不能避免且不能克服的客观情况。

《民法典》第五百三十三条　合同成立后，合同的基础条件发生了当事人在订立合同时无法预见的、不属于商业风险的重大变化，继续履行合同对于当事人一方明显不公平的，受不利影响的当事人可以与对方重新协商；在合理期限内协商不成的，当事人可以请求人民法院或者仲裁机构变更或者解除合同。

【案例分析】

【案例1】广东瑞高海运物流有限公司（以下简称瑞高公司）与中国太平洋财产保险股份有限公司宁波分公司（以下简称太保公司宁波分公司）共同海损纠纷案

二审：上海市高级人民法院（2018）沪72民初325号

【案情摘要】

瑞高公司为"恒宇9"船舶所有人和经营人。2016年9月，中国石油化工股份有限公司广州分公司委托瑞高公司将石脑油从广州黄埔港石化码头运至宁波镇海。9月12日12：00，船舶完成货物装载后离泊，驶离起运港。14日，在船舶北上航行至福建泉州海域时，受台风"莫兰蒂"影响，进入泉州围头湾抛锚避风。船舶在避台过程中锚位发生移动，主机停车失去动力后搁浅，海事部门组织施救，进行堵漏、清除污染物等工作。瑞高公司后安排3条转运船将卸下货物安全运抵目的港，船舶离港进行永久性修理。瑞高公司后宣布共同海损，太保公司宁波分公司作为涉案货物的保险人向瑞高公司出具共同海损担保函。上海海损理算中心依据《中华人民共和国海商法》对涉案事故进行共同海损理算并出具理算书，货物保险人应付共同海损分摊金额为 2236094.52 元。太保公司宁波分公司确认理算书确定的共同海损牺牲和费用，以及相应金额。

【各方观点】

广东瑞高海运物流有限公司：2016 年 9 月 14 日，其所属的"恒宇 9"船舶航行至福建泉州海域时受强台风"莫兰蒂"影响，在围头湾抛锚躲避台风。9 月 15 日，船舶在抗台过程中走锚，导致触礁搁浅。为了船货共同安全，瑞高公司申请救助并宣布共同海损。太保公司宁波分公司作为涉案货物的保险人提供了共同海损担保函，担保支付涉案货物应予分摊的共同海损费用。

太保公司宁波分公司：对发生共同海损的事实和共同海损理算书确定的理算金额无异议，但原告瑞高公司明知有超强台风的情况下，仍放任船舶朝台风方向开航，也未及时停航避台，具有重大过失，太保公司宁波分公司有权拒绝分摊。

法院观点：根据法律规定，构成不可抗力免责应当满足不能预见、不能避免和不能克服三个法律要素，这三个要素相互关联，不应孤立进行判断。在现代科技条件下，台风等自然灾害都可以在一定程度和范围内被预报，但预报并不当然属于法律意义上的"预见"。原告是否有能力预见事故发生，应当根据当时环境和条件来进行判断。在"恒宇 9"船舶开航前，正位于气象预报台风可能登陆的地区范围，意味着无论船舶按计划航线航行还是在附近海域泊船停航，都在台风可能影响的范围内。而且，根据当天有多艘船舶沿海北上航行的事实，可以佐证船舶开航并非个例。因此，在船舶已处于台风可能影响范围内的情况下，船长对停航还是开航会正面遭遇台风是不可预见的。在"恒宇 9"船舶航行过程中，9 月 13 日，船舶已航行至广东汕尾海域，正处于预报的台风登陆范围，在当时情况下何种航行决定会正面遭遇台风或者最大程度远离台风中心同样是难以判断的，难以认定船长继续向北航行的决定存在过失；9 月 14 日，船舶已航行至福建泉州海域，受台风影响，船舶进入泉州围头湾抛锚避风，被告对避风决定以及避风地点选择未提异议。依据现有事实，对于 9 月 12 日船舶开航和 9 月 13 日船舶继续北上航行的决定，难以认定其他有资质的船长会比涉案船长作出更加谨慎、明智的航海决定，可以认定原告对涉案事故的发生是不能预见的。同时，"恒宇 9"船舶的触礁、搁浅事故是在避台过程中遭受超强台风袭击导致，经海事部门认定属于非责任事故。原告及海事管理部门采取了有效救助措施，避免了损失的进一步扩大，对已发生的损害后果是无法避免，也难以克服的。综合前述分析，可以认定涉案事故系不可抗力所致。

【裁判要点】

基于船长的审慎判断，在灾害预报当时无法采取有效规避措施的，可以认定"不能预见"。因不可抗力造成的共同海损事故，可以认定为承运人不存在过失，他方无权拒绝分摊。

【案例评析】

根据法律规定，构成不可抗力免责应当同时满足不能预见、不能避免和不能克服三个要素。司法者仍应当遵循立法逻辑，需从三个要素角度判断不可抗力构成，但同时要注意这三个要素是相互关联的，不应当孤立、机械地去解释和运用。比如本案所争议的"不能预见"的认定，在现代科技条件下，台风等自然灾害都可以在一定程度和范围内被预报，但预报并不当然属于法律意义上的"预见"。根据当时的特定情形，只有当事人能够对客观事件采取合理的避免或克服措施，才具有法律意义上的"预见"效果。以本案为例，船舶在开航前，气象部门已经预报了台风将在2～3天内登陆，但气象部门预报的登陆范围包括广东、福建沿海，包括起运港以及前半程航线，换言之，船舶在当时无论停航或开航均有可能遭遇台风；航行中的情况也类似，船舶在北上的过程中，台风行进路线比预报路线偏北，也使得船舶无法预计采取何种措施会避免遭遇台风，因此可以认定为"不能预见"。

对于"应当预见而没有预见"即"过失"的认定中，以行为人是否履行注意义务为判定标准。注意义务是义务主体谨慎地为自己一切行为（包括作为和不作为）的法律义务，其核心内容包括预见和避免行为致害后果。在不同法律关系、不同法律主体以及不同时空条件下，注意义务的衡量标准有差别。关于行为人能否"预见"不可抗力事件发生方面，要以合理审慎标准来进行判断。船长是船舶航行过程中的最高决策者，负责船舶的管理和驾驶。对于涉案船长作出的相关航海决定是否合理，应当符合一名具备专业资质船长的通常审慎判断。虽然事后从台风实际行进路径、登陆地点看，"恒宇9"船舶如果在9月12日或13日选择在广东海域停泊避风会更加安全，甚至不避台加速北上也能避开台风中心，但船长是根据客观情况以及自身的专业认知作出的航海决定，而在当时他是难以预见何种决定会更加远离台风中心。即便依靠现代科技，航海仍面临特殊的海上风险，船长在正常履职过程中不会有意将船货和船员置于更大的危险之中，船长的航海决定受到客观条件和认识能力的限制，不能脱离当时客观情境来进行评判，不能苛求船长在当时状况下作出与事后情况一致的准确预判。依据现有事实，对于9月12日船舶开航和9月13日船舶继续北上航行的决定，难以认定其他有资质的船长会比涉案船长作出更加谨慎、明智的航海决定，可以认定原告对涉案事故的发生是不能预见的。

【案例 2】西安市临潼区骊山物业服务有限公司（以下简称骊山物业公司）与北京市众诚恒祥能源投资管理有限公司（以下简称众诚恒祥公司）技术服务合同纠纷

二审：陕西省高级人民法院（2021）陕民终 345 号

【案情摘要】

2017 年 9 月 22 日，骊山物业公司（甲方）与众诚恒祥公司（乙方）签订合同能源管理项目效益分享型《合同书》，双方就骊山物业公司的临潼区某小区供暖节能改造项目进行燃气、电节能改造服务，并支付相应的节能服务费用达成约定。合同期限为 6 个供暖季，自 2017 年 9 月 25 日至 2023 年 3 月 15 日，2017 年 9 月 25 日至 2017 年 11 月 4 日为建设期，节能效益分享期为 2017 年 11 月 15 日至 2023 年 3 月 15 日；合同签订后，众诚恒祥公司对涉案项目电路进行了节能改造，未将节能改造项目全部改造完毕。

2018 年 8 月 14 日，骊山物业公司向众诚恒祥公司发送《工作联系函》告知其政府部门对燃气锅炉要求低氮燃烧改造，合同无法继续履行。

2019 年 9 月 20 日，众诚恒祥公司向骊山物业公司发送律师函称：骊山物业公司应支付其第一个供暖季节能效益分享款 413288.71 元及滞纳金；骊山物业公司违法解除合同应赔偿预期节能效益分享款收益。

【各方观点】

众诚恒祥公司：骊山物业公司违法解除合同应赔偿预期节能效益分享款收益。

骊山物业公司：因政府下发的相关低氮改造文件致使合同因不可抗力原因不能履行，骊山物业公司已经单方面解除合同，不应承担违约责任。

一审法院：涉案小区燃气锅炉低氮改造工作的进行与涉案合同项目的履行并不存在必然冲突，燃气锅炉低氮改造工作并不导致涉案合同项目不能履行，政府下发燃气锅炉低氮燃烧改造的相关文件并不能构成涉案合同履行的不可抗力情节。

二审法院：《中华人民共和国合同法》第九十四条第一项、第二项规定，"有下列情形之一的，当事人可以解除合同：（一）因不可抗力致使不能实现合同目的……"本案中，骊山物业公司未提供证据证明，按照政府文件进行低氮改造将导致合同履行不能，因此政府下发的相关低氮改造文件不能成为涉案合同不能履行的不可抗力因素。

【案例评析】

本案是不可抗力的情形如何认定的纠纷。不可抗力的成立条件要求是不能预见、不能避免且不能克服的客观情况，而不可抗力解除合同要求合同目的不能实现，本案中当事人双方签订的合同为燃气、电节能改造并支付服务费用，法院认为，政府的燃气锅炉低氮改造文件不必然导致合同履行不能，骊山物业公司单方解除合同属于违约。因此，对于不可抗力事件的判断应当结合法定的三个要件，只有在不可抗力事件导致合同目的无法实现的情况下，才可以解除合同。

10.1.2　不可抗力发生后，委托人和受托人应收集证明不可抗力发生及不可抗力造成损失的证据，并及时统计所造成的损失。合同当事人对是否属于不可抗力或其损失发生争议时，按第 13 条［争议解决］的约定处理。

【条款目的】

本条款旨在明确不可抗力事件发生后当事人应及时记录搜集相应证据，如果双方对事件是否属于不可抗力有争议，则通过争议解决程序处理。

【条款释义】

首先，虽然不可抗力事件发生后一定范围内具有公开性，但不意味着建设项目参与各方都会及时了解相关信息，为了减少争议，在不可抗力事件发生后，合同当事人双方都应当及时搜集证据，包括"不可抗力发生""不可抗力造成损失"两方面证据，并及时计算汇总不可抗力所造成的损失金额。

其次，关于事件是否能够构成不可抗力事件以及不可抗力造成的损失，合同当事人双方可能会发生争议，比如建设工程领域常见的不利物质条件、异常恶劣气候条件等情形，往往外观上会与不可抗力有相近之处，当事人之间可能会就事件定性产生争议，尤其是损失与不可抗力因果关系，是实践中争议最多的，比如合同各方都确认发生了不可抗力，但对于一方当事人提出的损失，另一方可能会认为该损失本身就存在质量问题所致、另一方当事人的过错、另一方当事人未及时采取止损措施等，由此前述所提及的及时收集固定相应证据就非常重要，本条款规定双方当事人就此发生争议时，按照第 13 条［争议解决］约定的程序解决。

【使用指引】

首先，本条款指明的证据搜集方向有两个方面，一是收集证据证明事件本身是否属于不可抗力，二是收集证据证明事件所造成的损失。虽然本条款并未规定收集证据的时间，但基于自身合同利益保护，当事人应在不可抗力发生后具备收集固定证据时，尽早及时收集证据，以免证据灭失。

其次，关于证据，根据《民事诉讼法》规定，当事人对自己提出的诉讼请求所依据的事实或者反驳对方诉讼请求所依据的事实，应当提供证据加以证明，如果当事人未能提供证据或者证据不足以证明其事实主张的，由负有举证证明责任的当事人承担不利的后果。在 2017 年版 FIDIC 黄皮书的索赔条款中有关于同期记录（Contemporary Record）的规定，同期记录的形成时间在事件发生的同时或事件发生后的及时，同期记录是提出索赔一方证实其索赔的依据。搜集和固定证据的重要意义在于良好还原不可抗力事件发生后的实际情况，同时在后期关于损失补偿协商或诉讼阶段，可以作为证据支持自身的观点，在事件发生后第一时间准备的材料会更为有说服力。

最后，证据的形式具有多样性，在不可抗力事件发生后可以第一时间留存的证据包括：书证、物证、视听资料、电子数据等，其中书证无疑是适用最多最为重要的一种形式，书证具有以下特征：（1）书证以其文字、符号、图形等为内容证明案件的事实，而不是以其外形、质量来证明案件的事实；（2）书证往往能够直接证明案件的主要事实；（3）书证的真实性较强，不易伪造。在全过程咨询服务合同下可能包括：补充协议、服务日志、联系函件、邮件、会议纪要、有关部门或官方媒体发布的信息等形式。

【法条索引】

《民法典》第五百九十条　当事人一方因不可抗力不能履行合同的，根据不可抗力的影响，部分或者全部免除责任，但是法律另有规定的除外。因不可抗力不能履行合同的，应当及时通知对方，以减轻可能给对方造成的损失，并应当在合理期限内提供证明。

当事人迟延履行后发生不可抗力的，不免除其违约责任。

《民事诉讼法》第六十六条　证据包括：

（一）当事人的陈述；

（二）书证；

（三）物证；

（四）视听资料；

（五）电子数据；

（六）证人证言；

（七）鉴定意见；

（八）勘验笔录。

证据必须查证属实，才能作为认定事实的根据。

《关于适用〈中华人民共和国民事诉讼法〉的解释》第九十条 当事人对自己提出的诉讼请求所依据的事实或者反驳对方诉讼请求所依据的事实，应当提供证据加以证明，但法律另有规定的除外。

在作出判决前，当事人未能提供证据或者证据不足以证明其事实主张的，由负有举证证明责任的当事人承担不利的后果。

【案例分析】

【案例】廊坊师范学院和河北泰信达工程项目管理有限公司（以下简称泰达信公司）建设工程监理合同纠纷

二审：河北省廊坊市中级人民法院（2021）冀 10 民终 908 号

【案情摘要】

河北泰信达工程项目管理有限公司与廊坊师范学院签订《建设工程监理合同》监理期限为 365（日历天），就廊坊师范学院教学及生活设施改扩建项目提供工程监理服务。案涉工程 A35-A、A32♯楼于 2015 年 5 月 14 日开工，于 2017 年 6 月 23 日竣工；A27、A28♯楼于 2015 年 6 月 12 日开工，于 2016 年 12 月 20 日竣工；A3、A4♯楼于 2015 年 5 月 19 日开工，于 2017 年 9 月 29 日竣工。上述工程验收结果均为合格。泰达信公司在涉案工程的部分《河北省建设工程竣工验收报告》上加盖印章。同时，双方均认可涉案工程未完成备案工作。

其间，2015 年 5 月 14 日至 2017 年 9 月 29 日期间，廊坊市人民政府官网曾多次发布关于环境污染的通告、预警，分别为Ⅰ、Ⅱ、Ⅳ级应急响应，不同应急响应对应有不同程度的施工限制措施，共计约 250 天。

【各方观点】

河北泰信达工程项目管理有限公司：一审法院认定"本案所涉及的因大气污染政府发布的关于环境污染的通告、预警应属不可抗力"，属于适用法律错误。一审法院认为"本院对上述陈述的 250 天的案涉工程监理日志进行全面审查，证实在此期间有 81 天系因放假等原因没有监理日志，故本院依法认定该 81 天不应计算监理费用。"属于认定事实错误，本案实际延期天数应为 503 天，二审判决扣减了 81 天没有事实及法律依据。

廊坊师范学院：法院认定"因大气污染政府发布的关于环境污染的通告、预警应属于不可抗力"，认定事实清楚，适用法律正确。认定被答辩人 81 天没有监理日志，必然不应当计算监理费用。

一审法院：因本案涉案工程存在延期，原被告双方对延期的 503 天监理费的计算及支付存在争议。被告廊坊师范学院主张，在延期的 503 天当中，其中 250 天存在因大气污染及政府特殊活动发布关于污染环境的通告期间。该部分事实争议焦点在于因大气污染政府发布的关于环境污染的通告、预警是否构成法律规定的不可抗力。所谓不可抗力，是指合同订立时不能预见、不能避免并不能克服的客观情况，包括自然灾害、政府行为、社会异常事件。本案所涉及的因大气污染政府发布的关于环境污染的通告、预警应属不可抗力。本院对上述陈述的 250 天的案涉工程监理日志进行全面审查，证实在此期间有 81 天系因放假等原因没有监理日志，故本院依法认定该 81 天不应计算监理费用。综上，在工程延期的 503 天当中，共计有 81 天不应计算监理费用。

二审法院：因本案涉案工程存在延期，双方对延期的 503 天监理费的计算及支付存在争议，故一审法院详查涉案工程监理日志等证据后，认为因放假等原因没有监理日志的 81 天不应计算监理费用，公平合理，本院予以认可。

【案例评析】

本案是监理合同在延期期间的监理费是否支付的纠纷问题。本案中，经法庭调查后确认，监理合同实际履行的期限较原合同约定的服务期限延长 503 天，并认定其中的 250 天是因为大气污染及政府特殊活动发布关于污染环境的通告期属于不可抗力。但其中因为有 81 天没有监理日志，法院认为不应当计算监理费用。本案的启示在于民事诉讼中遵循谁主张谁举证的原则，监理单位有 81 天没有提供监理日志，无法证明其真实提供了监理服务，因此监理单位主张这期间的监理费无法获得法院的支持，由此说明不可抗力发生后固定证据的重要性，尤其是同期日记是事后发生争议时，司法审判或仲裁机关非常重视的证据类型。

10.2　不可抗力的通知

10.2.1　任何一方遇到不可抗力事件，使其履行合同义务受到阻碍时，应及时通知合同另一方，书面说明不可抗力和受阻碍的详细情况，并在合理期限内提供必要的证明。

【条款目的】

本条款旨在不可抗力事件发生后，任何一方履行合同受到阻碍均应当通知对方并提供证明。

【条款释义】

本条款规定了不可抗力事件发生后受影响的一方向另一方及时通知的义务，可以与本合同第10.3.2项［避免损失的扩大］联系理解。不可抗力将会导致合同部分或全部履行受阻，因此事件发生的第一时间合同当事人双方均应迅速做出响应，方才能够有效控制损失，如本合同第10.1款所述虽然不可抗力事件发生后一定范围内具有公开性，但不意味着建设项目参与各方都会及时了解相关信息，所以本条款明确因不可抗力致使合同履行受阻一方，应及时通知合同另一方，该通知应采取书面形式，同时说明不可抗力发生和履约受阻的详细情况，并在本合同第10.1款收集证据基础上按合同约定期限或合理期限提供相应必要证明。

本条款所规定的不可抗力的通知应当与索赔通知区别理解。在施工合同中广泛熟知的索赔通知系当事人在知道或者应当知道其有损失发生（可能是费用损失或工期的延长）向合同另一方发出的主张调整合同价款或者顺延工期的通知。从《建设项目工程总承包合同（示范文本）（GF—2020—0216）》第19.1款中规定："根据合同约定，任意一方认为有权得到追加/减少付款、延长缺陷责任期和（或）延长工期的应按以下程序向对方提出索赔"可知，索赔通知的发出以一方认为损失为前提，而不可抗力通知以不可抗力事件阻碍合同履行为条件，并不必然意味着有索赔事件的发生，是不同的程序约定。

【使用指引】

首先，本条款中约定不可抗力通知的发出应当是在履行合同义务受到阻碍后及时通知，但并没有明确具体时间。参考2017年版FIDIC黄皮书关于例外事件的通知时间是一方意识到或者应当意识到后的14天，如果受影响一方没有在14天的期间内发出通知，则其因不可抗力事件而免责的起始时间从另一方实际收到通知的时间开始起算。本合同认可的通知期限，可在专用合同条款中进行特别约定。

其次，没有发出不可抗力通知不能直接否认受损失方向另一方申请补偿的权利。在工程总承包合同下的索赔通知中的常见情形为索赔逾期失权，如《建设项目工程总承包合同（示范文本）（GF—2020—0216）》第19.1款第一项所规定的："索赔方应在知道或应当知道索赔事件发生后28天内，向对方递交索赔意向通知书，并说明发生索赔事件的事由；索赔方未在前述28天内发出索赔意向通知书的，丧失要求追加/减少付款、延长缺陷责任期和（或）延长工期的权利"。在适用本合同中，没有单独的索赔条款，且不可抗力程序和索赔程序是不同的约定，没有及时发出不可抗力通知并不意味着丧失向另一方主张损失赔偿的权利。结合本合同第 10.3.1 项"不可抗力引起的后果及造成的损失由合同当事人按照法律法规规定及合同约定各自承担"。可知不可抗力，损失的分配应当根据合同约定和法律规定的规则承担。但需要注意的是，没有按照合同约定及时发出不可抗力通知属于履约不当，如果因为通知的延迟而导致的损失发生或者扩大，根据本合同第 10.3.2 项的规定应当对扩大的损失承担责任。

【法条索引】

《民法典》第五百九十条　当事人一方因不可抗力不能履行合同的，根据不可抗力的影响，部分或者全部免除责任，但是法律另有规定的除外。因不可抗力不能履行合同的，应当及时通知对方，以减轻可能给对方造成的损失，并应当在合理期限内提供证明。

当事人迟延履行后发生不可抗力的，不免除其违约责任。

【案例分析】

【案例 1】河南省许平南高速公路有限责任公司（以下简称许平南高速公路公司）与河南省育兴建设工程管理有限公司（以下简称育兴公司）建设工程监理合同纠纷

二审：河南省郑州市中级人民法院（2014）郑民四终字第 772 号

【案情摘要】

2007 年 11 月 1 日，育兴公司、许平南高速公路公司签订《工程建设委托监理合同》一份，合同开工日期为 2007 年 11 月 17 日，合同竣工日期为 2008 年 5 月 17 日，合同工作天数为 210 天。育兴公司提供监理实际提供服务共计 399 天，延误的主要原因为因不可抗因素（雨雪天气、停水、停电、外界因素）干扰等，扣除合同约定的施工天数 210 天，育兴公司因施工工期延长超期提供监理服务的天数为 189 天。

【各方观点】

一审法院：虽然该《竣工报告》中载明实际开工日期为 2007 年 11 月 17 日、实际竣工日期为 2008 年 12 月 20 日、实际工作天数为 208 天，延误工期的主要原因系不可抗力因素，但根据合同约定，因不可抗力造成工程停工，如业主（许平南高速公路公司）书面通知监理单位暂停现场监理服务，暂停期间不支付任何费用；因许平南高速公路公司并未提供书面通知育兴公司暂停监理的相关证据，故其应当承担工程暂停期间的监理费用。根据合同中关于延长施工工期监理费调增约定的计算方法，平均每天的监理费应计算为 814 元（9500000 元×1.8％÷210＝814 元），因延长施工工期而增加的监理费用应计算为 153846 元（814 元/天×189 天），许平南高速公路公司应当按合同约定支付育兴公司因延长施工工期而增加的该监理费用。

许平南高速公路公司：原审判决一方面认为工期延误的原因是不可抗力因素，育兴公司实际工作天数是 208 天，另一方面又以我公司未提供书面通知为由判决我公司承担责任是错误的。

二审法院：关于许平南高速公路公司应否向育兴公司支付超期服务监理费的问题。根据《竣工报告》的记载，监理工程的施工期间自 2007 年 11 月 17 日至 2008 年 12 月 20 日共计 399 天，比《工程建设委托监理合同》约定的施工天数 210 天多出 189 天。根据《工程建设委托监理合同》约定，因不可抗力造成工程停工，如许平南高速公路公司书面通知育兴公司暂停现场监理服务，暂停期间不支付任何费用。许平南高速公路公司未提供书面通知育兴公司暂停监理的相关证据，其应当承担多出期限的超期服务监理费。

【案例评析】

本案是合同约定在发生不可抗力事件后一方应当通知另外一方，但实际并未通知的情况下，未通知一方应否承担责任的问题。本案中法院认为委托人没有在不可抗力事件发生后通知受托人，进而支持了受托人在延期期间的 189 天按照合同约定的公式计算的附加工作报酬。本案合同履行期间发生了雨雪天气、停水、停电、外界因素干扰等，法院认为上述情况属于不可抗力的情况下，认为委托人应当通知受托人暂停监理但并未通知，因此应当承担多出期限的服务监理费。

在不可抗力情形下，在进行裁量时一方面考虑委托人是否按照合同约定发送通知，另一方面也要考虑受托人是否采取了措施避免了损失的扩大。即使委托人没有通知，不可抗力事件的后果也将导致合同履行不能，受托人亦有责任防止损失扩大。在本案中，法院确定了不可抗力造成停工时间为 189 天，以延长施工工期监理费调增约定的计算方法确定因不可抗力造成的损失补偿而没有在此基础上做适当调减，将不可抗力造成的损失与工期延期监理费取费二者画等号，没有审查并考虑受托人在不可抗力事件中所应当采取的防止损失扩大的措施，值得商榷。

【案例 2】黑龙江省龙腾建设监理有限公司（以下简称龙腾公司）与同江现代农业公司（以下简称现代公司）建设工程监理合同纠纷

二审：黑龙江省佳木斯市中级人民法院（2019）黑 08 民终 1490 号

【案情摘要】

2012年3月，龙腾监理公司与现代公司签订《建设工程委托监理合同》，双方于2012年3月26日分别签订了黑龙江省三江平原东部地区土地整理重大工程同江市临江镇（三区）、（四区）土地整理项目建设工程委托监理合同各一份，合同履行期间，2013年7月以后因洪水冲击，该工程被迫停工。龙腾公司未就增加附加工作量通知现代公司，双方也未对是否增加附加工作和增加多少附加工作达成一致意见。双方当事人均未就解除合同通知对方，双方对监理费用未进行最后结算。

【各方观点】

龙腾公司：实际履行中，由于非龙腾公司的原因，工期一拖再拖，工程未能在2013年12月30日如期完成。由此造成监理人在合同正常监理工作时间之外增加了"附加监理工作"。应当支付附加工作报酬417366.21元。

现代公司：工程因不可抗力造成停工，双方应当及时解除合同或协商增加附加工作，龙腾公司作为监理方应当按照合同约定履行通知义务，但龙腾公司未尽该项职责。双方未就附加工作达成一致，且北方土地整理项目有季节性约束，冬季不能施工，龙腾公司所提供的证据不足以证明存在附加工作时间，故不应支付附加工作报酬。

一审法院：本案中工程因不可抗力造成停工，双方应当及时解除合同或协商增加附加工作，龙腾公司作为监理方应当按照合同规定"在委托监理合同签订后，实际情况发生变化，使得监理人不能全部或部分执行监理业务时，监理人应当立即通知委托人"。但龙腾公司未尽该项责任，双方均未履行解除合同通知义务，亦未就附加工作达成一致，龙腾公司所提供的证据不足以证明存在附加工作时间，且北方土地整理项目有季节性约束，冬季不能施工，所以龙腾公司主张的附加工作报酬理由不能成立。

二审法院：在合同约定的2012年3月27日至2013年12月30日履行期限内，2013年7月因洪水冲击，监理工程被迫停工，双方监理合同中止履行。中止履行期间，双方当事人均未按合同约定履行通知对方，亦未协商合同延期、恢复履行等事宜，合同期限届满后，双方未重新续约，合同关系自然终止。被上诉人与其他监理单位另行建立后续建设工程监理合同关系。因双方监理合同在中止履行后未再实际履行，双方对已履行部分亦未进行结算，涉案监理合同在因故中止后，双方当事人未就附加工作、增加工作量等事宜进行协商约定，龙腾公司要求现代农业公司支付"监理附加工作费"417366.21元，无证据证明该笔费用实际发生，请求不予支持。

【案例评析】

本案是突发洪水工程停工，在不可抗力期间是否应当支付监理附加工作费的问题。在涉案监理合同履行期间发生洪水工程停工，法院认定为不可抗力事件，但是监理单位没有及时向业主发出通知，也没有向法庭提供不可抗力事件期间其所受损失的证据，法院认为没有证据证明损失实际发生，因此驳回了监理单位的诉讼请求。

10.2.2 不可抗力持续发生的，合同一方应及时向合同另一方提交书面中间报告，说明不可抗力和履行合同受阻的情况，并于不可抗力事件结束后28天内提交最终书面报告及有关资料。

【条款目的】

本条款旨在规定不可抗力事件持续发生的，当事人应当提交过程中的中期报告以及在事件结束后的最终报告。

【条款释义】

不可抗力事件发生有时会带有明显持续性，比如新冠疫情，此情况下在不可抗力事件发生时，合同一方当事人应按本合同第10.2.1项约定发出不可抗力通知，后续不可抗力事件持续时间也应当及时更新和报告情况，过程中的更新情况通常以中期报告的形式呈现，更新的内容需要包括不可抗力和履行合同受阻的持续情况。在不可抗力事件结束后，事件的影响趋于终结，合同履行的阻碍因素也已消除，不可抗力影响情形基本确定，在此情况下则应提交最终书面报告。

【使用指引】

首先，本条款是关于不可抗力事件持续期间的中期报告和最终报告的规定，只有在不可抗力事件有持续时方才适用。具体事件多久算"持续"，本条款中没有具体期限的规定，但结合《建设工程施工合同》以及《建设项目工程总承包合同（示范文本）（GF—2020—0216）》中关于持续影响的索赔事件的规定，中间报告的提交周期通常为每月，因此参考工程行业的惯例，持续的期间至少也应当超出一个月，具体提交周期可结合实际情况做特别约定。

其次，本条款中规定过程中提交中间报告，事件结束后提交最终报告，主要目的包括：（1）让合同一方及时了解不可抗力事件的发展情况以及对项目的影响；（2）及时报告损失的情况以便为后续的损失赔偿做好准备工作。结合本合同第 10.1.2 项的规定，不可抗力事件发生后及时搜集损失的证据，并作为中间报告以及最终报告的重要组成内容和计算损失的重要依据一并向合同另外一方提交。参考 2017 年版 FIDIC 黄皮书的索赔程序，要求索赔一方提交详细索赔报告的内容包括：（1）关于索赔事件的详细描述；（2）索赔的合同依据或法律依据；（3）索赔一方准备的同期记录；（4）索赔费用金额和工期顺延天数和相应的详细支撑依据。上述四方面内容可作为参考。

【法条索引】

《建设项目工程总承包合同（示范文本）》（GF—2020—0216）第 17.2 款不可抗力的通知合同一方当事人觉察或发现不可抗力事件发生，使其履行合同义务受到阻碍时，有义务立即通知合同另一方当事人和工程师，书面说明不可抗力和受阻碍的详细情况，并提供必要的证明。不可抗力持续发生的，合同一方当事人应每隔 28 天向合同另一方当事人和工程师提交中间报告，说明不可抗力和履行合同受阻的情况，并于不可抗力事件结束后 28 天内提交最终报告及有关资料。

10.3　不可抗力的后果

10.3.1　不可抗力引起的后果及造成的损失由合同当事人按照法律法规规定及合同约定各自承担。

【条款目的】

本条款旨在说明不可抗力的后果和造成损失的责任承担原则。

【条款释义】

不可抗力引起的后果及造成的损失按照法律规定与合同约定承担。

首先，合同约定的内容在本合同专用合同条款的相关内容以及通用合同条款第 10.3.2 项～第 10.3.4 项等，双方对不可抗力后果及造成损失承担的约定，不涉及违反法律、行政法规强制性规定而无效的，应以双方当事人约定为准。

其次，法律规定包括《民法典》第一百八十条、第五百九十条等。

【使用指引】

首先，不可抗力是法定的免责事由，除专用合同条款另有约定外，不可抗力事件导致的损失由各方自行承担，如不可抗力期间咨询单位资源闲置造成的损失由其自行承担。

其次，不可抗力期间受托人依据委托人指示开展的工作，委托人应当承担相应的费用。在《建设工程施工合同》第 17.3.2 项中规定，不可抗力期间承包人根据发包人的要求对工程进行照管照顾而发生的费用应当由发包人承担。在本合同中，不可抗力事件期间的主要工作无法履行，如工程设计、造价咨询、监理等工作也可能面临暂停，与此同时受托人按照委托人的指示在现场提供的配合性服务，可由合同双方根据合同中关于取费形式的约定协商确定。受托人受委托人指示额外提供的服务而发生的费用应当由委托人承担。

【法条索引】

《民法典》第一百八十条 因不可抗力不能履行民事义务的，不承担民事责任。法律另有规定的，依照其规定。

不可抗力是不能预见、不能避免且不能克服的客观情况。

《民法典》第五百九十条 当事人一方因不可抗力不能履行合同的，根据不可抗力的影响，部分或者全部免除责任，但是法律另有规定的除外。因不可抗力不能履行合同的，应当及时通知对方，以减轻可能给对方造成的损失，并应当在合理期限内提供证明。当事人迟延履行后发生不可抗力的，不免除其违约责任。

《建设工程施工合同》第 17.3.2 项 不可抗力导致的人员伤亡、财产损失、费用增加和（或）工期延误等后果，由合同当事人按以下原则承担：

（1）永久工程、已运至施工现场的材料和工程设备的损坏，以及因工程损坏造成的第三人人员伤亡和财产损失由发包人承担；

（2）承包人施工设备的损坏由承包人承担；

（3）发包人和承包人承担各自人员伤亡和财产的损失；

（4）因不可抗力影响承包人履行合同约定的义务，已经引起或将引起工期延误的，应当顺延工期，由此导致承包人停工的费用损失由发包人和承包人合理分担，停工期间必须支付的工人工资由发包人承担；

（5）因不可抗力引起或将引起工期延误，发包人要求赶工的，由此增加的赶工费用由发包人承担；

（6）承包人在停工期间按照发包人要求照管、清理和修复工程的费用由发包人承担。

【案例分析】

【案例】甫蕴建筑工程（上海）有限公司（以下简称甫蕴公司）和大成温

调机电工程（上海）有限公司（以下简称大成公司）建设工程分包合同纠纷

二审：浙江省嘉兴市中级人民法院（2022）浙 04 民终 826 号

【案情摘要】

甫蕴公司（分包人）与大成公司（承包人）签订多份《工程分包合同书》，分包了某工业用颜料分散液建设项目工程的部分工作。2019 年 5 月 23 日，甫蕴公司进场施工，2020 年 7 月 31 日，涉案工程竣工验收合格。2020 年春节发生新冠疫情，甫蕴公司主张因新冠疫情造成的损失由大成公司支付。

【各方观点】

大成公司（二审上诉人）：甫蕴公司未提供有效的证据证明施工现场人员的数量及防疫物资数量，无法证明其实际发生了疫情防控措施费用。即使被上诉人额外支出了部分防疫费用，分包合同已经被认定为无效合同，与上述停工损失理由相同，甫蕴公司无权主张。

甫蕴公司（二审被上诉人）：根据浙江省《关于印发新冠肺炎疫情防控期间有关建设工程计价指导意见的通知》及相关规定，对于新冠疫情损失部分，双方应当合理分担。

一审法院：大成公司与甫蕴公司之间系违法分包，分包合同无效。浙江省《关于印发新冠肺炎疫情防控期间有关建设工程计价指导意见的通知》第 3 条规定："受疫情影响造成承包方停工损失，应根据合同约定执行；如合同没有约定或约定不明确的，双方应基于合同计价模式、风险程度范围、损失大小、采取的应急措施等因素，合理分担损失并签订补充协议。停工期间工程现场管理的费用由发包方承担；停工期间必要的大型施工机械停滞台班、周转材料等费用由发承包双方协商合理分担"。结合该规定，就甫蕴公司主张的新冠疫情给甫蕴公司造成的停工损失，一审法院评析认为因新冠疫情造成的停工时间问题，钢管、扣件、套管、顶托、钢跳板等建筑周转材料租赁费损失，塔式起重机租赁费损失，土方挖机费用和钢板租赁费损失等，甫蕴公司上述因新冠疫情造成的停工损失总额为 102777 元。因新冠疫情为不可抗力，故甫蕴公司、大成公司对该部分停工损失均无过错。但考虑到甫蕴公司确实因为新冠疫情造成了建筑成本的增加，根据公平原则，酌定大成公司补偿甫蕴公司停工损失 50000 元。此外，关于疫情防控措施费，浙江省《关于印发新冠肺炎疫情防控期间有关建设工程计价指导意见的通知》第 2 条规定："因疫情防控期间复（开）工增加的防疫管理（宣传教育、体温检测、现场消毒、疫情排查和统计上报等）、防疫物资（口罩、护目镜、手套、体温检测器、消毒设备及材料等）等费用，经签证可在工程造价中单列疫情防控专项经费，并按照每人每天 40

元的标准计取。该费用只计取增值税。发承包双方应做好施工现场人员名单的登记和工作"。涉案工程确实存在新冠疫情防控期间施工的情形，且根据甫蕴公司提供的工事日报的附图，甫蕴公司也确实采取了相应的防护措施，故甫蕴公司要求将新冠疫情防控措施费计入工程造价具有事实依据，予以支持。但由于就该项费用双方并未有相关工程签证，甫蕴公司又未提供有效的证据能够证明施工现场人员的数量，故就该项费用难以精确量化。参照涉案工地建设规模、工事日报附图中涉及的施工人数、防疫物资的市场价，酌定新冠疫情防控措施费为 70000 元。

二审法院：有关新冠疫情造成的停工损失及新冠疫情防控措施费，新冠疫情客观上造成了工程停工损失并产生了额外的防控措施费。一审根据甫蕴公司提供的相关证据，酌情确定大成公司补偿甫蕴公司停工损失 50000 元并支付新冠疫情防控措施费 70000 元，符合合同无效情形下有关损失承担的法律规定和政府有关新冠疫情防控期间建设工程计价指导意见的规定，且金额合理，本院予以确认。

【案例评析】

本案是合同无效情形下，因不可抗力造成的损失如何分担的问题。本案中，法院依据浙江省《关于印发新冠肺炎疫情防控期间有关建设工程计价指导意见的通知》确定了补偿分包商的新冠疫情停工损失与新冠疫情防控措施费。法院认定 2020 年春节期间暴发的新冠疫情属于不可抗力事件，由此而造成的损失分担由双方合理分担，这种处理方式符合地方规范性文件中的精神，同时也契合以《建设工程施工合同》为代表的行业惯例。但需要指出的是，如果合同中有关于不可抗力事件是否补偿费用和顺延工期的约定，应遵从约定。此外，有必要留意到国内合同示范文本与国际工程的不同，以 FIDIC 合同为例，FIDIC 合同体系中并非全部的不可抗力事件均补偿费用，如 2017 年版 FIDIC 黄皮书中，自然事件如地震、海啸、火山爆发、台风等事件，根据合同第 18.4 款的约定承包商就无法获得费用的补偿。

10.3.2 不可抗力发生后，合同当事人均应采取措施尽量避免和减少损失的扩大，任何一方没有采取适当措施导致损失扩大的，应对扩大的损失承担责任。

【条款目的】

本条款旨在约束当事人应在不可抗力事件发生后采取措施防止损失扩大。

【条款释义】

首先，基于诚信和相互协作原则，在不可抗力事件发生后，合同当事人双方均应当采取措施防止损失扩大，而非仅是一方的责任。

其次，任何一方因没有采取适当措施导致损失扩大的，应对扩大的部分承担责任，不能要求相对方予以补偿或分摊。

【使用指引】

不可抗力事件发生后，委托人和受托人不能完全消极等待，应在可行情况下采取积极措施避免损失的扩大，采取的适当措施包括：委托人对受托人的现场工作作出及时安排，在工程因不可抗力停工期间受托人应对投入资源作相应调整。受托人在不可抗力期间依据自己的专业知识对工程项目提出合理性建议，包括现场工作面保护、承包商的签证索赔的复核等，同时结合现场情况对部分非必须人员撤场。受托人完成的工作应及时做好日志，报送委托人，所投入的专业资源也应当合理。

【法条索引】

《民法典》第五百九十条　当事人一方因不可抗力不能履行合同的，根据不可抗力的影响，部分或者全部免除责任，但是法律另有规定的除外。因不可抗力不能履行合同的，应当及时通知对方，以减轻可能给对方造成的损失，并应当在合理期限内提供证明。当事人迟延履行后发生不可抗力的，不免除其违约责任。

《民法典》第五百九十一条　当事人一方违约后，对方应当采取适当措施防止损失的扩大；没有采取适当措施致使损失扩大的，不得就扩大的损失请求赔偿。

当事人因防止损失扩大而支出的合理费用，由违约方负担。

10.3.3　不可抗力发生前已完成的咨询服务应当按照合同约定进行服务费用支付。

【条款目的】

本条款旨在规定对不可抗力发生前已完咨询服务工作的费用支付问题。

【条款释义】

合同履行过程中发生不可抗力事件，在受托人已经完成部分工作的情况下，已完工作的费用应当按照合同约定进行支付，委托人不应以不可抗力为由暂停或拖延支付。从国际惯例而言，当发生不可抗力时受影响的当事人可以主张免除因不可抗力导致合同不能履行的违约责任，但通常不可抗力并不免除合同主体的支付责任。

【使用指引】

全过程咨询服务合同的具体支付方式应当在合同中约定，取费模式可能有：依据工程造价乘以费率、按照服务的时间长度收取服务费用、总价合同等形式。在不可抗力发生后已完工作需要首先确定已完工作的工作量，然后按照合同约定确定价款。在以工程造价乘以费率和按照服务时间长度据实收费的情况下，已完工作合同价款的计算方式相对清晰，但在总价合同下已完工作的价款结算则相对复杂。

全过程工程咨询合同与建设工程施工合同往往关系密切，在施工合同中总价合同中途结算的方法，采用较多的方式为"按比例折算"，即确定已完工工程占全部工程的比例，以该比例乘以固定总价折算。在计算具体比例时也有多种方法，包括：按照同一取费标准下已完工程价款占总工程价款的比例、按照已完工程量占总工程量的比例、按照已经完成的工期占总工期的比例。固定总价的全过程工程咨询合同可以参考施工合同的经验，采取按比例折算的方式确定价款，而具体"比例"的计算方式可由合同双方根据实际情况协商确定。

【法条索引】

《建设工程造价鉴定规范》（GB/T 51262—2017）第5.10.7条总价合同解除后的争议，按以下规定进行鉴定，供委托人判断使用：1. 合同中有约定的，按合同约定进行鉴定；2. 委托人认为承包人违约导致合同解除的，鉴定人可参照工程所在地同期适用的计价依据计算出未完工程价款，再用合同约定的总价款减去未完工程价款计算；3. 委托人认为发包人违约导致合同解除的，承包人请求按照工程所在地同期适用的计价依据计算已完工程价款，鉴定人可采用这一方式鉴定，供委托人判断使用。

【案例分析】

【案例】河南森源重工有限公司（以下简称森源重工公司）和天津易鼎丰动力科技有限公司（以下简称易鼎丰公司）技术服务合同纠纷

二审：河南省高级人民法院（2021）豫知民终487号

【案情摘要】

易鼎丰公司与森源重工公司于2017年2月27日签订《新建纯电动乘用车

准入技术服务合同》，约定易鼎丰公司为森源重工公司提供技术咨询和技术服务，促使森源重工公司纯电动乘用车在国家发展和改革委员会（以下简称国家发改委）的立项核准尽快通过审批。合同约定技术服务费总额为人民币 600 万元（由 200 万元基础咨询费和 400 万元奖励费用构成）。

2017 年 6 月，国家发改委、工业和信息化部联合开展新能源汽车企业清理规范专项行动，暂停了新建纯电动乘用车核准审批。2018 年 12 月 10 日国家发改委发布《汽车产业投资管理规定》，该规定实施后，国家发改委不再受理新建独立纯电动汽车企业投资项目，而改由省级发展改革部门负责核准批复。2019 年 1 月 9 日，河南省发展和改革委员会作出《河南省发展和改革委员会关于河南森源电动汽车有限公司年产 5 万辆纯电动乘用车建设项目核准的批复》（豫发改工业〔2019〕14 号），同意森源重工公司建设年产 5 万辆纯电动乘用车项目。

合同签订后，森源重工公司共向易鼎丰公司支付技术服务费 80 万元，后期服务费未再支付，引起本案诉讼。

【各方观点】

一审法院：发生本案争议的根本原因在于由于国家政策的改变，原应由国家发改委负责审批的涉案电动车生产项目改由省级发改委负责审批，审批的流程发生了变化，相应的一些需要实际履行的合同项目也发生了变化，森源重工公司认为易鼎丰公司未完成合同约定的全部服务内容，所以要求不再继续支付服务费。涉案技术服务合同有着非常清晰的目的即促使森源重工公司纯电动乘用车在国家发改委的立项核准尽快通过审批，之后易鼎丰公司向森源重工公司提供了相应的技术资料及人员指导。而涉案合同的目的已经达到，森源重工公司应当积极履行合同义务。虽然之后因为国家政策的变更，审批单位由国家发改委改由省级发改委，但易鼎丰公司并无过错，也依约履行了合同义务，森源重工公司在履约过程中也未提出易鼎丰公司存在未履约之处，所以森源重工公司应当支付服务费。

二审法院：易鼎丰公司未履行的技术专家现场项目预审等合同义务的原因在于国家政策调整，属于不可抗力，一审法院考虑到工作量减少的因素，已酌定核减了基础咨询费。根据涉案技术服务合同的约定，奖励费用是森源重工公司为使涉案项目通过国家发改委的新建纯电动乘用车生产立项核准而支付给易鼎丰公司的具有激励性作用的酬金，虽然审批部门由国家发改委变更为省级发改委，但通过立项核准的合同目标已经实现，奖励费用支付的条件已达成，森源重工公司应当依约支付奖励费用。

【案例评析】

本案是咨询服务合同履行过程中，因政策发生调整，合同约定的服务价款应该如何结算的问题。本案中，根据原来的政策，核准机关应是国家发改委，服务提供过程中变更为省级发改委，法院认定这属于双方当事人均不能预见的国家政策调整，属于不可抗力。在易鼎丰公司已经提供技术人员资料及人员指导，且项目最终通过了省级发改委的核准后，合同目的已经达到。在不可抗力情况下，合同当事人双方均无过错，根据咨询服务人已经完成的咨询成果进行结算，委托人需要支付合同约定的服务价款。在项目最终获得省级发改委核准后，合同目的已经成就，对应的 400 万元监理费用应当全额支付，但考虑合同的工作内容确实发生了变化，法院对 200 万元的基础咨询费部分进行了调减，减少为 150 万元。

10.3.4　因一方迟延履行合同义务，在迟延履行期间遭遇不可抗力的，不免除该方的违约责任。

【条款目的】

本条款旨在规定因一方责任导致延期期间发生不可抗力事件的该方不得以不可抗力为由主张免责。

【条款释义】

当一方原因导致合同的咨询服务发生延迟的，构成该方当事人的违约，在咨询服务延误期间如发生了不可抗力事件，根据"违约不获利"的基本原则，则延迟履行负有责任的一方，不得引用不可抗力条款和规则主张免责，仍应当承担合同约定的义务和责任。

【使用指引】

首先，关于延期的责任主体。延误有可能是委托人或受托人一方的责任，也可能是双方共同的责任。如果延误是明确的单方责任，则也可明确地由延误方承担违约责任。而如果双方均有延误（通常称为同期延误）则需要对延误的责任做具体分析，违约后果亦由双方分摊确定。在 2017 年版 FIDIC 黄皮书第 8.5 款中规定，如果在一个延误事件中业主和承包人均有责任，则根据专用合同条款中的规定确定承包人的工期顺延，如果在专用合同条款中没有相关规定，则根据事件的具体情况确定。在司法实践中，共同延误导致的工期索赔可从事件发生的原因、关键线路、风险责任分担等角度分析。英国工程法学会

《延误与干扰准则》第 14.4 款的规定，分析共同延误需要准备的材料包括：进度计划（能够体现关键路径）、竣工关键路径（能够体现工艺顺序）、非原范围内的工作、非原范围工作持续的时间和归属于承包商风险的成本、归属于两个紧前工作的成本。

其次，关于应当承担的违约责任的范围，本条款中指代的内容包括两部分，第一是延误期间的责任，第二是延误期间不可抗力所扩大的影响。《民法典》第五百九十条第二款规定：当事人迟延履行后发生不可抗力的，不免除其违约责任。合同当事人一方迟延履行，在迟延履行后发生不可抗力事件可能导致合同相对方所遭受的损害扩大，那么违约方需要承担全部责任。

【法条索引】

《民法典》第五百九十条 当事人一方因不可抗力不能履行合同的，根据不可抗力的影响，部分或者全部免除责任，但是法律另有规定的除外。因不可抗力不能履行合同的，应当及时通知对方，以减轻可能给对方造成的损失，并应当在合理期限内提供证明。

当事人迟延履行后发生不可抗力的，不免除其违约责任。

《民法典》第五百九十二条 当事人都违反合同的，应当各自承担相应的责任。

当事人一方违约造成对方损失，对方对损失的发生有过错的，可以减少相应的损失赔偿额。

《建设工程施工合同》第 17.3.2 项第 (2)、(3) 目

不可抗力发生后，合同当事人均应采取措施尽量避免和减少损失的扩大，任何一方当事人没有采取有效措施导致损失扩大的，应对扩大的损失承担责任。

因合同一方迟延履行合同义务，在迟延履行期间遭遇不可抗力的，不免除其违约责任。

【案例分析】

【案例】青岛海泉置业有限公司（以下简称海泉置业）和兰恭博商品房预售合同纠纷

二审：山东省青岛市中级人民法院（2022）鲁 02 民终 10076 号

【案情摘要】

2017 年 12 月 18 日（网签时间），兰恭博（乙方）与青岛海泉置业有限公司（甲方）签订《青岛市商品房预售合同》，约定交付时间为 2019 年 12 月 15

日前。补充协议第九条关于交付时间补充约定，如果遇到下列情况，甲方有权据实予以延期，且不构成违约：（1）因施工天气及相关手续办理等不确定情况，双方约定 90 日作为免责违约期，即乙方不追究甲方违约责任，超出此免责期的，双方按照预售合同第十二条处理。（2）遭遇不可抗力、其他自然灾害或意外事件，且甲方自发生之日起 30 日内告知乙方的或者相关情况已经在社会公开知晓的。（3）因政府职能部门原因、城市公建设施（包括但不限于管道线路、道路、绿地、学校、医院、派出所等）建设不及时及其他非甲方原因造成工程延误或交付迟延的。（4）本合同签订后，因遵守国家及地方政府颁布的可能导致甲方延期交房的各种法律法规、规定、行政命令、决定或通知等而导致延期交房的……实际上海泉置业在 2021 年 10 月 12 日仍然不能按期交房。

【各方观点】

一审法院：新冠疫情发生于青岛海泉置业有限公司迟延履行合同期间，对于青岛海泉置业有限公司主张不可抗力免责的抗辩意见一审法院不予采纳。

二审法院：本案中，兰恭博与青岛海泉置业有限公司签订的《青岛市商品房预售合同》中约定的交房期限为 2019 年 12 月 15 日前，新冠疫情虽属于不可抗力，但新冠疫情系发生于 2020 年 1 月 20 日，显然在合同约定的交房期限之后。尽管上合峰会属于双方合同约定的可据实延期且不构成违约的情形，但青岛海泉置业有限公司并未举证证明其实际停工的天数，原审酌定交房期限可因上合峰会顺延 30 天并无不妥。即便如此，顺延后的交房期限为 2020 年 1 月 15 日，依然在新冠疫情发生之前。依据上述规定，青岛海泉置业有限公司主张新冠疫情期间应免除违约责任的主张不能成立。

【案例评析】

本案是开发商交房迟延期间发生不可抗力，开发商应否承担违约责任的判例。本案中，海泉置业在迟延履行期间发生新冠疫情，向法院主张免除新冠疫情期间的延误责任，但法院最终驳回了该项请求。不可抗力事件可以免除当事人的责任，但是法律另有规定的除外。《民法典》第五百九十条第二款的规定：当事人迟延履行后发生不可抗力的，不免除其违约责任。根据该条法律规定，不可抗力免责的适用需要考虑发生的时间。

第11条 违约责任

11.1 委托人违约

11.1.1 除专用合同条款另有约定外，在合同履行过程中发生的下列情形，属于委托人违约：

（1）委托人未能按合同约定提供有关资料或所提供的有关资料不符合合同约定或存在错误或疏漏的；

（2）委托人未能按合同约定提供咨询服务工作条件、设施场地、人员服务的；

（3）委托人擅自将受托人的成果文件用于本项目以外的项目或交由第三方使用的；

（4）委托人未按合同约定日期足额付款的；

（5）委托人未能按照合同约定履行其他义务的。

【条款目的】

本条款通过列举委托人违约的几种典型情形，旨在督促委托人严格履行合同义务。

【条款释义】

本条款列举的委托人违约的典型情形主要源于以下几类情形：

（1）委托人未能按约提供咨询服务合同相关资料的义务。本合同通用合同条款第2.1.3项规定，委托人按照专用合同条款的约定，向受托人提供相关资料的义务，同时还规定了委托人应对所提供资料和信息的真实性、准确性、合法性与完整性负责。

本条款第（1）目列举了委托人违背提供咨询服务相关资料义务的三种表现形式：①未按合同约定提供有关资料；②提供的有关资料的形式、程序或内容并不符合合同约定；③提供的有关资料存在错误或疏漏。

（2）委托人未能按约提供咨询服务合同相关工作条件、人员和设施的义务。本合同通用合同条款第2.1.3项规定，委托人具有按照专用合同条款的约定，向受托人提供咨询服务合同相关设备设施、人员配合以及其他工作条件的义务。委托人未能按照合同约定提供上述条件或提供条件不符合合同约定的，构成违约。

（3）委托人擅自将受托人的成果文件用于本项目以外的项目或交由第三方使用。

（4）委托人未按照合同约定按期足额支付服务费用。本合同通用合同条款第2.1.4项规定，委托人应按本合同约定向受托人及时支付服务费用。咨询服务合同的本质就是受托人按照合同约定提供咨询服务，委托人支付服务费用的合同，故支付服务费用是委托人最主要的合同义务，委托人未支付服务费用、逾期支付服务费用、未足额支付服务费用等行为都构成违约。

除以上列举情形外，双方当事人可结合项目特性和咨询服务合同实际情况，约定委托人应承担的其他违约责任情形。

【使用指引】

合同当事人在使用本条款时应注意以下事项：

本条款列举了委托人违约的几种典型情形，同时明确"除专用合同条款另有约定外"，一方面，上述情形并非对委托人违约行为的限定，委托人如果没有遵守合同约定的其他义务，也属于违反了本合同。如果合同双方对违约条款有其他特别的规定的，可以在专用合同条款第6.2.4项［客户拖欠违约金的方法］和专用合同条款第11.1.1项［委托人违约的其他情况］中另行约定。另一方面，委托人和受托人也可在充分协商基础上，对通用合同条款约定的具体违约情形进行调整或条件限制。

【法条索引】

《民法典》第七百七十条第一款　承揽合同是承揽人按照定作人的要求完成工作，交付工作成果，定作人支付报酬的合同。

《民法典》第七百七十五条第一款　定作人提供材料的，应当按照约定提供材料。承揽人对定作人提供的材料应当及时检验，发现不符合约定时，应当及时通知定作人更换、补齐或者采取其他补救措施。

《民法典》第八百八十一条　第一款技术咨询合同的委托人未按照约定提供必要的资料，影响工作进度和质量，不接受或者逾期接受工作成果的，支付的报酬不得追回，未支付的报酬应当支付。

《民法典》第八百八十二条　技术服务合同的委托人应当按照约定提供工作条件，完成配合事项，接受工作成果并支付报酬。

【案例分析】

【案例】天津泰达工程管理咨询有限公司（以下简称天津泰达公司）和大同普云大数据有限公司（以下简称普云大数据）服务合同纠纷

一审：山西省大同市云州区人民法院（2021）晋 0215 民初 531 号

【案情摘要】

天津泰达公司（原告）与普云大数据（被告）双方于 2020 年 11 月 23 日签订《大同云中 e 谷产业园 S2A 地块全过程工程咨询服务合同》，合同签约价 575 万元，约定工程咨询服务范围包括工程造价咨询、施工项目管理服务、项目法务咨询和项目财务咨询，服务期限自 2020 年 11 月至 2021 年 5 月止，还约定咨询服务费用共分七次支付完毕，其中，第一笔服务费 279 万元应于 2020 年 12 月 31 日支付，被告逾期支付的，应按照 LPR 标准的 2 倍向原告支付违约金及逾期付款利息等。

截至 2020 年 12 月 31 日原告已按合同约定完成本项目第一阶段调查报告并提交了服务成果，已达到第一期咨询服务费支付时间节点。原告主张被告迟迟未能依约支付咨询服务费，已构成违约，要求被告承担逾期付款违约金 96076.76 元。

【裁判要点】

法院认为原告天津泰达公司与被告普云大数据签订的服务合同系原、被告双方的真实意思表示，为有效合同，双方应当按照合同的约定行使权利，履行义务。现原告按照合同约定完成了第一期咨询服务，被告没有按约定支付咨询服务费已构成违约，原告主张 2021 年 1 月 1 日至 2021 年 6 月 10 日的逾期利息及违约金计算方式，不违反法律规定，法院予以确认。

【案例评析】

合同当事人可以在专用合同条款中就合同履行作出详细的约定，双方应当按照合同的约定行使权利并履行义务，否则就构成违约，应按照合同约定的合法有效的违约金计算标准承担违约责任。

11.1.2 委托人违约的，受托人可向委托人发出通知，要求委托人在指定的期限内采取有效措施纠正违约行为。

【条款目的】

本条款旨在明确受托人有权要求委托人采取措施及时纠正违约行为。

【条款释义】

本条款规定了受托人在发现委托人存在违约情形时，有权向委托人发出书面的纠正违约行为通知，要求委托人在纠正违约行为通知书载明的期限内采取有效措施，进行补救。这将有利于减少违约成本，避免损失扩大，也在一定程度上体现了诚实信用和公平原则，促进咨询服务合同及时调整顺利履行。

【使用指引】

合同当事人在使用本条款时应注意以下事项：

第一，关于纠正违约行为通知书的性质和形式。本条款中的纠正违约行为通知书属于合同双方当事人为保证合同顺利履行而向对方发出的联络文件，应满足本合同第 1.5.1 项关于联络的规定，建议采用书面形式并按照指定的期限和地址送达。

第二，受托人要求委托人采取有效措施纠正违约并不意味其放弃要求赔偿的权利或免除委托人的违约责任。根据《民法典》第五百八十三条的规定，如果采取补救措施不能完全弥补委托人的违约行为给受托人造成的损失的，受托人还可以要求委托人赔偿损失。

第三，受托人应注意搜集和保留证据，包括委托人违约的各项证据、书面通知的寄送和签收文件、要求延期和增加费用等的索赔文件。

【法条索引】

《民法典》第五百七十七条　当事人一方不履行合同义务或者履行合同义务不符合约定的，应当承担继续履行、采取补救措施或者赔偿损失等违约责任。

《民法典》第五百八十三条　当事人一方不履行合同义务或者履行合同义务不符合约定的，在履行义务或者采取补救措施后，对方还有其他损失的，应当赔偿损失。

11.1.3　委托人应根据合同约定承担因其违约给受托人增加的费用和（或）因服务期限延长等造成的损失，并支付受托人合理的费用。委托人违约责任的承担方式和计算方法可在专用合同条款中约定。

【条款目的】

本条款明确了委托人应承担就其违约行为给受托人造成的损失或增加费用等。

【条款释义】

根据本条款的规定，当委托人的委托行为给受托人增加费用和（或）因服务期限延长等造成损失的，包括因委托人违约导致的受托人提供咨询服务的各类直接费用的增加，以及还有因委托人违约导致的受托人提供服务的期限顺延，期限延长期间支出的费用等，应由委托人承担。考虑到全过程咨询服务内容包括勘察、设计、监理、造价、项目管理等多项服务，不同服务内容因其服务范围和性质差异，违约责任的承担方式和计算方式会有不同，所以本条款建议委托人和受托人可在专用合同条款中具体约定。除此之外，本条款强调委托人还应支付给受托人合理的费用作为补偿。

【使用指引】

合同当事人在使用本条款时应注意以下事项：

第一，咨询服务合同双方当事人可以在合同中对是否采用违约金以及违约金的计算方法作出约定，详细填写在专用合同条款第 11.1.3 项［委托人违约责任的承担方式和计算方法］中。同时，还要考虑到委托人的违约情形对于咨询服务合同履行进度的影响，并在专用合同条款中约定受影响服务期限的顺延。

第二，违约金同时具有补偿和处罚两种属性，但违约金的主要作用仍然是弥补损害，双方当事人可以在合同中自由商定违约金的数额和计算方式，但需要注意的是，违约金的数额尽量不要过分高于可能造成的实际损失的数额。根据《民法典》第五百八十五条的规定，当约定的违约金过分高于造成的损失时，双方当事人可以请求人民法院或者仲裁机构予以适当减少。

【法条索引】

《民法典》第五百八十二条　履行不符合约定的，应当按照当事人的约定承担违约责任。对违约责任没有约定或者约定不明确，依据本法第五百一十条的规定仍不能确定的，受损害方根据标的的性质以及损失的大小，可以合理选择请求对方承担修理、重作、更换、退货、减少价款或者报酬等违约责任。

《民法典》第五百八十五条第二款　约定的违约金低于造成的损失的，人民法院或者仲裁机构可以根据当事人的请求予以增加；约定的违约金过分高于造成的损失的，人民法院或者仲裁机构可以根据当事人的请求予以适当减少。

11.2　受托人违约

11.2.1　除专用合同条款另有约定外，在合同履行过程中发生的下列情形，属于受托人违约：

（1）由于受托人原因，未按合同约定的时间和质量交付咨询服务成果的；

（2）由于受托人原因，造成工程质量事故或其他事故的，或造成影响到结构安全、使用安全、公共安全或严重影响使用功能的质量缺陷的；

（3）由于受托人原因，造成建筑施工安全生产事故或形成安全生产重大隐患的；

（4）受托人未经委托人同意，擅自将咨询服务转让给第三方或交由其他咨询单位实施的；

（5）未经委托人书面同意，受托人擅自更换咨询项目总负责人、专项咨询负责人及其他主要咨询人员的；

（6）受托人未能按照合同约定履行其他义务的。

【条款目的】

本条款通过列举受托人违约的几种典型情形，旨在督促受托人严格履行合同义务。

【条款释义】

本条款列举的受托人违约的典型情形主要包括以下内容：

第一，受托人交付咨询服务成果文件的时间或质量不符合法律或合同约定的构成违约。受托人按约及时交付质量合格的咨询服务成果文件的义务不仅源自合同的约定，还受到相关法律法规的约束。（1）法律规定：根据《民法典》中关于承揽合同的相关规定，全过程咨询服务合同的受托人应当向委托人交付质量合格的工作成果，以及《建筑法》第五十六条也规定了建筑工程的勘察、设计单位必须对其勘察、设计的质量负责。（2）合同约定：本合同通用合同条款第 4.2.1 项规定，受托人交付的服务成果应符合法律法规、技术标准及合同约定，受托人应对其咨询服务成果的真实性、有效性和科学性负责。受托人未按时交付的、交付的咨询服务成果文件的内容和质量不符合法律规定和合同约定的均构成违约。

第二，受托人的履约行为给委托人造成了质量或安全损害后果，包括造成工程质量事故或其他事故的，或造成影响到结构安全、使用安全、公共安全或严重影响使用功能的质量缺陷的；造成建筑施工安全生产事故或形成安全生产重大隐患的。根据《建筑法》等相关法律法规的规定，受托人交付咨询服务成果文件应符合国家和行业建筑安全规程和技术规范，必须保证工程的安全性。故受托人的咨询服务履约行为不同于一般的技术咨询成果合同，当造成上述质量或安全后果的，构成违约。

第三，未经委托人同意，受托人擅自将咨询服务转委托或交给第三方的构成违约。本合同并不禁止受托人在征得委托人同意的前提下将部分辅助性咨询服务工作交给其他咨询单位实施，但不得将承接的咨询服务全部转给其他单位实施，本合同通用合同条款第3.4款规定，受托人不得将其承担的全部咨询服务整体委托给第三方实施。由于工程项目具有高度的复杂性和专业性，因此合同对提供咨询服务成果的受托人的专业水平提出了更高的要求。受托人未经委托人审查同意就将咨询服务擅自转委托的行为难以保证成果文件质量，属于违约行为。

第四，未经委托人同意，受托人擅自更换咨询项目总负责人、专项咨询负责人及其他主要咨询人员的构成违约。咨询服务团队的组成及稳定性，对咨询服务合同履行有着至关重要的作用。本合同通用合同条款第3.2.2项规定，受托人不能擅自更换咨询项目总负责人，应征得委托人的书面同意。

【使用指引】

合同当事人在使用本条款时应注意以下事项：

第一，本条列举了受托人违约的几种典型情形，同时明确"除专用合同条款另有约定外"，一方面上述情形并非对受托人违约行为的限定，受托人如果没有遵守合同约定的其他义务，也属于违反本合同。合同当事人可以在专用合同条款第3.2.2项受托人擅自更换咨询项目总负责人的违约责任、第3.2.3项受托人无正当理由拒绝更换咨询项目总负责人的违约责任、第3.3.2项受托人无正当理由拒绝撤换主要咨询人员的违约责任、第3.4.1项受托人擅自转让或交由其他咨询单位实施咨询服务应承担的违约责任、第5.3.3项因受托人原因导致咨询服务进度延误，逾期违约金的计算方法和上限以及第11.2.1项受托人违约的其他情形中另行约定其他构成受托人违约的情形。另一方面，委托人和受托人也可在充分协商基础上，对通用合同条款约定的具体违约情形进行调整或条件限制。

第二，受托人提交的咨询服务成果文件造成工程质量或安全事故的，除了构成违约外，可能还需要承担责令停业整顿、降低资质等级或者吊销资质证书、没收违法所得罚款等行政责任，情形严重的还有可能构成犯罪，依法追究其刑事责任。

【法条索引】

《建筑法》第五十六条 建筑工程的勘察、设计单位必须对其勘察、设计的质量负责。勘察、设计文件应当符合有关法律、行政法规的规定和建筑工程质量、安全标准、建筑工程勘察、设计技术规范以及合同的约定。设计文件选用的建筑材料、建筑构配件和设备，应当注明其规格、型号、性能等技术指标，其质量要求必须符合国家规定的标准。

《建筑法》第三十七条 建筑工程设计应当符合按照国家规定制定的建筑安全规程和技术规范，保证工程的安全性能。

《建筑法》第七十三条 建筑设计单位不按照建筑工程质量、安全标准进行设计的，责令改正，处以罚款；造成工程质量事故的，责令停业整顿，降低资质等级或者吊销资质证书，没收违法所得，并处罚款；造成损失的，承担赔偿责任；构成犯罪的，依法追究刑事责任。

11.2.2 受托人违约的，委托人可向受托人发出通知，要求受托人在指定的期限内采取有效措施纠正违约行为。

【条款目的】

本条款旨在明确委托人有权要求受托人采取措施及时纠正违约行为。

【条款释义】

本条款规定了委托人在发现受托人存在违约情形时，可以向受托人发出书面的通知，要求受托人在纠正违约行为通知书载明的期限内采取有效措施纠正其违约行为。这将有利于减少违约成本，避免损失扩大，也在一定程度上体现了诚实信用和公平原则，促进咨询服务合同及时调整顺利履行。

【使用指引】

合同当事人在使用本条款时应注意：与本合同通用合同条款第 11.1.2 项的适用情形相似，本条款中委托人在发现受托人存在违约行为的，应采用书面形式并按照指定的期限和地址向受托人送达关于纠正违约行为的通知书。委托人要求受托人采取限时改正的行为并不视为其放弃要求赔偿的权利或免除受托人的违约责任。当受托人的补救不能完全弥补委托人的损失时，委托人仍有权要求受托人赔偿其所遭受的损失。

【法条索引】

《民法典》第七百八十一条 承揽人交付的工作成果不符合质量要求的，定作人可以合理选择请求承揽人承担修理、重作、减少报酬、赔偿损失等违约责任。

《民法典》第五百七十七条　当事人一方不履行合同义务或者履行合同义务不符合约定的，应当承担继续履行、采取补救措施或者赔偿损失等违约责任。

11.2.3　受托人应根据合同约定承担因其违约给委托人增加的费用和（或）因服务期限延误等造成的损失。受托人违约责任的承担方式和计算方法可在专用合同条款中约定。

【条款目的】

本条款明确了受托人应承担就其违约行为给委托人造成的损失或增加费用等。

【条款释义】

根据本条款的规定，当受托人的履约行为给委托人增加费用或造成损失的，包括因受托人违约导致的委托人提供咨询服务的各类直接费用的增加，以及因受托人违约导致提供服务的期限延长，以及委托人因服务期限延误产生的损失等，受托人应当予以承担。考虑到全过程咨询服务内容包括勘察、设计、监理、造价、项目管理等多项服务，不同服务内容因其服务范围和性质差异，违约责任的承担方式和计算方式会有不同，所以本条款建议委托人和受托人可在专用合同条款中具体约定。

【使用指引】

合同当事人在使用本条款时应注意以下事项：

咨询服务合同双方当事人可以在合同中对是否采用违约金的责任承担方式以及违约金的计算方法作出约定，详细填写在专用合同条款第 11.2.3 项受托人违约责任的承担方式和计算方法中。需要注意的是，违约金同时具有补偿和处罚两种属性，但违约金的主要作用仍然是弥补损害，双方当事人可以在合同中自由商定违约金的数额和计算方式，但需要注意的是，违约金的数额尽量不要过分高于可能造成的实际损失的数额。根据《民法典》第五百八十五条的规定，当约定的违约金过分高于造成的损失时，双方当事人可以请求人民法院或者仲裁机构予以适当减少。

【法条索引】

《民法典》第五百八十二条　履行不符合约定的，应当按照当事人的约定承担违约责任。对违约责任没有约定或者约定不明确，依据本法第五百一十条的规定仍不能确定的，受损害方根据标的的性质以及损失的大小，可以合理选择请求对方承担修理、重作、更换、退货、减少价款或者报酬等违约责任。

《民法典》第五百八十三条　当事人一方不履行合同义务或者履行合同义务不符合约定的，在履行义务或者采取补救措施后，对方还有其他损失的，应当赔偿损失。

《民法典》第五百八十五条第二款　约定的违约金低于造成的损失的，人民法院或者仲裁机构可以根据当事人的请求予以增加；约定的违约金过分高于造成的损失的，人民法院或者仲裁机构可以根据当事人的请求予以适当减少。

11.3　责任期限

责任期限自合同生效之日开始，至专用合同条款中约定的期限或法律法规规定的期限终止。工程勘察、设计和监理等影响工程质量的服务内容的责任期限应延长至法律法规规定的相应责任期。

【条款目的】

本条款是对责任期限的起止时间及责任期限的时长的规定，旨在督促当事人及时行使索赔权利以及其他权利，提高争议解决效率。

【条款释义】

责任期限的起算点为合同生效之日，终止之日为专用合同条款中约定的期限或法律法规规定的期限终止。除了造价咨询、风险咨询、技术咨询和招标管理等以专用合同条款中约定的期限作为责任期限的终止外，对于工程勘察、设计和监理等影响工程质量的服务内容，其责任期限应延长至法律法规规定的相应责任期，比如法律规定的建设工程各方主体的质量终身责任制。

实践中会存在委托人和受托人尚未签订合同，但受托人已开始履行相应咨询服务，咨询服务过程中双方才签订咨询服务合同，此时合同生效日期迟于实际开始咨询服务时间，虽然本条款并未提及双方另有约定除外，但这种先提供服务后签署合同的情形，双方当事人的责任期限应自在先实际提供咨询服务日期起算。

【使用指引】

合同当事人在使用本条款时应注意以下事项：

第一，本条款中的责任期限并非指追究违约责任的诉讼时效。根据我国《民法典》的规定，请求保护民事权利的诉讼时效为三年。诉讼时效是指，权利人不行使权利的事实状态持续经过法定期间后，其权利的行使则会受到阻碍的制度。该制度设立的目的是旨在确立法定时效期间经过对民事权利所产生的影响，对权利人行使权利的期间作出限制，督促权利人行使权利，因为请求权长期不行使会使得法律关系处于悬而未决的状态。而本条款中的责任期限并非指诉讼时效，而是双方达成合意后通过签订合同赋予某段期限对双方产生一定的经过效力，一旦经过该期限，索赔权利的行使将受到一定的阻碍。

第二，本条款中的责任期限并非指工程的保修期。为保证建筑工程的质量，在《建设工程质量管理条例》中对各类建筑工程规定了最低的保修期限，在保修期限内发生的质量问题，施工单位有保修和赔偿损失的义务和责任。但保修期是仅针对施工行为，勘察、设计和监理等服务内容虽然也会影响工程质量，但本条款中的责任期限与保修期是不同的概念，在适用本条款时应加以区分不要混淆。

【法条索引】

《民法典》第一百八十八条　向人民法院请求保护民事权利的诉讼时效期间为三年。法律另有规定的，依照其规定。诉讼时效期间自权利人知道或者应当知道权利受到损害以及义务人之日起计算。法律另有规定的，依照其规定。但是，自权利受到损害之日起超过二十年的，人民法院不予保护，有特殊情况的，人民法院可以根据权利人的申请决定延长。

《建设工程质量管理条例》第三十九条　建设工程实行质量保修制度。建设工程承包单位在向建设单位提交工程竣工验收报告时，应当向建设单位出具质量保修书。质量保修书中应当明确建设工程的保修范围、保修期限和保修责任等。

《建设工程质量管理条例》第四十条　在正常使用条件下，建设工程的最低保修期限为：（一）基础设施工程、房屋建筑的地基基础工程和主体结构工程，为设计文件规定的该工程的合理使用年限；（二）屋面防水工程、有防水要求的卫生间、房间和外墙面的防渗漏，为5年；（三）供热与供冷系统，为2个供暖期、供冷期；（四）电气管线、给排水管道、设备安装和装修工程，为2年。其他项目的保修期限由发包方与承包方约定。建设工程的保修期，自竣工验收合格之日起计算。

《建设工程质量管理条例》第四十一条　建设工程在保修范围和保修期限内发生质量问题的，施工单位应当履行保修义务，并对造成的损失承担赔偿责任。

11.4 责任限制

11.4.1 任何一方承担违约责任，应仅限于下列情形：

（1）因违约直接造成合理可预见的损失；

（2）除专用合同条款另有约定外，最大赔偿额不应超过工程建设全过程咨询服务费用；

（3）除合同另有约定外，受托人被认为应与第三方共同向委托人负责的，受托人支付的赔偿比例应仅限于因其违约而应负责的部分。

【条款目的】

本条款是对合同当事人承担违约责任的赔偿限度和范围的规定，旨在体现罚责相当及公平正义的法律价值。

【条款释义】

为了既能对违约方进行责任追究保护守约方利益，又避免因违约方责任过重影响市场交易秩序稳定和行业健康发展，本条款在前面条款规定违约方应承担违约责任的基础上，对违约责任的赔偿范围和限度作出必要限制：

第一，借鉴国际惯例，设置违约责任限额机制。除当事人另有约定外，合同当事人承担的赔偿损失违约责任的最大赔偿额不应超过工程建设全过程咨询服务费用。当事人可结合全过程咨询服务内容和项目特性，在专用合同条款中约定违约方的责任限额，或者针对不同的违约情形分别设置不同的限额，既可以增强责任方履约意识，又避免导致责任过重，使合同履行陷入僵局。

第二，合同当事人承担的赔偿损失违约责任的范围应该限于因违约直接造成合理可预见的损失，考虑到咨询服务合同的特性，因违约行为给对方造成的间接损失或可得利益只有在专用合同条款另有约定的情况下才能被归纳到违约责任的赔偿范畴内，同时结合《民法典》违约责任赔偿范围可预见性的基本原则，咨询服务合同违约方的责任范围还应考虑损失的合理及或预见性。

第三，当受托人被认为应与第三方共同向委托人负责的，比如当出现项目建设延期时，可能会存在施工单位施工组织原因和咨询人项目管理原因，当委托人和受托人对此没有特别约定的情况下，此时受托人承担按份责任，其责任和赔偿范围应与违约责任程度相适应。

【使用指引】

对因违约直接造成合理可预见的损失理解可以参照 2017 年版 FIDIC 白皮书第 8.3.3 项的规定，即因违约直接造成合理可预见的损失不包含"收入损失、利润损失、生产损失、合同损失、使用损失、业务损失承担合同、侵权行为、任何法律或任何法定私人诉讼权或其他形式的责任，第三方惩罚性损害赔偿费或商业机会损失或任何间接、特殊或后果性损失或损害"。

11.4.2　在提供与工程合同相关的咨询服务时，受托人仅根据合同约定对委托人承担违约责任，而不应就工程合同下的相对方履行工程合同所产生的责任对委托人承担责任。在法律法规允许的前提下，委托人应尽合理努力保护受托人免受工程合同下的相对方提起的、与工程合同相关的索赔而导致的损失。

【条款目的】

本条款是对咨询合同受托人不应对工程合同项下承包人违约行为承担责任及不应受工程合同项下承包商索赔的规定。

【条款释义】

本条款从合同相对性的角度明确了受托人的责任范围仅限于咨询服务合同的约定及仅对咨询服务合同的委托人承担责任。合同相对性是《民法典》合同体系下的基本原则，工程项目建设过程中会有多方主体多份合同，最主要的是工程建设的施工总承包或工程总承包合同、全过程咨询服务合同或其他咨询合同，仅就全过程咨询服务合同而言，受托人承担的违约责任仅限于咨询服务合同约定的内容、事项和范围。当工程合同的承包商出现质量、进度等违约时，应由承包商依据工程合同向发包人承担责任，即便承包商的违约行为，全过程咨询的受托人对此有管理不到位、提供的咨询服务成果不完善等责任，受托人承担的责任也是依据全过程咨询服务合同的约定向委托人承担责任，而不是就工程合同项下承包商的违约责任依据工程合同或就承包商的违约行为对发包人负责。

同样，基于合同相对性，咨询服务合同受托人提供的咨询服务对象是委托人，而不是工程合同项下的承包商，除了法律另有规定外，受托人不应就其履行咨询服务合同的行为对工程合同项下承包商负有直接的责任，工程合同项下承包商主张权利时应依据合同相对性向其发包人主张，即便是因为咨询服务合同受托人履行咨询服务合同有关，承包商也不应突破合同相对性向咨询服务合同受托人直接主张权利，由此基于合同相对性为了保护受托人免受不当损害，本条款进一步规定在法律法规允许的前提下，委托人应尽合理努力保护受托人免受工程合同下的相对方提起的、与工程合同相关的索赔而导致的损失。

【使用指引】

实践中当委托人要求受托人对提供咨询服务所涉项目的承包商违约行为承担责任时，如超过咨询服务合同约定的范围的，受托人应及时依据本条款规定提出异议，以免利益受损或损失扩大。

【法条索引】

《民法典》第四百六十五条第二款 依法成立的合同，仅对当事人具有法律约束力，但是法律另有规定的除外。

11.4.3 因任何一方故意或疏忽大意违约、欺诈、虚假陈述等不当行为造成损失，其损失赔偿不受合同责任限制约定所限制。

【条款目的】

本条款是对前二款责任限制的例外规定，出现该约定情形时的损失赔偿不受责任限额约束。

【条款释义】

本条款是对本合同第11.4款责任限制的例外情形的规定，当违约方的违约是出于故意或疏忽大意违约、欺诈、虚假陈述等情形时，这种情况下通常带有违约方的主观意识追求或放任违约行为的发生，应属于情形严重的违约，对市场秩序和合同履行的损害更大，出于对该违约方的惩罚，这个时候违约方不得引用责任限制条款主张责任限制，守约方有权要求违约方承担超过合同约定限额的责任或要求承担惩罚性违约金。这一规则的法理依据为民法公平和诚信原则以及《民法典》第五百零六条，法律不保护恶意之人，任何人不能因其违约行为而受益。

【使用指引】

为了避免故意或疏忽大意违约、欺诈、虚假陈述等违约行为出现时，违约方援引责任限额条款规避责任，实践中咨询服务合同的委托人和受托人可就这种情况约定惩罚性违约金，或在另一方出现此类违约时，及时收集实际损失相关证据，要求另一方就合同约定责任限额外就所产生的实际损失予以赔偿。

【法条索引】

《民法典》第五百零六条　合同中的下列免责条款无效：（一）造成对方人身损害的；（二）因故意或者重大过失造成对方财产损失的。

第12条 合同解除

12.1 由委托人解除合同

除专用合同条款另有约定外，有下列情形之一的，委托人可提前14天向受托人发出通知解除合同：

（1）未经委托人同意，受托人将咨询服务全部或部分交由第三方实施的；

（2）受托人未履行其义务或履行义务不符合合同约定，委托人向受托人发出通知，列明违约情况和补救要求，受托人在此通知发出后28天内未能对违约进行补救的；

（3）不可抗力导致咨询服务暂停超过182天的；

（4）受托人违反法律法规或强制性标准的；

（5）受托人宣告破产或无力偿还债务的；

（6）专用合同条款约定的其他合同解除情形。

【条款目的】

本条款明确了受托人违约或特定情形时委托人可解除合同的情形及程序，赋予了委托人解除合同的权利，为委托人解除合同提供了合同依据。

【条款释义】

首先，本条款列举了6种委托人可解除合同的情形，包括受托人擅自转委托、受托人违约且逾期未补救、因不可抗力导致服务暂停超过182天、受托人违反法律法规或强制性标准、受托人破产或无力偿还债务，以及合同当事人在专用合同条款中协商约定的其他可解除合同的情形。

其次，对于受托人未履行其义务或履行义务不符合合同约定的，考虑到并非构成根本性违约，委托人应给予受托人改正违约的机会，因此这种情形下规定，委托人在依据本条款解除合同前，应按照合同约定的方式向受托人发出通知，列明违约情况和补救要求，以督促受托人纠正其违约行为，若受托人在通知发出后28天内未能对违约进行补救，委托人再依据本条款规定程序解除合同。

最后，对于委托人解除合同的程序，为了避免突然提出解除合同，导致解约成本过高或影响到项目利益，当出现本条款约定的情形时，委托人主张解除合同的，可提前 14 天向受托人发出解除合同通知，以便于各方有所准备和后续安排，减少违约成本。

【使用指引】

委托人按照本条款约定解除合同时，应注意以下事项：

第一，合同当事人可在专用合同条款中约定解除合同的其他情形，也可在专用合同条款中，对本条款约定的内容予以调整。当约定的解除合同的条件成就时，解除权人可主张解除合同。

第二，本条款委托人可提前 14 天向受托人发出解除合同通知，双方也可在专用合同条款中对提前通知期限另行约定。

第三，委托人主张依照本条款解除合同的，应对存在上述情形承担举证责任，如委托人不能提供有效的证据予以佐证，则需要承担违约解除合同的不利后果。因此，委托人应注意合同时限约定及受托人违约证据材料的保留，加强合同管理。

第四，委托人向受托人发送合同解除通知时应按照合同约定的地址及送达方式将解除合同通知送达受托人，未约定送达地址的按照受托人的注册地址或办公地址送达。同时，委托人应注意保留向受托人作出解除合同意思表示的相关证据。

第五，合同解除权属于形成权，当事人约定或者法律规定合同解除权行使期限，期限届满委托人不行使的，该权利消灭。当事人没有约定或者法律没有规定解除权行使期限，自委托人知道或者应当知道解除事由之日起一年内不行使，或者经受托人催告后在合理期限内不行使的，委托人的合同解除权消灭。

【法条索引】

《民法典》第五百六十二条　当事人协商一致，可以解除合同。当事人可以约定一方解除合同的事由。解除合同的事由发生时，解除权人可以解除合同。

《民法典》第五百六十三条　有下列情形之一的，当事人可以解除合同：（一）因不可抗力致使不能实现合同目的；（二）在履行期限届满前，当事人一方明确表示或者以自己的行为表明不履行主要债务；（三）当事人一方迟延履行主要债务，经催告后在合理期限内仍未履行；（四）当事人一方迟延履行债务或者有其他违约行为致使不能实现合同目的；（五）法律规定的其他情形。以持续履行的债务为内容的不定期合同，当事人可以随时解除合同，但是应当在合理期限之前通知对方。

《民法典》第五百六十四条　法律规定或者当事人约定解除权行使期限，期限届满当事人不行使的，该权利消灭。法律没有规定或者当事人没有约定解除权行使期限，自解除权人知道或者应当知道解除事由之日起一年内不行使，或者经对方催告后在合理期限内不行使的，该权利消灭。

《民法典》第五百六十五条　当事人一方依法主张解除合同的，应当通知对方。合同自通知到达对方时解除；通知载明债务人在一定期限内不履行债务则合同自动解除，债务人在该期限内未履行债务的，合同自通知载明的期限届满时解除。对方对解除合同有异议的，任何一方当事人均可以请求人民法院或者仲裁机构确认解除行为的效力。当事人一方未通知对方，直接以提起诉讼或者申请仲裁的方式依法主张解除合同，人民法院或者仲裁机构确认该主张的，合同自起诉状副本或者仲裁申请书副本送达对方时解除。

【案例分析】

【案例1】艾奕康环境规划设计（上海）有限公司重庆分公司（以下简称艾奕康重庆分公司）与成都泰和置地有限公司（以下简称泰和公司）技术咨询合同纠纷

二审：四川省高级人民法院（2019）川知民终125号

【案情摘要】

2017年4月26日，泰和公司（甲方）与艾奕康重庆分公司（乙方）签订涉案合同，第1条约定："合同目的：甲方委托乙方承担中海外·北岛（成都）综合性国际旅游度假区（暂定）概念性总体规划设计咨询服务工作"。2017年5月12日，泰和公司通过其账户，以银行转账的方式，向艾奕康重庆分公司转款102万元。2017年9月5日，泰和公司向艾奕康重庆分公司邮寄《解约函》依据合同第9.4款约定解除合同，要求艾奕康重庆分公司退还预付款、支付违约金并赔偿损失。该《解约函》于9月6签收。2017年9月13日，艾奕康重庆分公司向泰和公司邮寄《复函》表示异议。

【各方观点】

艾奕康重庆分公司：从艾奕康重庆分公司与泰和公司往来邮件可知，双方在2017年5月27日至2017年8月18日期间进行了多次沟通，泰和公司一直持续要求艾奕康重庆分公司项目组完善报告，并不间断进行高强度汇报和沟通；艾奕康重庆分公司在某些沟通节点中得到了泰和公司杨总的认可，在优化细节和局部内容的基础上，配合泰和公司多次向彭州市人民政府进行了成果汇报。一审法院错误认定涉案合同约定的解除条件，确认泰和公司单方解除权成就。

泰和公司：艾奕康重庆分公司没有提供符合涉案合同约定的第一阶段的成果，已构成违约。根据涉案合同第 9.4 款约定，泰和公司有权单方解除合同，且泰和公司向艾奕康重庆分公司送达了《解约函》，根据《中华人民共和国合同法》规定，涉案合同自送达时解除。

【裁判要点】

二审法院：本案中，艾奕康重庆分公司于 2017 年 8 月 14 日向泰和公司发送《北岛产业新城概念性总体规划第一阶段成果确认函》，要求泰和公司确认其在 8 月 14 日方案交流会上向泰和公司口头汇报的第一阶段方案并支付第一阶段款项。之后，泰和公司向艾奕康重庆分公司发送《8.14 会议纪要》及《告知函》，提出了对预期 8 月 18 日政府汇报文本的修改意见，并告知艾奕康重庆分公司在履行合同中存在严重问题，已构成违约，给其造成了巨大的损失，但艾奕康重庆分公司未回复。泰和公司于 2017 年 9 月 5 日向艾奕康重庆分公司送达《解约函》，告知其解除涉案合同，并要求其承担违约责任。艾奕康重庆分公司虽回函表示异议，但仍未提交修改后的"8 月 18 日政府汇报文本"。由此足以认定，艾奕康重庆分公司截至 2017 年 8 月 18 日尚未完成第一阶段成果，在此之后亦未开展实质性的工作，怠于履行涉案合同约定的义务，已构成违约，泰和公司根据涉案合同关于"乙方逾期提交工作成果的……，逾期超过 10 日的，甲方有权解除本合同"的约定，提出解除涉案合同，符合合同约定。因此，一审法院认定涉案合同自《解约函》到达艾奕康重庆分公司时即 2017 年 9 月 6 日解除并无不当，艾奕康重庆分公司提出一审法院错误认定涉案合同约定的解除条件，确认泰和公司单方解除权成就以及适用法律错误的主张不能成立，本院不予支持。

【案例评析】

本案是双方在咨询服务合同中约定了工作成果的交付及修改时间，双方就成果的交付及合同的解除产生争议。本案经过一审、二审审理后，各级法院均认为艾奕康重庆分公司没有按合同约定向泰和公司提交第一阶段工作成果，构成违约；泰和公司解除合同的条件已经成就，合同自《解除函》到达艾奕康重庆分公司时解除。从该起案件可知，当事人在签订合同时应当对合同义务的履行及合同解除权的成就条件予以明确约定；在履行合同的过程中应严格按照约定执行，客观条件发生变化致使不能按时履行义务的，应当及时与对方协商，达成新的约定；若守约方的合同解除权成就，则应当按照合同约定的方式行使并及时向对方发送解除通知。

【案例 2】茂名市中晟实业有限公司（以下简称中晟公司）与广东金宇科技物业服务股份有限公司（以下简称金宇公司）服务合同纠纷

再审：广东省高级人民法院（2019）粤民申 11517 号

【案情摘要】

金宇公司与中晟公司前后共签订两份《粤西农副产品综合交易中心物业管理咨询服务合同》，约定由金宇公司为中晟公司在茂名市的"茂名粤西农副产品综合交易中心"提供前期介入、协助组建物业管理团队、制定流程制度、培训指导、服务质量跟踪等物业管理顾问服务，中晟公司支付相应的顾问服务费给金宇公司。诉讼中中晟公司称，根据《服务合同》第四章第 2.14 款的约定："乙方提交的所有合同成果均须拥有完整而独立的知识产权。如果未经第三方许可而使用第三方的成果，无论第三方是否提出诉讼，甲方均可拒绝接受乙方提交的成果，解除本合同，追究乙方的违约责任"。金宇公司所提供的服务成果必须是自己独立完成的智力成果，而不能使用第三方的成果，否则中晟公司可拒绝接受并追究金宇公司的违约责任。

【各方观点】

中晟公司：根据双方签订的《服务合同》金宇公司所提供的服务成果必须是自己独立完成的智力成果，而不能使用第三方的成果，否则中晟公司可拒绝接受并追究金宇公司的违约责任。金宇公司提供的"成果"对中晟公司来说根本不具有操作性，且金宇公司所提供的成果是抄袭而来，对中晟公司的工作起反作用，致使中晟公司的合同目的根本无法实现。金宇公司存在多方面的违约行为，存在擅自伪造或变更合同的行为。

金宇公司：在合同期间已依约提供了物业顾问服务，履行了合同义务，中晟公司未依约履行支付服务费的行为构成违约。本案的服务合同是一种专业知识服务合同。对于这类知识服务，其服务内容是在服务时提供、即时完成交付的。根据约定对服务内容或质量有意见时，必须及时作出书面通知，否则视同没有异议。但中晟公司在服务的整个期间并无任何意见，在金宇公司起诉后却以服务不符合约定为由试图拒付服务费，显然是无理的，其也没任何证据证明金宇公司的服务存在问题。

【裁判要点】

二审法院：中晟公司与金宇公司双方的合同约定，在合同履行过程中，如中晟公司认为金宇公司未履行合同义务，则应向金宇公司发出书面通知，但中晟公司并未提供有关书面通知的证据证明金宇公司履行合同义务存在违约，故应认定金宇科技公司已经合理履行合同义务。

　　再审法院：合同签订后，金宇公司已为"茂名粤西农副产品综合交易中心"的物业管理建设提供了相关的服务和意见，并已形成了一系列的物业管理服务成果。由于金宇公司提供的是物业管理专业知识服务，具有即时交付的特点，中晟公司若认为金宇公司提供的服务不符合合同约定，应在合同履行过程中及时提出。现无证据证明中晟公司在合同履行过程中书面或口头提出意见，要求金宇公司对其提供的物业服务进行整改或改进。中晟公司在诉讼中主张金宇公司提供的物业管理服务成果不符合合同约定，但其提交的证据不足以证明其主张。鉴于在合同履行期间，中晟公司并未根据合同约定提出金宇公司未经许可使用第三方成果而拒绝接收金宇公司提交的成果，并行使合同解除权，中晟公司在接受金宇公司提交的咨询服务意见后，以所接受的成果对其工作起反作用为由，主张金宇公司根本违约，缺乏充分的法律依据。

【案例评析】

　　本案咨询服务合同中双方约定了提供服务不符合合同约定的异议程序。本合同的服务具有即时交付的特点，在服务方履行完毕合同义务后，双方对履行的服务是否符合合同约定产生争议。本案经过一审、二审、再审多次审理，各级法院的观点基本一致，均认为中晟公司接收服务并且未在合同履行的过程中提出异议，且其无法证明金宇公司提供的服务不符合合同约定，中晟公司无权单方解除合同。

　　从该起案件可知，合同当事人在履行合同的过程中，对于对方履行合同义务不符合约定的，应当及时向对方发送异议通知、解除合同通知，并注意保留违约及发送通知的相关证据，否则，后期在诉讼当中将需要承担举证不利的后果。

12.2　由受托人解除合同

　　除专用合同条款另有约定外，有下列情形之一的，受托人可提前 14 天向委托人发出通知解除合同：

　　（1）咨询服务已根据第 5.4.1 项暂停超过 182 天；

　　（2）咨询服务已根据第 5.4.2 项第（1）目和第（3）目暂停超过 42 天；

（3）咨询服务因不可抗力已根据第 5.4.2 项第（2）目暂停超过 182 天；

（4）委托人违反法律法规的；

（5）委托人宣告破产或无力偿还债务；

（6）专用合同条款约定的其他合同解除情形。

【条款目的】

本条款旨在明确委托人违约特定情形时受托人可解除合同的情形及程序，赋予了受托人解除合同的权利，为受托人解除合同提供了明确的依据。

【条款释义】

首先，本条款列举了 6 种受托人可解除合同的情形，主要包括委托人原因导致暂停咨询服务超过 182 天的、委托人未能按期支付款项导致暂停咨询服务超过 42 天的、因不可抗力导致服务暂停超过 182 天的、委托人违反法律法规的、委托人破产或无力偿还债务的，以及合同当事人在专用合同条款中约定的其他解除合同的情形。

其次，受托人根据本条款规定因委托人未按约支付款项解除合同的条件是咨询服务已根据本合同第 5.4.2 项第（1）目暂停超过 42 天，而根据第 5.4.2 项第（1）目约定，受托人暂停服务的，应提前 28 天向委托人发出暂停通知，且委托人未根据本合同第 6.3 款［有争议部分的付款］就未付款项发出异议通知。

最后，与本合同第 12.1 款相对应，对于受托人解除合同的程序，为了避免突然提出解除合同，导致解约成本过高或影响到项目利益，当出现本条款约定的情形时，受托人主张解除合同的，可提前 14 天向委托人发出解除合同通知，以便于各方有所准备和后续安排，减少违约成本。

【使用指引】

合同当事人在使用本条款时注意事项可参照本合同第 12.1 款的使用指引。

【法条索引】

本条款所依据的法律规定可参照本合同第 12.1 款的【法条索引】。

【案例分析】

【案例】时代橡树控股有限公司（以下简称时代橡树公司）与武汉通宇国际数码控股有限公司（以下简称通宇公司）服务合同纠纷

二审：湖北省高级人民法院（2019）鄂民终 770 号

【案情摘要】

2015 年 5 月 28 日，通宇公司、刘杰（甲方）与时代橡树公司（乙方）签订《咨询顾问服务协议》。2016 年 4 月 9 日，时代橡树公司向通宇公司、刘杰发出《关于要求支付顾问费用的函》。2016 年 6 月 30 日，通宇公司向时代橡树公司发出《承诺支付函》。2017 年 4 月 24 日，通宇公司发出《通告》并表示，"由于通宇公司股权及法人变更，现决定解除原有全部员工聘用。特此通告！其他事宜，另行协商解决。"

【各方观点】

时代橡树公司：案涉《咨询顾问服务协议》于 2015 年 5 月 28 日订立后，时代橡树公司一直按照协议约定履行义务，直到通宇公司 2017 年 4 月 25 日强行解散项目团队，封锁项目管理办公室，时代橡树公司被迫退出施工现场，无法继续提供咨询服务。大量证人证言、书证、视听资料等被原审判决认可的证据，证实时代橡树公司按照《咨询顾问服务协议》的约定提供了服务，直到 2017 年 4 月 25 日被迫退出施工现场。

通宇公司：时代橡树公司未履行《咨询顾问服务协议》第一项和第五项义务，也未履行或未全面履行协议其他义务。时代橡树公司诉请解除合同时，其没有依约定在"汇悦城项目"即汇悦城 LOFT 公寓项目中履行合同，即使认定履行了涉案合同时代橡树公司也仅仅推荐了几名人员在通宇公司就职，推荐人员不等于组建项目团队，且不能从通宇公司之前的付款承诺推定时代橡树公司完成了合同约定的主要义务。

【裁判要点】

二审法院：时代橡树公司在涉案合同于 2015 年 5 月底签订后至 2017 年 4 月底被动退出项目施工现场并被动中止合同履行的期间，完成了约定的部分合同义务，在协议履行期间协助通宇公司进行项目实施，部分实现了合同目的。在合同履行期间，在通宇公司单方中止合同履行，时代橡树公司请求解除合同符合《中华人民共和国合同法》第九十四条的规定，又因刘杰签订涉案合同时的身份为通宇公司法定代表人，并非涉案合同主体，故判决：解除时代橡树公司与通宇公司于 2015 年 5 月 28 日签订的《咨询顾问服务协议》，通宇公司、时代橡树公司及刘杰对该判项均未提出上诉。经查，原审法院 2017 年 9 月 6 日立案受理本案，于 2017 年 9 月 25 日向通宇公司送达起诉状副本、权利义务通知书、合议庭组成人员通知书等文件，通宇公司于 2017 年 10 月 18 日签收。故，本院认定涉案《咨询顾问服务协议》自 2017 年 10 月 18 日解除。

【案例评析】

本案为合同双方针对谁违约导致合同解除及费用的支付产生的争议。经过一审、二审审理，法院均认为通宇公司单方中止合同履行，导致时代橡树公司被迫退出施工现场，无法继续提供咨询服务。时代橡树公司有权主张解除合同，合同自通宇公司收到起诉状副本、权利义务通知书、合议庭组成人员通知书等文件之日，即 2017 年 10 月 18 日解除。从该起案件可知，在履行期限届满之前，当事人一方明确表示或者以自己的行为表明不履行主要债务的，另一方可以主张解除合同，此主张符合《民法典》关于合同法定解除权的相关规定，守约方可以向违约方发送解除通知或通过诉讼程序主张解除合同、处理争议。

12.3　合同解除的后果

12.3.1　委托人根据合同约定解除合同的，具有下列权利：

（1）要求受托人移交其截至合同解除之日履行咨询服务义务所必需的所有文件和其他服务成果；

（2）要求受托人按照第 11 条［违约责任］赔偿因合同解除直接导致的合理费用损失。

【条款目的】

本条款设立的目的在于为委托人行使合同解除权后，双方后续事宜的处理及责任的承担提供合同依据，赋予了委托人要求受托人移交服务成果及承担违约责任的权利。

【条款释义】

第一，合同解除将导致尚未履行的，终止履行。合同解除属于合同当事人终止合同关系的方式之一，合同当事人尚未履行的合同义务，因合同的解除而归于终结。

第二，因受托人原因导致委托人行使解除权后，委托人有权要求受托人移交其截至合同解除之日履行咨询服务义务所必需的所有文件、计算和其他可交付的成果，包括为了履行咨询服务合同委托人提供的前期资料和文件，受托人履行咨询服务合同所形成的成果，包括委托人已付费和未付费的成果。

第三，因受托人违约导致合同解除的，委托人在解除合同时有权要求受托人承担违约责任，赔偿因合同解除直接导致的合理费用损失，该费用损失还会受到本合同第 11.4 款责任限制的约束。

【使用指引】

合同当事人在使用本条款时应注意以下事项：

第一，合同当事人可以在专用合同条款中约定委托人行使合同解除权后，后续事务的处理，如合同款项的核对及支付、委托人提供的文件、咨询服务成果等资料的交接程序及期限。

第二，解除合同后，合同当事人应当根据合同约定的时限或协商的合理期限及时核对已完成的咨询服务，结算应付款项，并收集整理相关文件资料，要求受托人尽快办理工作及文件资料的交接。

【法条索引】

《民法典》第五百六十六条　合同解除后，尚未履行的，终止履行；已经履行的，根据履行情况和合同性质，当事人可以请求恢复原状或者采取其他补救措施，并有权请求赔偿损失。合同因违约解除的，解除权人可以请求违约方承担违约责任，但是当事人另有约定的除外。主合同解除后，担保人对债务人应当承担的民事责任仍应当承担担保责任，但是担保合同另有约定的除外。

《民法典》第五百六十七条　合同的权利义务关系终止，不影响合同中结算和清理条款的效力。

《全国法院民商事审判工作会议纪要》第四十九条　合同解除时，一方依据合同中有关违约金、约定损害赔偿的计算方法、定金责任等违约责任条款的约定，请求另一方承担违约责任的，人民法院依法予以支持。

【案例分析】

【案例 1】艾奕康环境规划设计（上海）有限公司重庆分公司（以下简称艾奕康重庆分公司）与成都泰和置业有限公司（以下简称泰和公司）技术咨询合同纠纷

二审：四川省高级人民法院（2019）川知民终 125 号

【案情摘要】

2017 年 4 月 26 日，泰和公司（甲方）与艾奕康重庆分公司（乙方）签订涉案合同，第 1 条约定："合同目的：甲方委托乙方承担中海外·北岛（成都）综合性国际旅游度假区（暂定）概念性总体规划设计咨询服务工作"。2017 年 5 月 12 日，泰和公司通过其账户，以银行转账的方式，向户名为"艾奕康环境规划设计（上海）有限公司重庆分公司"的汇丰银行（中国）有限公司重庆分行转款 102 万元。2017 年 9 月 5 日，泰和公司向艾奕康重庆分公司邮寄《解约函》依据合同第 9.4 条约定解除合同，要求艾奕康重庆分公司退还预付款、支付违约金并赔偿损失。该《解约函》于 9 月 6 日签收。2017 年 9 月 13 日，艾奕康重庆分公司向泰和公司邮寄《复函》表示异议。

【案例评析】

本案是合同当事人对工作成果的交付、合同解除后违约责任的承担产生争议。本案经过一审、二审审理，两级法院的审判观点均是一致认为，涉案合同达到的解除条件，艾奕康重庆分公司延期交付履行合同义务应对合同的解除承担违约责任，判决其返还预付款并承担违约责任。值得注意的是，守约方提起的违约责任应限于合同解除直接导致的合理费用损失，本案中委托人主张的《委托债权投资协议》产生贷款利息的经济损失 9757000 元，不能证明与案涉项目关系，且贷款利息系因贷款本身产生的正常融资费用，与本案受托人原因解除合同并无因果关系，故法院对此未予支持。

【案例 2】绿城建设管理集团有限公司（以下简称绿城公司）与幸福家园扬州置业有限公司（以下简称幸福家园）合同纠纷

一审：仪征市人民法院（2021）苏 1081 民初 4361 号

【裁判要点】

涉案合同约定逾期交付工作成果超过 10 日的，泰和公司有权解除合同，同时，艾奕康重庆分公司除应退还泰和公司已支付的全部费用外，还应支付泰和公司合同总价款 20% 的违约金。泰和公司依约主张退还预付款和违约金于法有据，故一审法院对泰和公司关于要求艾奕康重庆分公司返还预付款 102 万元、支付违约金 68 万的主张予以支持。涉案合同总额与《委托债权投资协议》的投资金额差额过大，且《委托债权投资协议》没有明确指明其资金用途为涉案合同项目，不足以证明该合同项下的资金用于涉案合同项目。因此，一审法院对泰和公司要求艾奕康重庆分公司赔偿因《委托债权投资协议》产生贷款利息的经济损失 9757000 元的主张不予支持。涉案合同约定了赔偿损失的范围包含律师费，对泰和公司要求赔偿律师费 19 万元的主张予以支持。

【案情摘要】

2020 年 4 月 20 日，被告幸福家园与原告绿城公司签订《房地产项目开发委托管理合同书》，约定被告委托原告全面负责涉案地块项目开发建设的管理工作。2020 年 4 月 26 日，被告与案外人杭州绿城九略投资管理有限公司（系原告全资子公司，以下简称绿城九略公司）签订了《房地产项目全过程咨询服务合同书》，约定被告委托绿城九略公司全面负责案涉地块项目开发建设的咨询服务工作。2020 年 7 月 1 日，原、被告及绿城九略公司共同签订协议书，约定绿城九略公司将《房地产项目全过程咨询服务合同书》项下的权利义务概括转让给原告。2020 年 9 月，原、被告双方签订《华邦（扬州）玥珑湖房地产项目全过程咨询服务合同书补充协议（一）》。上述合同及补充协议签订后，原告委派项目管理团队进行了华邦（扬州）玥珑湖未开发地块项目的部分开发管理及咨询服务工作。2021 年 6 月 24 日，华邦幸福家园集团有限公司与被告共同向原告发出解除合同通知书，称原告怠于履行咨询服务及委托开发义务，未完成相关合同约定的合作目标，构成根本违约，现行使合同解除权，《房地产项目开发委托管理合同书》《房地产项目全过程咨询服务合同书》自通知送达原告之日起正式解除，相关费用停止计付，原告应向被告双倍返还定金并赔偿经济损失。

【各方观点】

绿城公司：合同签订后，绿城公司委派的管理团队按合同约定提供项目开发管理和咨询服务，但幸福家园未按约向绿城公司支付委派人员基本费用、销售佣金和咨询服务费。幸福家园于 2021 年 6 月 24 日向绿城公司发出解除合同通知书，通知绿城公司解除了管理合同和咨询服务合同。绿城公司被迫于 2021 年 7 月 30 日撤回项目管理团队。幸福家园应支付咨询服务费，并承担违约责任。

幸福家园：合同履行过程中，绿城公司怠于履行咨询服务和委托开发管理义务，未完成项目销售目标，导致项目资金紧缺，严重影响项目正常运转，未完成周期计划目标，严重影响项目工作开展，未履行工程管理职责，导致被告对工程进行返工修复，未履行成本管理职责，严重影响成本管理工作，均构成严重违约和根本违约。幸福家园于 2021 年 6 月 24 日向绿城公司发出解除合同通知书，依法依约行使合同解除权，绿城公司应向幸福家园双倍返还定金。

一审法院：合同及补充协议签订后，幸福家园按约支付了定金，绿城公司委派项目管理团队进行了委托管理合同约定的部分开发管理工作和咨询服务合同约定的部分咨询服务工作，双方对部分咨询服务费、委派人员基本费用和营销人员佣金进行了结算，幸福家园也支付了部分委派人员基本费用和营销人员佣金，双方均履行了各自的合同义务。现幸福家园向绿城公司发出书面通知，解除了委托管理合同和咨询服务合同，原告绿城公司对被告幸福家园解除行为的效力并未提出异议，应视为上述合同自通知到达原告时已经解除。对于绿城公司要求幸福家园支付款项的同时确认绿城公司无须向幸福家园返还定金的诉讼请求以及被告要求绿城公司双倍返还定金的反诉请求，根据双方当事人陈述及所提供的证据，绿城公司已完成了合同约定的部分委托管理和咨询服务工作，但因多种原因未能完全实现幸福家园期望的开发及销售目标，幸福家园向绿城公司支付了部分人员费用和佣金，但尚欠部分款项未付，双方均不存在不履行债务或履行债务不符合约定致使不能实现合同目的的情形，故对绿城公司的该项本诉请求及幸福家园的反诉请求本院均不予支持。

【案例评析】

本案为合同解除后，合同双方对咨询服务费用的支付及违约责任的承担产生的纠纷，双方均提出诉讼请求要求对方承担违约责任。法院经审理后，认为双方约定了因政策、法律、法规、政府批复、项目规划条件限制等客观原因，导致项目开发建设无法继续推进，双方有权解除合同，互不承担违约责任，现合同约定地块的项目规划开发方案未通过审批，后续开发建设并未进行，幸福家园因此解除合同，双方互不承担违约责任。从该起案件可知，合同当事人在签订合同时，应当根据涉案合同的实际情况，充分考虑合同无法履行的相关客观情形，并对行使合同解除权及违约责任承担予以明确约定。

12.3.2 受托人应根据其在合同解除前已履行的咨询服务获得服务费用。

受托人根据合同约定解除合同的，有权要求委托人按照第 11 条［违约责任］赔偿因合同解除直接导致的合理费用损失。

【条款目的】

本条款赋予了受托人在合同解除后要求委托人支付服务费用及因委托人原因受托人解除合同时要求委托人承担违约责任的权利。

【条款释义】

第一，咨询服务合同项下受托人提供的咨询服务应享有相应的对价，因此当咨询服务合同解除后，受托人有权要求委托人支付其在合同解除前已履行的咨询服务对应的服务费用。要注意的是，合同解除后受托人有权获得解除前已履行的咨询服务费用，并不因解除原因或解除权行使主体有差异，也就是说不论是委托人还是受托人解除合同，受托人均有权主张解除前已完成咨询服务的费用。

第二，因委托人违约导致合同解除的，受托人有权根据合同约定要求委托人承担违约责任，赔偿受托人因合同解除直接导致的合理费用损失，该费用损失还会受到本合同第 11.4 款责任限制的约束。

【使用指引】

合同当事人在使用本条款时应注意以下事项：

第一，合同当事人可以在专用合同条款中对解除合同后咨询服务费用的结算条件、时限、标准及支付程序予以具体约定。

第二，解除合同后，合同当事人应当根据合同约定的时限或协商的合理期限及时核对已完成的咨询服务，结算应付款项，并收集整理相关文件资料。对于核对无误的款项委托人应当尽快支付；对于存在争议的款项，合同当事人可协商解决或按照本合同第 13 条约定的争议解决方式处理。

第三，委托人和受托人应注意，无论是哪一方原因解除合同，受托人均有权获得已完成咨询服务的费用，但如因受托人原因解除合同的，受托人应当承担相应的违约责任，注意咨询服务费用权利和违约责任承担的差异。

【法条索引】

《民法典》第五百六十六条　合同解除后，尚未履行的，终止履行；已经履行的，根据履行情况和合同性质，当事人可以请求恢复原状或者采取其他补救措施，并有权请求赔偿损失。

合同因违约解除的，解除权人可以请求违约方承担违约责任，但是当事人另有约定的除外。

主合同解除后，担保人对债务人应当承担的民事责任仍应当承担担保责任，但是担保合同另有约定的除外。

《民法典》第五百六十七条　合同的权利义务关系终止，不影响合同中结算和清理条款的效力。

【案例分析】

【案例 1】杭州多禧生物科技有限公司（以下简称多禧公司）与浙江经纬工程项目管理有限公司（以下简称经纬公司）服务合同纠纷

一审：杭州市钱塘区人民法院（2021）浙 0114 民初 3199 号

【案情摘要】

2020 年 3 月 20 日，多禧公司（甲方）与经纬公司（乙方）就甲方建设工程全过程跟踪审计事项签订《服务合同》，约定工程名称为杭州多禧生物科技有限公司 ADC 药物厂房工程，本项目全过程咨询服务合同价为 85 万元。2020

年 3 月 23 日，多禧公司与经纬公司签订《补充协议》，约定经纬公司同意合同金额优惠 20 万元，合同金额变更为 65 万元。服务内容不变，支付节点不变，支付金额同比例下调。2020 年 4 月 2 日，多禧公司向经纬公司支付服务费 13 万元。2020 年 7 月 2 日，经纬公司工作人员向多禧公司工作人员微信发送名为"合同条款修改事项"的文件，文件中载明因市场价格波动调整主材价格款项，包括人工费用。2020 年 7 月 27 日，经纬公司编制了文件《招标控制价》，招标控制价为 87527452 元。2021 年 7 月 16 日，经纬公司收到多禧公司寄送的《合同解除通知书》。

【各方观点】

多禧公司：经纬公司存在招标工作失职、未能从专业角度控制工程预算造价、对施工合同未尽审查义务、仅一人提供服务等违约行为，请求判令经纬公司退还原告服务费 13 万元、赔偿原告经济损失 20 万元。

经纬公司：合同签订后，经纬公司按照合同约定向多禧公司提供了项目管理、招标代理、清单及控制价编制等一系列工作，经纬公司已尽到合理的审查义务，自始至终未给多禧公司造成任何损失。但是多禧公司一直未按合同约定向经纬公司支付第二期咨询服务费以及后续的合同款项。

【裁判要点】

庭审中，双方均认可《服务合同》及《补充协议》于 2021 年 7 月 16 日解除。关于多禧公司要求退还服务费及赔偿经济损失的诉讼请求。多禧公司主张经纬公司存在招标工作失职、未能从专业角度控制工程预算造价、对施工合同未尽审查义务、仅一人提供服务等违约行为，但并未提供有效证据加以证明，而经纬公司提供的开标情况表、《招标控制价》、微信聊天记录等证据可以反驳多禧公司的相关主张，多禧公司应当承担举证不能的不利后果。因此，多禧公司要求经纬公司退还服务费及赔偿经济损失的诉讼请求缺乏依据，也与其自行出具的《统计说明》相矛盾，不予支持。关于经纬公司要求支付服务费的反诉讼请求。经纬公司主张按照报价函计算已完成工作量价值计 50 万元。本院认为，经纬公司按照报价函上的金额主张服务费缺乏依据。双方签订的《补充协议》已经明确约定服务费总计 65 万元，多禧公司应支付的服务费应当以此作为计算基数。根据经纬公司提供的《统计说明》以及当事人的庭审陈述等证据，结合双方履行合同的情况，本院酌定多禧公司应支付经纬公司服务费合计 21 万元，扣除多禧公司已支付的 13 万元，多禧公司还应支付经纬公司服务费 8 万元。

【案例评析】

本案为合同解除后，合同当事人就服务费用的支付、是否违约及违约责任的承担产生的争议。经法院审理，法院裁判根据多禧公司提供的证据，不足以认定经纬公司存在违约行为，且与经纬公司提供的证据及多禧公司出具的文件存在矛盾，多禧公司应当承担举证不利的后果；关于服务费用的支付，法院认为应当依据双方签订的补充协议约定的金额 65 万元为计费依据。从该起案例可知，一方主张对方违约解除合同，应当举证证明对方存在违约的相关事实，否则应当承担举证不利的后果；合同解除前，服务提供方已经提供部分服务的，其有权要求对方按照约定的计费标准支付相应的服务费用。

【案例 2】 内蒙古开滦化工有限公司（以下简称开滦公司）与上海戊正工程技术有限公司（以下简称戊正公司）技术服务合同纠纷

再审：最高人民法院（2016）最高法民申 967 号

【案情摘要】

2009 年 7 月 11 日，开滦公司与戊正公司签订《技术咨询服务合同》，合同签订后，开滦公司于 2009 年 8 月 3 日向戊正公司支付首期合同款 712.5 万元。2010 年 6 月 9 日，开滦公司发传真给戊正公司，取消了《技术咨询服务合同》中煤焦油加氢和混合烯烃装置，仅保留了乙二醇装置的工艺包及基础设计工作。2011 年 12 月 28 日，双方通过《备忘录》的形式，解除《技术咨询服务合同》。

【各方观点】

开滦公司：戊正公司作为技术服务方应按约定完成服务项目，解决技术问题，在合同未对"基础资料"的内容作出清晰约定的情况下，应向开滦公司进行说明、告知和索要。但戊正公司从未主动向开滦公司索要过基础材料。因此，戊正公司未按照约定完成服务工作的事实是清楚的，理应承担免收服务报酬的责任。

戊正公司：开滦公司未能按约提供编制工艺包和基础设计所需的基础资料，戊正公司对此多次进行了催告，戊正公司已经按照假定条件完成了工艺包的编制，仅因支付条件未成就而未交付。开滦公司已支付的 712.5 万元首付款对应的是合同履行初始费用，该笔费用根本就不对应、不对价于戊正公司实际履约内容，如制作工艺包，或基础设计、技术咨询等。此外，本案合同的性质应属持续性合同，开滦公司已经受理、享用了技术服务，故不存在应予返还的问题。

【裁判要点】

再审法院：根据已经查明的事实，戊正公司确未向开滦公司交付双方合同约定的工艺包和基础设计等合同标的，但认为没有交付的原因是开滦公司未提供工艺包、基础设计所需基础资料，且戊正公司已经完成了一定的设计工作。据此，戊正公司亦同时确认，在缺乏基础资料的基础上仍可开展部分设计工作，但无法交付设计成品。而实际上，戊正公司也正是基于其认为自身已经完成的设计工作，而主张不应在本案中承担返还设计服务费的法律责任。由此可见，开滦公司虽然依约向戊正公司支付了技术服务费，但并未举证证明按照合同约定履行提供工艺包、基础设计所需基础资料的交付义务，应承担相应的违约责任。戊正公司虽称基础资料的提供是其完成工艺包和基础设计的前提，但双方在合同中并未对基础资料的具体内容及对工艺包和基础设计的影响程度作出明确约定，且戊正公司亦认可在没有基础资料的情况下仍可完成一定的设计工作，并认为己方实际上已经完成了大量的设计工作。因此，戊正公司在已经完成一定的设计工作的情况下，却未根据合同约定，在开滦公司支付技术服务费之后的约定期限内，向开滦公司交付任何的工作成果，亦存在过错并应承担相应的违约责任。

对于戊正公司在本案中应当返还的技术服务费数额。戊正公司并未按照合同约定向开滦公司交付任何的工作成果，在其反复强调已经完成了大量工作成果的情况下，却从未举证证明其实际完成工作成果的具体内容，故本案已经无法根据工作成果的完成比例确定戊正公司实际应当返还的技术服务费的具体数额。一审、二审法院在戊正公司并未完成相应举证责任的前提下，考虑到开滦公司对戊正公司已经开展了一定工作的事实并未予以否定，并通过向戊正公司发送函件的方式，确认了愿意向戊正公司支付一定的技术服务费的主观意愿，确定了戊正公司应返还的技术服务费的具体数额，该处理方式兼顾了对双方当事人主观过错的考量和利益的维护，符合公平原则，其结论并无不当之处，本院予以维持。

【案例评析】

本案为合同解除后，合同当事人就前期服务费用的支付及返还、违约责任的承担产生的争议。本案经过一审、二审、再审审查程序后，判决认为双方均存在违约行为、均对合同的解除存在过错。从该起案件可知，合同当事人签订合同时，应当对各项内容予以明确约定，以免在合同的履行及责任的承担上产生争议；双方在履行合同的过程中，应严格按照合同约定的内容及期限全面履行各自义务，并及时交付工作成果，明确各阶段成果相应的服务费用，并注意保留双方往来的函件，以在产生纠纷时证明合同的履行及服务费用的数额。

12.3.3　合同解除不应损害或影响合同解除前已发生的双方责任和义务。

【条款目的】

本条款旨在明确合同解除并不发生溯及既往的效力。

【条款释义】

合同解除不同于合同无效，合同无效是自始无效，并不由当事人意思所决定，无效的情形主要基于法定，且由人民法院或仲裁机构确认合同效力；合同解除前提是合同有效，且需要当事人基于法律规定和合同约定通过意思表示方式行使解除权，合同解除不具有溯及力，合同解除的效力仅使合同向将来消灭，解除之前的合同责任及义务不受损害或影响，仍然有效存在，合同当事人仍应当承担相应的责任和义务。工程建设全过程咨询服务合同属于继续性合同，合同解除但委托人和受托人仍应享有和承担解除前合同履行所产生的权利义务。

【使用指引】

合同当事人使用本条款时应当注意以下事项：

第一，合同当事人应当保留合同履行过程中的相关文件等证据材料，在合同解除后，对于已经履行的合同内容予以全面清查及整理，以便明确合同当事人的责任和义务，在处理合同解除后续事宜时将该类问题一并处理，尽量避免出现遗漏事项或长期持续性的纠纷，减少各方当事人的损失及诉累。

第二，合同解除后，合同当事人应及时按照合同约定或法律规定协商解决合同前期履行过程中出现的问题，协商不成的，按照本合同第 13 条约定的争议解决方式处理。

【法条索引】

《民法典》第五百六十六条第一款　合同解除后，尚未履行的，终止履行；已经履行的，根据履行情况和合同性质，当事人可以请求恢复原状或者采取其他补救措施，并有权请求赔偿损失。

《民法典》第五百六十七条　合同的权利义务关系终止，不影响合同中结算和清理条款的效力。

第13条 争议解决

13.1 和解

因合同及合同有关事项产生的争议，合同当事人应本着诚信原则，通过友好协商解决。双方可就争议自行和解，自行和解达成的协议经双方签字并盖章后作为合同补充文件，双方均应遵照执行。

【条款目的】

本条款是对和解方式解决争议相关规则的规定。和解是在合同当事人自愿和诚信的基础上，通过友好沟通协商，对争议事项彼此妥协后达成一致意见，解决合同纠纷的争议解决方式。

【条款释义】

基于房屋建筑和市政基础设施项目工程具有建设周期长、投资规模大、技术要求高的特点，全过程咨询服务合同的服务期限也难免比单独的造价咨询等咨询服务合同的周期更长、技术要求更加复杂，如果进入诉讼或仲裁程序，遇到复杂的技术和专业问题还将涉及鉴定程序，这无疑需要花费当事人大量的资源及时间成本。而且一旦进入诉讼和仲裁程序，双方当事人利益相对性突出，往往会导致合同履行被迫停止，出现履约僵局，甚至导致建设工程停窝工等更大的损失和后果。考虑到工程行业的利润水平，很多主体为了避免在诉讼或仲裁程序中消耗大量的资源和时间成本，往往会首先选择与对方和解。在所有的争议解决途径中，和解也是最经济、最迅速和最受当事人青睐的一种方式，故在推进矛盾纠纷多元化解机制进程中不断受到重视。

当事人本着自愿原则和诚信原则，通过友好协商对争议的事项达成一致意见的，应制作和解协议，该和解协议自双方当事人签字并盖章后成立并生效。和解协议可以视为双方当事人协商一致对合同作出的变更，与合同文件具有相同的法律效力。

【使用指引】

和解的实质是当事人自愿作出某种妥协以保证合同的继续履行和损失最小化，故法律并不限制当事人和解的阶段。当事人既可在纠纷出现后就通过和解的方式解决争议，也可以在诉讼或仲裁过程中对诉争事项达成和解，也可以在判决、裁定和裁决生效进入执行阶段后，对执行事项达成和解。

达成和解协议后，一方当事人不履行和解协议的，另一方可以依合同约定向法院起诉或通过仲裁机构进行仲裁，此时和解协议可以作为当事人的重要证据。

已经进入诉讼或仲裁阶段后，双方达成和解协议的，原告选择撤诉的，若撤诉后另一方仍不履行和解协议，因该案件尚未经过实体处理，当事人仍可就同一争议再次向法院起诉；当事人也可以申请人民法院依据双方达成的和解协议制作调解书。由法院依据和解协议制作出调解书具有法律强制执行力，双方当事人应按照调解书执行，否则对方可以申请法院强制执行调解书。

需要特别注意的是：

（1）对于当事人在二审期间达成和解协议的，一旦撤回上诉，在一审判决生效后双方当事人均不得再次提起上诉。

（2）在执行阶段达成和解协议的，执行员将协议内容记入笔录并由双方当事人签名或者盖章形成执行和解协议。被执行人不履行执行和解协议的，申请执行人可以申请恢复执行原生效法律文书，也可以就履行执行和解协议向执行法院提起诉讼。

【法条索引】

《民事诉讼法》第五十三条　双方当事人可以自行和解。

《中华人民共和国仲裁法（以下简称仲裁法）》第四十九条　当事人申请仲裁后，可以自行和解达成和解协议的，可以请求仲裁庭根据和解协议作出裁决书，也可以撤回仲裁申请。

《仲裁法》第五十条　当事人达成和解协议，撤回仲裁申请后反悔的，可以根据仲裁协议申请仲裁。

13.2　调解

合同当事人不能在收到和解通知后的 14 天内或双方另行商定的其他时间

内解决争议的，可就合同争议请求相关行政主管部门、行业协会或双方另行约定的第三方进行调解，调解达成协议的，经双方签字并盖章后作为合同补充文件，双方均应遵照执行。

【条款目的】

本条款旨在明确双方当事人无法通过和解方式解决争议时可以依据合同约定启动调解程序的具体流程。

【条款释义】

调解是合同当事人仅凭借谈判和沟通难以和解方式解决纠纷时，当事人在政府行政主管部门、相关协会或其他第三方的介入下，由第三方斡旋调和，最终对争议事项达成一致意见的争议解决方式。本条款的特点在于中立第三方具备相应的公信力或掌握相关的行业知识与专业调解技巧并遵循严格保密原则，这样才能为涉及专业知识的工程咨询纠纷双方当事人提供友好解决纷争并打破僵局的契机与建议。

考虑到全过程咨询服务合同服务周期长、涉及专业广泛且复杂等特点，面临纠纷时当事人出于经济考虑首先会选择和解的争议解决方式。但是很多时候当事人很难仅凭借双方的沟通和谈判达成和解，往往各执一词会出现僵局，这时就可以通过调解的方式处理纠纷，通过具有公信力的政府主管部门或和具备相关专业知识的行业协会或第三方纠纷调解机构的介入，打破谈判僵局，为当事人提供能够被双方接受的调解方案，及时高效地化解矛盾。

通过相关行政主管部门、行业协会或双方另行约定的第三方介入进行调解达成一致意见后，双方应签订调解协议，该调解协议自双方当事人签字并盖章后成立并生效。该调解协议的性质与和解协议类似，可以视为双方当事人协商一致达成的合同补充文件，与合同文件具有相同的法律约束力，当事人应遵照调解协议履行。

【使用指引】

合同当事人应在专用合同条款中明确所选择的调解机构。在专用合同条款第13.2款［调解］中，需要当事人填写提交进行调解的机构。基于房屋建筑和基础设施工程的专业性，当事人选择的纠纷调解机构，应尽量选择专业水平高、行业认可度高的纠纷调解机构。实践过程中，双方在签署咨询服务合同时如果没有约定调解机构，在发生争议后双方依然可以通过补充协议等方式约定提交相关的调解机构调解解决争议。

需要注意的是，应对本条款的调解与人民法院和仲裁庭的调解加以区分。

两者的具体区别如下：

第一，诉讼调解和仲裁调解。

根据《民事诉讼法》第九条和《仲裁法》第五十一条的规定，人民法院和仲裁庭在审理案件时，应基于自愿和合法的原则进行调解，调解不成的作出判决或裁决。而经人民法院和仲裁庭调解成功的由人民法院和仲裁庭制作调解书，调解书具有与判决书和裁决书同等的法律效力，一方当事人不履行该调解协议的，另一方当事人可以向人民法院申请强制执行。

第二，本条款规定的调解是由相关行政主管部门、行业协会或双方另行约定的第三方进行的调解，最终达成的调解协议对双方当事人仅有合同约束力而无强制执行力。

【法条索引】

《民事诉讼法》第九条　人民法院审理民事案件，应当根据自愿和合法的原则进行调解；调解不成的，应当及时判决。

《民事诉讼法》第九十九条　调解达成协议，必须双方自愿，不得强迫。调解协议的内容不得违反法律规定。

《民事诉讼法》第一百条　调解达成协议，人民法院应当制作调解书。调解书应当写明诉讼请求、案件的事实和调解结果。调解书由审判人员、书记员署名，加盖人民法院印章，送达双方当事人。调解书经双方当事人签收后，即具有法律效力。

《民事诉讼法》第二百四十七条　发生法律效力的民事判决、裁定，当事人必须履行。一方拒绝履行的，对方当事人可以向人民法院申请执行，也可以由审判员移送执行员执行。调解书和其他应当由人民法院执行的法律文书，当事人必须履行。一方拒绝履行的，对方当事人可以向人民法院申请执行。

《仲裁法》第五十一条　仲裁庭在作出裁决前，可以先行调解。当事人自愿调解的，仲裁庭应当调解。调解不成的，应当及时作出裁决。调解达成协议的，仲裁庭应当制作调解书或者根据协议的结果制作裁决书。调解书与裁决书具有同等法律效力。

13.3　争议评审

13.3.1　合同当事人在专用合同条款中约定采取争议评审方式及评审规则解决争议的，应在合同签订后 28 天内或争议发生后 14 天内，协商确定一名或三名争议评审员组成争议评审小组。除专用合同条款另有约定外。

选择一名争议评审员的，由合同当事人共同确定；选择三名争议评审员的，各自选定一名，第三名成员为首席争议评审员，由双方共同确定或由双方委托已选定的争议评审员共同确定，或由专用合同条款约定的评审机构指定。

除专用合同条款另有约定外，争议评审费用由双方各承担一半。

【条款目的】

本条款旨在明确全过程咨询服务合同当事人可以通过争议评审方式解决争议及争议评审员的确定、争议评审费用的承担等问题。

【条款释义】

基于传统争议解决方式仲裁或诉讼解决争议的周期长、成本高、当事人对抗性强等情形，近年来借鉴国际多元解纷机制（ADR），国内开始全面推广非诉方式解决争议。其中争议评审机制基于可以快速、高效、低成本、专业和谐解决争议的优势，近年在国内施工总承包、工程总承包等合同示范文本中开始被引进并不断完善，已被市场广泛认可和使用。全过程咨询服务合同基于技术性强、专业特点突出等特征，通过争议评审方式由评审专家解决双方的争议，更易于被委托人和受托人所认可。由此，本条款对争议评审机制进行了约定。

合同当事人启动争议评审程序的前提是双方已经在专用合同条款中明确约定以争议评审方式解决争议，实践中双方也可在争议发生后甚至仲裁或诉讼过程中达成争议评审方式解决争议的一致意思表示。如果双方当事人在合同中已经确定具体的评审机构，还应参考该机构的评审规则。

合同当事人应依照约定的程序及期限选择争议评审员，组成争议评审小组，既可以在合同签订后 28 天内组建，也可以在争议发生后 14 天内组建。争议小组的人数可以由当事人依据工程项目特点自行决定，既可以由一名争议评审员组成，也可以由三名争议评审员组成。按照国际惯例，部分小型工程项目的评审组可以由一人组成；某些大型、多功能、多合同的工程项目可成立三人以上的评审组。若当事人没有约定评审小组组成人数的，基于争议评审的公正性和专业性，通常评审小组由三名评审专家组成。合同当事人选择一人评审的，该争议评审员由双方共同选任。合同当事人选择三人评审的，双方当事人各自选任一名评审专家，第三名评审小组成员即首席争议评审员由双方共同选任或由合同当事人委托已选定的争议评审员共同确定，如果双方同时约定了争议评审机构的，也可约定第三名评审员由专用合同条款约定的评审机构指定。

采取争议评审方式解决争议的，争议评审费用的承担方式应由双方当事人在专用合同条款中予以明确，若专用合同条款没有另行约定，则由双方当事人共同承担，委托人和受托人各自承担一半的争议评审费用。如果双方当事人选定了争议评审机构且适用该机构评审规则的，评审规则对评审费用分配有规定的依其规定负担。

13.3.2 合同当事人可将与合同有关的任何争议共同提请争议评审小组进行评审。争议评审小组应秉持客观、公正原则，自收到争议评审申请报告后14天内做出书面决定，并说明理由。

【条款目的】

本条款确定了争议评审应由双方共同申请，争议评审小组解决争议时应当秉持的基本原则以及做出争议评审决定的时间。

【条款释义】

本条款承接了本合同第13.3.1项的内容，再次重申当事人依据合同约定向争议评审小组提交争议的权利，考虑到争议评审目前在国内尚无法律明确规定，主要基于当事人自愿。因此争议评审强调应由双方共同向评审机构或评审小组提出，一方单独提出，另一方同意加入争议评审的，可视为双方共同申请；但一方提出，另一方明确不同意争议评审的，通常争议评审机构或评审小组将不会继续进行争议评审程序。

本条款同时明确争议评审小组应秉持客观、公正原则处理评审事项，争议评审是当事人基于对评审小组专业性、中立性、客观性的信任。因此评审小组在处理评审事项时，对于事实调查、评审会议、现场勘察等均应秉持客观公正原则，这样做出的争议评审决定才能更加令人信服，进而推动争议评审机构在国内的发展和应用。

考虑到当事人通过争议评审方式解决争议的主要目的是能快速高效解决双方的争议，因此借鉴国际惯例本条款明确评审小组应在收到争议评审申请报告后14天内做出书面决定，同时应对决定依据的事实与依据进行说明。

【使用指引】

本条款虽然确定了争议评审小组应当向当事人提供评审决定的时间，但是并没有明确评审小组未能按期做出争议评审决定时该如何处理。结合本合同第13.3.3项、第13.3.4项的内容，从体系解释的角度来看，如果争议评审小组未能按时做出书面决定的，相当于在当事人之间未能形成任何具有约束力的文件。因此，双方当事人可以直接选择其他的争议解决方式。

13.3.3 争议评审小组做出的书面决定经合同当事人签字确认后，对双方具有约束力，双方应遵照执行。

【条款目的】

本条款旨在明确争议评审小组作出的书面决定经当事人签字确认后对当事人产生约束力。

【条款释义】

争议评审小组做出的书面决定，从内容与性质两个层面来看该决定是与当事人无利益关系的第三方针对当事人之间的争议做出的专业意见。而当事人签字确认的行为相当于当事人以书面决定为意思表示的内容，达成了新的合意，具有合同的性质，对双方当事人产生约束力，均应予以执行。

实践中目前各级法院和仲裁机构都在积极探索对争议评审决定予以司法确认的机制，赋予争议评审决定的法律强制执行力，这样可以进一步发挥争议评审解决争议的优势，当事人也将更加愿意选择争议评审的方式解决争议。

【使用指引】

为了确保该争议评审决定能够妥善地对当事人产生约束力，当事人在正式签字之前应当谨慎审查决定内容，如果对评审结果有异议须及时提出。另外，由于签字确认后的评审决定具有一定的合同属性，当事人在签字确认前有必要确认对方签字人是否有处理权限。

13.3.4 任何一方当事人不接受争议评审小组决定或不履行争议评审小组决定的，双方可选择采用其他争议解决方式。

【条款目的】

本条款明确一方当事人对争议评审决定不同意或未予履行时，可选择其他方式解决争议。

【条款释义】

如前所述鉴于目前法律尚未明确规定争议评审解决争议的方式及程序，争议评审解决争议源于合同当事人的一致选择，争议评审小组调查、评审小组建议或裁决的权利来源于合同当事人的授权，争议评审小组作出的书面决定经合同当事人签字确认后对双方具有约束力。但是争议评审决定本身并不具有强制执行的效力，对于争议评审小组作出的决定，任何一方当事人不接受或不履行的，双方都可以选择采用诉讼或仲裁的争议解决方式。争议评审程序在国内目前既非仲裁或诉讼的必要前置程序，也并非和仲裁或诉讼并列只能选择其一的争议解决方式。仲裁和诉讼在国内法律环境下是"或裁或审"，不能同时选择仲裁或诉讼，选择仲裁后，除非法律上出现撤销仲裁裁决等法定情形，不能就同一争议再进行诉讼，但当事人选择争议评审并不排除当事人对评审决定不服或不履行时，依据合同约定或法律规定选择仲裁或诉讼解决争议。但如果双方当事人接受争议评审决定，并申请仲裁或法院予以了司法确认，取得了仲裁或法院可强制执行的法律文书，则一方当事人不履行该司法确认的法律文书的，可申请对法律文书的强制执行，不能再进行仲裁或诉讼。

【使用指引】

争议评审程序相较于诉讼、仲裁等争议解决程序，其强制性较弱。争议评审小组处理争议的权限仅来源于当事人的授权。如果当事人拒绝接受评审结果则意味着双方当事人未能达成解决争议的一致意见，争议依然存在。此时，更具有强制性的争议解决方式便有了发挥力量的空间。

【法条索引】

《律师为政府投资项目建设工程争议评审阶段提供法律服务操作指引》第一章

第二节　本操作指引所称建设工程争议评审（以下简称"争议评审"），是指当事人在建设工程合同履行过程中发生争议时，根据约定，将有关争议提交独立的争议评审组（以下简称"评审组"）进行评审，由评审组作出评审意见的一种争议解决方式。争议评审制度致力于争议早期的识别和评价，鼓励以一种快速的、类似商业的方式，及时化解争端。

第三节　制定本操作指引所依据的相关规范性文件如下：（1）《国际商会争议小组规则》；（2）《北京仲裁委员会建设工程争议评审规则》；（3）《北京仲裁委员会评审专家守则》；（4）《北京仲裁委员会建设工程争议评审收费办法》；（5）《中国国际经济贸易仲裁委员会建设工程争议评审规则（试行）》；（6）《中国国际经济贸易仲裁委员会建设工程争议评审收费办法（试行）》；（7）国际咨询工程师协会《施工合同条件》（1999版红皮书）；（8）《中华人民共和国标准施工招标文件（2007年版）》；（9）《中华人民共和国标准设计施工总承包招标文件（2012年版）》；（10）《公路工程标准施工招标文件（2009年版）》；（11）《建设工程施工合同示范文本（2013年版）》。

《律师为政府投资项目建设工程争议评审阶段提供法律服务操作指引》第三章3.1.1.1　律师应当了解并提请当事人注意，除非当事人另有约定，评审组一般由一名或三名评审专家组成。按照国际惯例，部分小型工程项目的评审组可以由一人组成；某些大型、多功能、多合同的工程项目可成立三人以上的评审组。

3.1.1.2 若当事人没有约定评审组组成人数的，评审组由三名评审专家组成。

【案例分析】

A 建设单位承租某废旧厂房改造成长租公寓项目，该项目的改造装修工程由 B 总包中标，C 公司作为分包单位负责涉案项目的加固工程。C 公司在施工过程中，A 建设单位声称因该项目违反国家政策，勒令停工。C 公司认为已完工程价款为 650 万元，A 和 B 认为所施工款项为 309 万元，始终达不成一致。三方共同到某调解中心申请调解，调解中心在征求三方当事人同意的情况下，从专家库中指派了三位行业专家与当事人签订了"调解＋争议评审协议"，即本案在调解过程中，涉案工程的造价争议以三位评审员出具的评审意见作为解决争议的依据和标准。本案召开了三次评审会议，根据工程的实际现状和 C 公司的施工情况，最终涉案工程的争议评审意见的结算款项确定为 638 万元，ABC 三方均认可该评审结果。三方共同到调解机构所在地青岛仲裁委员会申请仲裁确认，依据三方达成的调解协议，青岛仲裁委员会在庭审当日后就出具了仲裁法律文书，随后各方按仲裁法律文书履行了付款义务，各方争议得以圆满快速解决。

13.4 仲裁或诉讼

因合同及合同有关事项产生的争议，合同当事人可在专用合同条款中约定以下一种方式解决争议：

（1）向约定的仲裁委员会申请仲裁；

（2）向有管辖权的人民法院起诉。

【条款目的】

本条款是对合同争议司法解决方式的规定，引导合同当事人可以在仲裁和诉讼中选择其中一个作为争议解决方式，并引导合同当事人对管辖问题作出明确的约定。

【条款释义】

仲裁和诉讼都是司法具有终局效力的争议解决途径，法律规定的争议解决司法方式是"或裁或审"，两者只能选择其一，合同当事人应当在合同签订前充分了解仲裁与诉讼的区别以及各自的优缺点，最后结合项目的具体情况选择其中一种作为争议解决方式。仲裁只能依双方当事人明确约定而适用，如果当事人同时选择了诉讼和仲裁，或者虽然选择仲裁但仲裁机构选择不明且无法依法确定唯一的仲裁机构的，则视为仲裁约定无效，应通过诉讼方式解决争议。

【使用指引】

合同当事人选择具体的争议解决方式时应注意以下事项：

第一，选择仲裁时应约定明确的仲裁机构。

当事人在专用合同条款中约定采用仲裁方式解决争议的，首先应确定提交仲裁申请的仲裁委员会。根据《仲裁法》的相关规定，仲裁条款应列明的内容包括：（1）请求仲裁的意思表示；（2）仲裁事项；（3）选定的仲裁委员会。本条款已经明确表示出选择请求仲裁的意思表示并将仲裁事项列明为因合同及合同有关事项产生的争议，故合同当事人应注意在专用合同条款 13.4 款［仲裁或诉讼］中约定具体的仲裁委员会。

第二，仲裁与诉讼同时选择将导致争议解决条款无效。

我国采取"或裁或审"的争议解决机制，根据《关于适用〈中华人民共和国仲裁法〉若干问题的解释》第七条的规定，"当事人约定争议可以向仲裁机构申请仲裁也可以向人民法院起诉的，仲裁协议无效。但一方向仲裁机构申请仲裁，另一方未在《仲裁法》第二十条第二款规定期间内提出异议的除外。"根据《仲裁法》第九条和《关于适用〈中华人民共和国民事诉讼法〉的解释》第二百一十五条的规定，如果在合同中已经约定了仲裁条款，一方当事人向人民法院起诉的，人民法院应当告知原告向仲裁机构申请仲裁，其坚持起诉的，人民法院裁定不予受理。同时仲裁实行一裁终局的制度，裁决书自作出之日起发生法律效力，裁决作出后当事人就同一纠纷再申请仲裁或者向人民法院起诉的，仲裁委员会或者人民法院不予受理。这就是仲裁与诉讼的相互排斥，合同当事人只能选择其中一种争议解决方式。当然，并不是只要约定了仲裁后就完全不能向人民法院起诉，若仲裁协议或仲裁条款本身无效或存在瑕疵、仲裁裁决被人民法院依法裁定撤销或者不予执行的，双方当事人都可以就该纠纷向人民法院起诉。

第三，合同当事人在专用合同条款 13.4 款［仲裁或诉讼］中约定选择诉讼方式解决争议的，属于《民事诉讼法》中规定的协议管辖。《民事诉讼法》第三十五条规定，合同当事人可以合同中约定的由被告住所地、合同履行地、合同签订地、原告住所地、标的物所在地等其他与争议有实际联系的地点的人民法院管辖。

第四，需要注意只有法院才有强制执行权。当一方当事人不履行仲裁裁决时，仲裁当事人可以向有管辖权的人民法院申请强制执行仲裁裁决。

【法条索引】

《仲裁法》第六条　仲裁委员会应当由当事人协议选定。仲裁不实行级别管辖和地域管辖。

《仲裁法》第九条　仲裁实行一裁终局的制度。裁决作出后，当事人就同一纠纷再申请仲裁或者向人民法院起诉的，仲裁委员会或者人民法院不予受理。裁决被人民法院依法裁定撤销或者不予执行的，当事人就该纠纷可以根据双方重新达成的仲裁协议申请仲裁，也可以向人民法院起诉。

《仲裁法》第十六条　仲裁协议包括合同中订立的仲裁条款和以其他书面方式在纠纷发生前或者纠纷发生后达成的请求仲裁的协议。

仲裁协议应当具有下列内容：

（一）请求仲裁的意思表示；

（二）仲裁事项；

（三）选定的仲裁委员会。

《仲裁法》第十七条　有下列情形之一的，仲裁协议无效：

（一）约定的仲裁事项超出法律规定的仲裁范围的；

（二）无民事行为能力人或者限制民事行为能力人订立的仲裁协议；

（三）一方采取胁迫手段，迫使对方订立仲裁协议的。

《仲裁法》第十八条　仲裁协议对仲裁事项或者仲裁委员会没有约定或者约定不明确的，当事人可以补充协议；达不成补充协议的，仲裁协议无效。

《仲裁法》第二十条　当事人对仲裁协议的效力有异议的，可以请求仲裁委员会作出决定或者请求人民法院作出裁定。一方请求仲裁委员会作出决定，另一方请求人民法院作出裁定的，由人民法院裁定。当事人对仲裁协议的效力有异议，应当在仲裁庭首次开庭前提出。

《关于适用〈中华人民共和国民事诉讼法〉的解释》

第二百一十五条　依照民事诉讼法第一百二十七条第二项的规定，当事人在书面合同中订有仲裁条款，或者在发生纠纷后达成书面仲裁协议，一方向人民法院起诉的，人民法院应当告知原告向仲裁机构申请仲裁，其坚持起诉的，裁定不予受理，但仲裁条款或者仲裁协议不成立、无效、失效、内容不明确无法执行的除外。

《民事诉讼法》第三十五条　合同或者其他财产权益纠纷的当事人可以书面协议选择被告住所地、合同履行地、合同签订地、原告住所地、标的物所在地等与争议有实际联系的地点的人民法院管辖，但不得违反本法对级别管辖和专属管辖的规定。

【案例分析】

【案例】北京典方建设工程咨询有限公司（以下简称典方公司）与中国水电基础局有限公司（以下简称水电公司）申请确认仲裁协议效力纠纷

一审：北京市第四中级人民法院（2022）京 04 民特 279 号

【案情摘要】

自 2018 开始，典方公司（咨询人）与水电公司（委托人）先后签订了《建设工程咨询合同》，由典方公司向水电公司提供全过程工程咨询服务。《建设工程咨询合同》分为三个部分。

第一部分包括：建设工程咨询合同，约定项目名称、建设地点、规模、服务类别、责任期等，约定建设工程咨询合同标准条件、建设工程咨询合同专用条件。建设工程咨询合同执行中共同签署的补充文件均为本合同的组成部分。

第二部分包括：建设工程咨询合同标准条件，规定词语定义、适用语言和法律法规、双方的权利义务等格式内容，其中合同争议解决部分第三十二条约定："因违约或终止合同而引起的损失和损害的赔偿，委托人与咨询人之间应当协商解决；如未能达成一致，可提交有关主管部门调解；协商或调解不成的，根据双方约定提交仲裁机关仲裁，或向人民法院提起诉讼。"

第三部分为建设工程咨询合同专用条件，对双方之间具体的权利义务内容作了约定，包括咨询业务范围、咨询费的结算、违约金的计算等，其中专用合同条件第三十二条约定："建设工程咨询合同在履行过程中发生争议，委托人与咨询人应及时协商解决；如未能达成一致，可提交有关主管部门调解；协商或调解不成的，提交北京仲裁委员会仲裁。"

2022 年 4 月 1 日，因水电公司欠付典方公司相关费用，双方对合同约定的仲裁条款是否有效产生争议，典方公司向北京市第四中级人民法院申请确认仲裁协议效力，本案的争议焦点为：双方签订的《建设工程咨询合同》中关于争议解决方式是否存在矛盾，仲裁条款是否应为无效。

【裁判要点】

合同文件第二部分标准条件中的合同争议解决为格式化内容，而第三部分专用条件中，就双方间的权利义务的具体内容进行了明确约定，具备可履行性，因此，专用条件部分的约定更能体现双方间的真实意思表示，更具有针对性。双方签订的《建设工程咨询合同》中关于争议解决方式的约定并不存在矛盾，双方在专用条件部分，就争议解决明确约定了北京仲裁委员会仲裁的方式，符合《仲裁法》第十六条规定的内容要件，有明确的仲裁意思表示、请求仲裁事项及选定的仲裁委员会，且仲裁机构可确定，应为有效的仲裁协议。

【案例评析】

仲裁条款中对仲裁机构的约定不明时，该仲裁条款可能不具备可履行性，属无效的仲裁条款。但实践中在判断争议解决方式条款的仲裁机构是否存在约定不明的情形时，应结合所在地仲裁机构设置的情况，比如双方当事人约定本合同发生争议时提交"某市仲裁机构依其仲裁规则进行仲裁"，如该市仅有一家仲裁机构的，可视为约定有效并确定该家机构为仲裁机构，但如果该市有两家以上依法登记的仲裁机构的，则属于仲裁机构约定不明，在双方当事人不能协商确定一致时，应视为仲裁条款无效。

13.5　争议解决条款效力

合同有关争议解决的条款独立存在，合同是否成立、变更、解除、终止、无效、失效、未生效或者被撤销均不影响其效力。

【条款目的】

本条款是对争议解决条款独立存在的规定，无论合同是否成立、变更、解除、终止、无效、失效、未生效或者被撤销均不影响其效力。

【条款释义】

争议解决条款是合同当事人对争议解决方式的约定，是当事人对发生争议时诉讼权的选择，为了避免对当事人诉讼权的影响，提高争议解决的效率，使当事人能够及时通过仲裁或诉讼维护自身的合法权益，法律规定合同的状态不应影响当事人在合同中约定的争议解决条款的效力。在此基础上本条款规定，合同有关争议解决的条款独立存在，合同的成立、变更、解除、终止、无效、失效、未生效或者被撤销等状态及其争议均不影响争议解决条款的效力。但是需要注意的是，本条款中的争议解决条款仅指当事人对解决争议的手段和途径作出约定的条款，不涉及双方具体权利义务等实体性合同内容。

【使用指引】

一、争议解决条款的独立性

《民法典》第五百零七条赋予了解决争议条款的独立性，"合同不生效，无效、被撤销或者终止的，不影响合同中有关解决争议方法的条款的效力。"除此之外，《仲裁法》第十九条也对适用仲裁争议解决方式的合同中的争议解决条款的独立性作出了规定。其独立性主要表现为效力的独立，这种独立是双向的，其虽在形式上隶属于主合同，但主合同效力瑕疵不会影响到争议解决条款的效力，同样的争议解决条款无效也不会影响到主合同的效力。

争议解决条款的独立性具体表现为：

1. 主合同不成立时争议解决条款效力具有独立性。虽然合同未成立，即合同当事人没有对全部合同内容达成合意，但是对于已经约定了具体的争议解决条款的，可以视为当事人之间已经就争议解决条款达成了一致意见，此时争议解决条款只要满足《民法典》第一百四十三条规定的民事法律行为有效条件的，该争议解决条款独立成立并生效。

2. 主合同已成立但不生效或被撤销时，争议解决条款效力具有独立性。一般情况下，根据《民法典》第五百零二条第一款："依法成立的合同，自成立时生效，但是法律另有规定或者当事人另有约定的除外。"在某些特殊情况下，即使主合同已经成立了但却并未发生法律效力，例如未办理某些法律规定的批准登记等手续的。但是，主合同不产生效力或撤销后并不影响争议解决条款的效力，争议解决条款效力具有独立性。

3. 主合同无效、变更、解除或终止时，争议解决条款效力具有独立性。合同无效、解除或终止的，即使合同中约定的权利义务不再有效，也不影响争议解决条款效力的存续，当事人仍然可以按照该条款约定的争议解决方式解决合同纠纷。

二、争议解决方式可以依当事人意思表示而变更

虽然争议解决条款具有独立于主合同效力的地位，但是争议解决条款并非固定不能变更的条款，合同当事人仍然可以通过补充协议等方式对争议解决条款中约定的争议解决方式作出变更，比如将原来约定的诉讼变更为某仲裁机构依其仲裁规则进行仲裁。

【法条索引】

《民法典》第五百零七条　合同不生效，无效、被撤销或者终止的，不影响合同中有关解决争议方法的条款的效力。

《仲裁法》第十九条　仲裁协议独立存在，合同的变更、解除、终止或者无效，不影响仲裁协议的效力。